校企合作计算机精品教材

Python 编程案例教程

（第2版）

主审　刘佩贤
主编　高　登　刘　洋　原锦明

教·学
资　源

航空工业出版社
北　京

内容提要

本书从初学者的角度出发，采用项目任务教学方式，通过通俗易懂的语言、丰富实用的案例，详细介绍了使用 Python 进行程序开发所需的知识和技术。全书共分 11 个项目，内容包括走进 Python 编程世界、Python 编程基础知识、流程控制语句、数据容器、函数、面向对象编程、文件操作、异常处理、游戏开发、网络爬虫、办公自动化。

本书可作为各类院校计算机、大数据和人工智能等相关专业及教育培训机构的专用教材，也可供 Python 编程爱好者及相关从业人员参考使用。

图书在版编目（CIP）数据

Python 编程案例教程 / 高登，刘洋，原锦明主编. -- 2 版. -- 北京 ：航空工业出版社，2021.11
（2024.11 重印）
ISBN 978-7-5165-2786-3

Ⅰ. ①P… Ⅱ. ①高… ②刘… ③原… Ⅲ. ①软件工具－程序设计－教材 Ⅳ. ①TP311.561

中国版本图书馆 CIP 数据核字(2021)第 263390 号

Python 编程案例教程（第 2 版）
Python Biancheng Anli Jiaocheng（Di-er Ban）

航空工业出版社出版发行
（北京市朝阳区京顺路 5 号曙光大厦 C 座四层　100028）
发行部电话：010-85672666　　010-85672683

北京同文印刷有限责任公司印刷　　全国各地新华书店经售
2021 年 11 月第 1 版　　2024 年 11 月第 5 次印刷
开本：787×1092　1/16　　字数：450 千字
印张：20　　定价：68.00 元

前言

PREFACE

Python 是一门简单易学、跨平台、可扩展的高级编程语言，它语法简单，容易入门且具有较强的可读性；它模块众多，可应用于 Web 开发、网络爬虫、数据分析、自动化运维、游戏开发、办公自动化等多个领域；它功能强大，在人工智能领域也取得了显著成绩。

Python“优雅、明确、简单”的设计哲学，使其非常适合零基础的编程者学习，可以让初学者更多地专注于编程逻辑，而不是困惑于复杂的语法结构。

为了帮助广大读者更好地学习 Python，我们从初学者的角度出发，精心规划和编写了本书。

本书特色

一、立德树人，同向同行

党的二十大报告指出：“育人的根本在于立德。”本书有机融入党的二十大精神，秉承能力教育与思想教育同向同行的理念，尽可能选取既对应相关知识点，又能够体现职业素养并与实际应用紧密相关的案例；同时添加了“辉煌中国”“和谐共生”“旗帜引领”等栏目，培养学生良好习惯、提高学生能力、开拓学生视野、弘扬民族传统文化、增强学生民族意识，实现协同育人的教学理念。

二、校企合作，案例实用

本书在编写过程中得到了软件开发相关企业的支持，书中所选取的案例都是与实际应用紧密相关的，可以使读者更好地理解和认识所学知识，做到即学即练、学以致用；还可以锻炼读者的工作思维和实践技能，帮助读者更快地适应企业。

三、全新形态，全新理念

本书采用项目任务教学法编排，每个项目包含多个任务，任务之后还安排了“项目实训”和“项目考核”，帮助读者练习和巩固本项目所学知识。每个任务都包含“任务描述”“知识链接”“任务实施”模块，首先通过“任务描述”引入本任务所学知识，然后通过“知识链接”精讲本任务涉及的理论知识，最后通过“任务实施”实现任务，做到理实一体。

此外，本书还根据需要添加了“小提示”“小技巧”“拓展阅读”等栏目，适时提醒和解决读者在学习与操作过程中遇到的问题，让读者少走弯路、提高学习效率。

四、数字资源，丰富多彩

本书提供了丰富的配套教学资源，包括微课视频、程序源代码、习题答案和优质课件等，读者可以借助手机或其他移动设备扫描二维码获取相关内容的微课视频，从而更方便地理解和掌握本书内容；读者可以登录文旌综合教育平台“文旌课堂”（www.wenjingketang.com）下载其他资源。如果读者在学习过程中有什么疑问，也可登录该网站寻求帮助。

此外，本书还提供了在线题库，支持“教学作业，一键发布”，教师只需通过微信或“文旌课堂”App 扫描扉页二维码，即可迅速选题、一键发布、智能批改，并查看学生的作业分析报告，提高教学效率、提升教学体验。学生可在线完成作业，巩固所学知识，提高学习效率。

五、内容全面，循序渐进

本书采用由浅入深、由易到难的组织架构，分为基础篇、提高篇和实践篇。基础篇介绍了 Python 的基本概念和开发环境的搭建，以及 Python 的基础知识；提高篇介绍了函数、面向对象编程、文件操作和异常处理等核心知识；实践篇介绍了 Python 在游戏开发、网络爬虫和办公自动化等领域的应用。

本书创作团队

本书由刘佩贤担任主审，高登、刘洋、原锦明担任主编，周志化、丰爱辉、陈友明、洪天保、李海敏、彭凯、严铭、王凤、赵敏、刘三满、钱明珠、苏坤强、李世华担任副主编。在本书的编写过程中，编者参考了大量的文献资料，在此向参考过的这些文献的作者表示诚挚的谢意。

由于编者水平和经验有限，书中存在的不妥之处，敬请广大读者批评指正。

本书编委会

主　审　刘佩贤

主　编　高　登　刘　洋　原锦明

副主编　周志化　丰爱辉　陈友明　洪天保

李海敏　彭　凯　严　铭　王　凤

赵　敏　刘三满　钱明珠　苏坤强

李世华

CONTENTS

目录

基础篇

项目一　走进 Python 编程世界 …………2

项目导读 ……………………………………2
学习目标 ……………………………………2
素质目标 ……………………………………2
任务一　搭建 Python 开发环境 ………3
　任务描述 ………………………………3
　知识链接 ………………………………3
　　一、Python 的产生与发展 ……………3
　　二、Python 的特点 ……………………3
　　三、Python 的应用领域 ………………4
　　四、Python 的开发工具 ………………5
　任务实施 ………………………………6
任务二　开发第一个 Python 程序 …… 12
　任务描述 ……………………………… 12
　知识链接 ……………………………… 12
　　一、Python 程序的开发流程 ……… 12
　　二、Python 的编码规范 …………… 13
　任务实施 ……………………………… 15
项目实训 ………………………………… 18
项目小结 ………………………………… 18
项目考核 ………………………………… 19

项目二　Python 编程基础知识 …………21

项目导读 ……………………………………21
学习目标 ……………………………………21
素质目标 ……………………………………21
任务一　输出个人简介 ……………………22
　任务描述 …………………………………22
　知识链接 …………………………………22
　　一、变量 ………………………………22
　　二、数据类型 …………………………24
　任务实施 …………………………………26
任务二　实现数据加密和解密 ……………27
　任务描述 …………………………………27
　知识链接 …………………………………27
　　一、算术运算符 ………………………28
　　二、赋值运算符 ………………………28
　　三、关系运算符 ………………………29
　　四、逻辑运算符 ………………………30
　　五、成员运算符 ………………………31
　　六、身份运算符 ………………………32
　　七、位运算符 …………………………33
　　八、运算符优先级 ……………………34

任务实施 ……35
任务三 开发“你问我答”游戏 ……35
任务描述 ……35
知识链接 ……36
一、输入 ……36
二、输出 ……36
任务实施 ……37
项目实训 ……38
项目小结 ……40
项目考核 ……40
项目三 流程控制语句 ……42
项目导读 ……42
学习目标 ……42
素质目标 ……42
任务一 描述扫地机器人工作流程 ……43
任务描述 ……43
知识链接 ……43
一、什么是流程图 ……43
二、程序流程图的基本符号 ……43
任务实施 ……45
任务二 制作空气质量评级系统 ……46
任务描述 ……46
知识链接 ……47
一、简单的 if 语句 ……47
二、if-else 语句 ……47
三、if-elif-else 语句 ……48
四、嵌套的 if 语句 ……50
任务实施 ……52
任务三 开发“人机猜拳”游戏 ……53
任务描述 ……53
知识链接 ……54
一、while 语句 ……54
二、for 语句 ……55
三、嵌套的循环语句 ……56
四、break 和 continue 语句 ……57
任务实施 ……59
项目实训 ……62
项目小结 ……64
项目考核 ……64
项目四 数据容器 ……67
项目导读 ……67
学习目标 ……67
素质目标 ……67
任务一 判断回文串 ……68
任务描述 ……68
知识链接 ……68
一、通用序列 ……68
二、字符串 ……72
任务实施 ……79
任务二 模拟双色球号码生成器 ……80
任务描述 ……80
知识链接 ……80
一、列表的创建和访问 ……81
二、列表的遍历 ……82
三、列表的基本操作 ……83
任务实施 ……87
任务三 开发“诗词大会”游戏 ……88
任务描述 ……88
知识链接 ……88
一、字典的创建 ……89
二、字典的访问 ……90
三、字典的基本操作 ……91
四、字典的遍历 ……96
任务实施 ……98
任务四 分析兴趣班报名情况 ……101
任务描述 ……101
知识链接 ……101
一、元组 ……101

二、集合……103
任务实施……105
项目实训……107
项目小结……109
项目考核……109

提高篇

项目五 函数……114
项目导读……114
学习目标……114
素质目标……114
任务一 制作简易计算器……115
任务描述……115
知识链接……115
一、函数的定义……115
二、函数的调用……116
三、函数的返回值……117
四、函数的参数……119
任务实施……124
任务二 解析汉诺塔问题……125
任务描述……125
知识链接……125
一、函数的嵌套……125
二、函数的递归……126
任务实施……128
任务三 制作东京奥运会前5奖牌榜……130
任务描述……130
知识链接……131
一、局部变量和全局变量……131
二、global和nonlocal关键字……132
三、匿名函数……134
任务实施……134
任务四 绘制奥运五环标志……136
任务描述……136
知识链接……136
一、模块的导入……136
二、模块的创建……137
三、__name__属性……138
四、包……140
任务实施……141
项目实训……142
项目小结……145
项目考核……145
项目六 面向对象编程……149
项目导读……149
学习目标……149
素质目标……149
任务一 开发“动物园里有什么”游戏……150
任务描述……150
知识链接……150
一、面向对象的程序设计……150
二、类的定义……151
三、创建对象……151
四、self参数……152
五、构造方法……153
六、析构方法……154
任务实施……155

任务二　制作个人信息调查表 …… 157
任务描述 …… 157
知识链接 …… 158
一、类变量和实例变量 …… 158
二、类方法和静态方法 …… 159
任务实施 …… 161
任务三　开发“猫狗大战”游戏 …… 163
任务描述 …… 163
知识链接 …… 163
一、封装 …… 163
二、继承 …… 165
三、多态 …… 169
任务实施 …… 170
项目实训 …… 173
项目小结 …… 177
项目考核 …… 177

项目七　文件操作 …… 180
项目导读 …… 180
学习目标 …… 180
素质目标 …… 180
任务一　《2021 年国务院政府工作报告》词频统计 …… 181
任务描述 …… 181
知识链接 …… 181
一、打开和关闭文件 …… 181
二、读写文件 …… 184
任务实施 …… 190
任务二　批量生成和重命名文件 …… 192
任务描述 …… 192
知识链接 …… 192
一、os 模块 …… 192
二、os.path 模块 …… 194
三、shutil 模块 …… 195
任务实施 …… 196
项目实训 …… 197
项目小结 …… 199
项目考核 …… 199

项目八　异常处理 …… 202
项目导读 …… 202
学习目标 …… 202
素质目标 …… 202
任务一　认识 bug …… 203
任务描述 …… 203
知识链接 …… 203
一、语法错误 …… 203
二、异常 …… 203
任务实施 …… 204
任务二　根据身份证号码判断省区、生日和性别 …… 206
任务描述 …… 206
知识链接 …… 206
一、try-except 语句 …… 206
二、多重 except 语句 …… 208
三、try-except-else 语句 …… 209
四、try-except-finally 语句 …… 210
任务实施 …… 211
任务三　开发用户账号注册系统 …… 212
任务描述 …… 212
知识链接 …… 213
一、主动抛出 bug …… 213
二、自定义 bug …… 216
任务实施 …… 218
项目实训 …… 220
项目小结 …… 222
项目考核 …… 223

实践篇

项目九 游戏开发……226
项目导读……226
学习目标……226
素质目标……226
任务一 安装 Pygame 第三方库……227
任务描述……227
知识链接……227
任务实施……228
任务二 绘制围棋棋盘……230
任务描述……230
知识链接……231
一、创建窗口……231
二、加载图片……232
三、绘制图形……233
四、设置动画效果……235
任务实施……237
任务三 开发弹球游戏……239
任务描述……239
知识链接……239
一、播放声音……239
二、显示文字……241
三、事件处理……243
任务实施……245
项目实训……250
项目小结……251
项目考核……251
项目十 网络爬虫……253
项目导读……253
学习目标……253
素质目标……253
任务一 爬取豆瓣电影 Top250 网站的数据……254
任务描述……254
知识链接……254
一、网络爬虫概述……254
二、requests 库……255
任务实施……260
任务二 爬取 Python 中文开发者社区基础教程的数据……262
任务描述……262
知识链接……262
一、网页基础……262
二、beautifulsoup4 库……264
任务实施……269
项目实训……272
项目小结……273
项目考核……273
项目十一 办公自动化……275
项目导读……275
学习目标……275
素质目标……275
任务一 批量生成出货清单……276
任务描述……276
知识链接……276
一、xlwings 库简介……276
二、读写 Excel 工作表……277

三、批量处理数据 …… 281
四、合并多个 Excel 工作表 …… 283
五、拆分 Excel 工作表 …… 285
任务实施 …… 286
任务二　批量生成合同 …… 289
任务描述 …… 289
知识链接 …… 289
一、python-docx 库 …… 289
二、pywin32 库 …… 295
任务实施 …… 300
项目实训 …… 303
项目小结 …… 304
项目考核 …… 304
参考文献 …… 305

基础篇

项目一

走进 Python 编程世界

项目导读

Python 是一门简单易学、跨平台、可扩展的高级编程语言，它在 Web 开发、网络爬虫、人工智能、数据分析、自动化运维、游戏开发、办公自动化等多个领域应用广泛。从 TIOBE 编程语言排行榜可以看出，Python 的排名逐年上升，与 Java、C、C++一起成为了全球 4 大流行语言。因此，学习 Python 是非常有必要的。本项目将带领大家一起走进 Python 编程世界。

学习目标

✓ 了解 Python 的产生与发展、特点、应用领域。
✓ 掌握在 Windows 中搭建 Python 开发环境的方法。
✓ 熟悉 Python 程序的开发流程和编码规范。
✓ 掌握使用 PyCharm 编写和运行 Python 程序的方法。
✓ 能搭建 Python 开发环境，并利用该环境编写和运行简单的 Python 程序。

素质目标

✓ 通过对计算机技术的了解，增强探索意识。
✓ 养成事前调研、做好准备工作的习惯。
✓ 贯彻互助共享的精神。

任务一
搭建 Python 开发环境

任务描述

在学习和使用 Python 前，需要对 Python 有一个基本的认识，了解 Python 的产生与发展、特点、应用领域等。而开发 Python 程序，首先须选择开发工具，搭建好 Python 开发环境。本任务将带领大家搭建 Python 开发环境。

知识链接

一、Python 的产生与发展

1989 年圣诞节期间，荷兰人 Guido van Rossum 在阿姆斯特丹开发了一种新的编程语言 Python，作为 ABC 语言的一种继承。之所以用 Python（通称“大蟒蛇”）作为该编程语言的名字，是因为 Guido 是 Monty Python 喜剧团的爱好者。

ABC 语言是由 Guido 参与设计的一种教学语言，但 ABC 语言并没有成功，究其原因，Guido 认为是其非开放性造成的。于是，Guido 决定在 Python 中避免这一错误。同时，他还想实现在 ABC 中闪现过但未曾实现的功能。

就这样，Python 在 Guido 手中诞生了。可以说，Python 是从 ABC 发展起来的，主要受到了 Modula-3（另一种语言）的影响，并且结合了 Unix shell 和 C 的习惯。

Python 的发展主要经历了下面几个阶段。

1991 年，第一个 Python 编译器诞生。

2000 年 10 月，Python 2.0 版本发布。

2008 年 12 月，Python 3.0 版本发布。

2011 年 1 月，Python 被 TIOBE 编程语言排行榜评为 2010 年度语言。

2020 年 1 月，Python 2.7 正式终止支持，全面进入 Python 3 时代。

二、Python 的特点

Python 具有以下显著的特点。

（1）简单易学。Python 是一种代表简单主义思想的语言。它采用强制缩进的方式使得代码具有较好的可读性。用 Python 语言编写程序时无须考虑底层的细节，这使得编程人

员能够专注于问题本身，从而找到更好的解决方法。

（2）免费开源。Python 是 FLOSS（免费自由、开放源码软件）之一。使用者可以自由地发布这个软件的拷贝，阅读它的源代码，对它做改动，或者把它的一部分用于新的软件。

科技普惠

开源是为了降低知识获得的成本，是一种共享共治精神。但开源软件同样也有版权，同样受到法律保护，只不过由于自由开源运动的本质是发扬自由开放精神，故它把重点放在了扩大用户的自由和权益方面，而不是对作者特权的保护方面。

对企业和软件开发者来说，共享和开源有助于自己更娴熟地掌握相关知识、提高自己的项目质量，同时也是推销自己的最好方式。对使用者来说，共享和开源提供了一个学习和参与项目的途径。

（3）类库丰富。Python 标准库非常庞大，覆盖了网络、文件、GUI、数据库、文本等各个方面。使用 Python 开发程序，许多功能不必从零编写，直接使用现成的库即可。除此之外，Python 还有许多第三方库，可供用户直接使用。

（4）可扩展。如果需要一段运行速度很快的关键代码或不想公开某些算法，就可以将部分程序用 C 或 C++语言编写，然后在 Python 程序中调用。

（5）解释性。在计算机内部，Python 解释器把源代码转换为字节码文件，然后再把它翻译成计算机使用的机器语言并运行。这使得 Python 的使用更加简单，也使得 Python 程序更加易于移植。

（6）可移植性。由于 Python 的开源性和解释性，它可以移植到多个平台上，如 Linux、Windows、Mac OS、Android 等。

（7）可嵌入性。可以把 Python 程序嵌入到 C/C++程序中，从而为应用程序提供脚本功能。

三、Python 的应用领域

Python 的应用领域非常广泛，它的企业需求也在逐渐上升，从国内的百度、阿里、腾讯，到国外的 Google、YouTube、Facebook 等，各公司都在大规模使用 Python 完成各种开发任务。

1. Web 开发

由于 Python 是一种解释型的脚本语言，且有多种 Web 开发框架和成熟的模板系统，其开发效率高，运行速度快，所以非常适合 Web 开发。Python 常用的 Web 开发框架有 Django、Tornado、Flask 和 Twisted 等。由于后台服务器的通用性，除了狭义的网站之外，很多 App 和游戏的服务器端也同样用 Python 实现。

2．网络爬虫

网络爬虫是 Python 比较常用的一个场景，很多的搜索引擎都有自己的爬虫程序，如 Google 爬虫 Googlebot、百度爬虫 Baiduspider、必应爬虫 Bingbot 等。Python 提供了很多服务于编写网络爬虫的库，如 urllib、requests、Selenium 和 Beautiful Soup 等，还提供了一个网络爬虫框架 Scrapy。

3．人工智能

Python 提供了多种库用于人工智能。例如，用于数据分析的 NumPy、Pandas 和 SciPy，用于机器学习的 Sklearn，用于神经网络的 PyBrain，用于数据可视化的 Matplotlib 等。

4．数据分析

Python 在数据分析处理方面有很完备的生态环境。大数据分析中涉及的分布式计算、数据可视化、数据库操作等，Python 都提供了成熟的模块可供选择。例如，Hadoop-MapReduce 和 Spark 等分布式计算框架，都可以直接使用 Python 完成计算逻辑。

5．自动化运维

Python 拥有强大的开发能力和完整工具链，很适合用于自动化运维。系统运维管理是一个工程，Python 有非常丰富的服务器管理工具，包括用于配置管理的 SaltStack、用于批量执行的 Fabric、用于监控的 Zenoss 和 Nagios、用于虚拟化管理的 Python-Libvirt、用于进程管理的 Supervisor、用于云计算的 OpenStack 等。

6．游戏开发

Python 提供了很好的 3D 游戏引擎和开发库用于游戏开发，如 Panda3D、Pygame 等。此外，Python 还可以直接调用 Open GL 实现 3D 绘制，这是高性能游戏引擎的技术基础。

7．办公自动化

Python 提供了多种库用于办公自动化，使工作化繁为简。例如，操作 Excel 的 xlwings、openpyxl，操作 Word 的 python-docx、comtypes、pywin32，操作 PowerPoint 的 pywin32、python-pptx，处理邮件的 smtplib、email，批量处理文件的 os、shutil 等。

四、Python 的开发工具

Python 开发工具根据其用途不同可分为两种，一种是 Python 代码编辑器，一种是 Python 集成开发环境（integrated development environment，IDE），使用 IDE 可以极大地提高 Python 开发人员的编程效率。下面介绍几款 Python 开发常用的 IDE。

（1）IDLE 是 Python 自带的 IDE，具备基本的 IDE 的功能。安装 Python 的同时会自动安装 IDLE，它包含交互式和文本式两种模式。

（2）PyCharm 是一款非常优秀的 Python IDE，它带有一整套可以帮助用户在使用 Python 开发时提高效率的工具，如调试、语法高亮、Project 管理、代码跳转、智能提示、自动完成、单元测试、版本控制等。

（3）Spyder 是一个强大的交互式 Python IDE，它提供高级的代码编辑、交互测试、调试等功能，支持 Windows、Linux 和 Mac OS 等操作系统。其最大的优点是模仿 Matlab 的“工作空间”功能，可以很方便地观察和修改数组的值。

其中，PyCharm 配置简单、功能强大、使用方便，对初学者来说十分友好。因此，本书选择 PyCharm 作为开发 Python 程序的工具。

小提示

> 集成开发环境是用于提供程序开发环境的应用程序，一般包括代码编辑器、编译器、调试器和图形用户界面等工具，集成了代码编写功能、分析功能、编译功能、调试功能等。

任务实施

PyCharm 只是 IDE，要开发 Python 程序，还必须安装 Python 解释器。因此，下面介绍在 Windows 中安装 Python 和 PyCharm 来搭建 Python 开发环境的方法，从而开始 Python 编程之旅。

扫一扫

搭建 Python 开发环境

一、安装 Python

1．安装

步骤 1 访问 https://www.python.org/downloads/windows/，在打开的下载页面中选择“Stable Releases”→“Python 3.9.4-April,2021”→“Download Windows installer(64-bit)”选项，如图 1-1 所示。

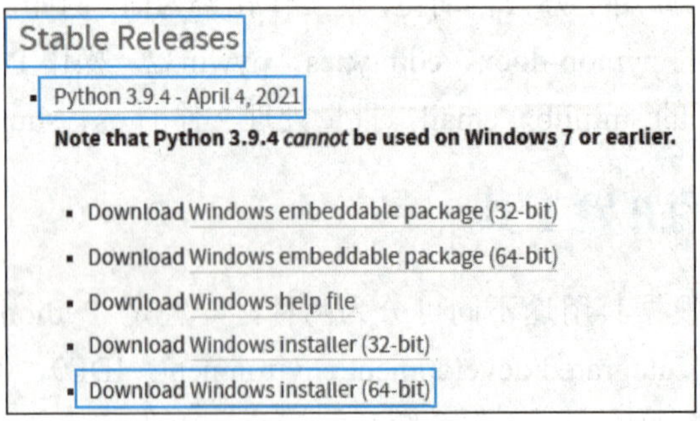

图 1-1　下载 Python

小提示

下载安装程序时，应根据操作系统类型（32 位或 64 位操作系统）选择合适的版本进行下载。

步骤 2 双击下载好的 python-3.9.4-amd64.exe 文件，在打开的对话框中勾选“Add Python 3.9 to PATH”复选框（将安装路径添加到系统环境变量 Path 中），然后选择“Customize installation”选项，如图 1-2 所示。

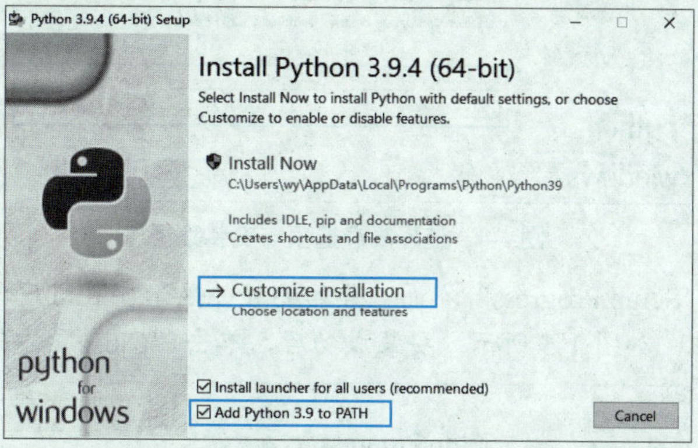

图 1-2 安装向导

小提示

如果安装时没有勾选“Add Python 3.9 to PATH”复选框，那么系统就无法自动完成环境变量的配置，读者须在安装完成后手动配置环境变量，将 Python 的安装路径添加到环境变量中。

步骤 3 显示“Optional Features”界面，选择 Python 提供的工具包，一般保持默认的全部选中，然后单击“Next”按钮，如图 1-3 所示。

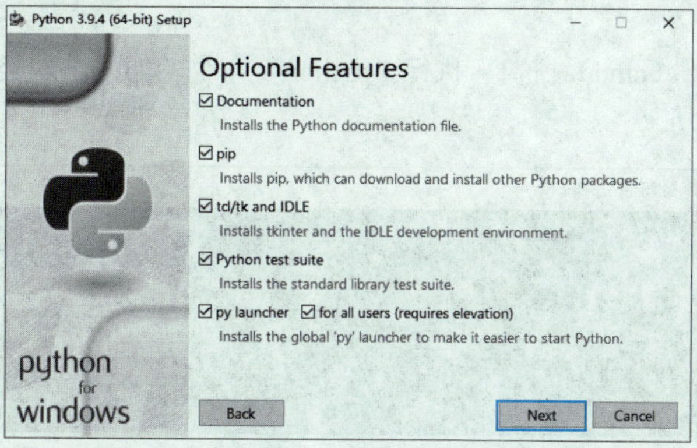

图 1-3 选择 Python 提供的工具包

步骤 4 显示“Advanced Options”界面，勾选“Install for all users”复选框（为所有用户安装），在“Customize install location”编辑框中设置安装路径（如 D:\Python39，也可单击“Browse”按钮选择安装目录），然后单击“Install”按钮，如图 1-4 所示。

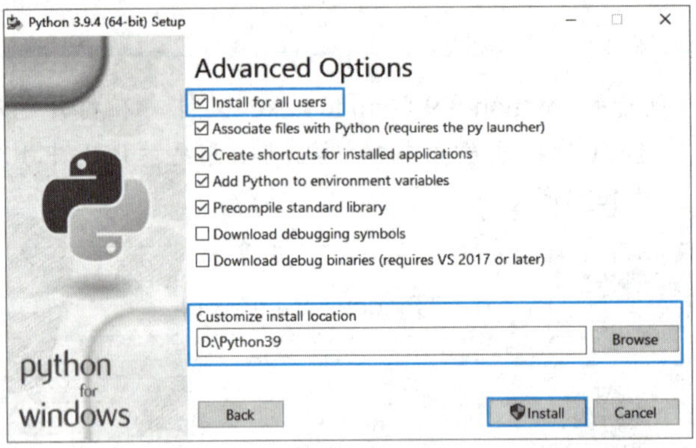

图 1-4 选择高级选项与安装路径

步骤 5 显示“Setup Progress”界面，开始安装并显示安装进度，如需取消安装，可单击“Cancel”按钮，如图 1-5 所示。安装成功后，单击“Close”按钮关闭对话框即可。

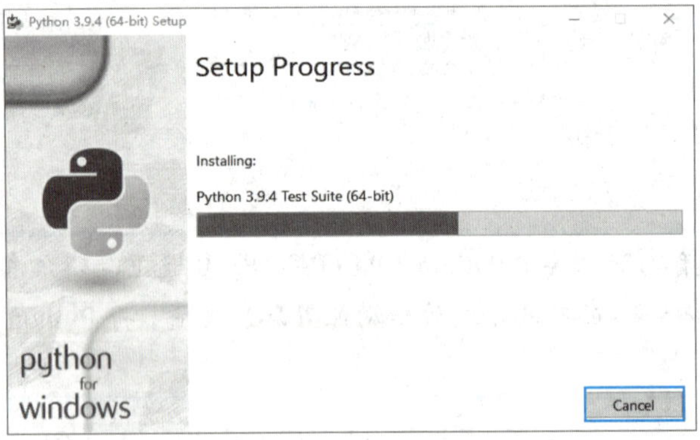

图 1-5 安装进度

2．验证

打开命令提示符（cmd）窗口，执行“python”命令。如果出现类似图 1-6 所示结果，说明 Python 安装成功。

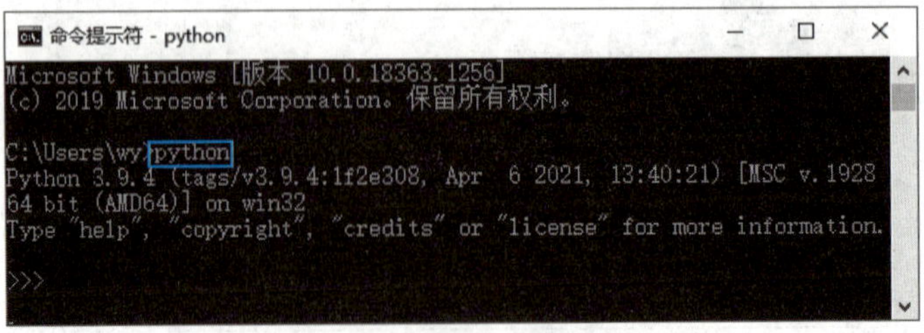

图 1-6 Python 安装成功

二、安装 PyCharm

1. 安装

步骤 1 访问 https://www.jetbrains.com/pycharm/download/#section=windows，在打开的下载页面中单击“Community”下的“Download”按钮，下载社区版，如图 1-7 所示。

图 1-7 下载 PyCharm

步骤 2 双击下载好的 pycharm-community-2021.1.exe 文件，根据安装提示进行操作即可完成安装。

小提示

在“Installation Options”界面中应勾选所有复选钮，如图 1-8 所示。

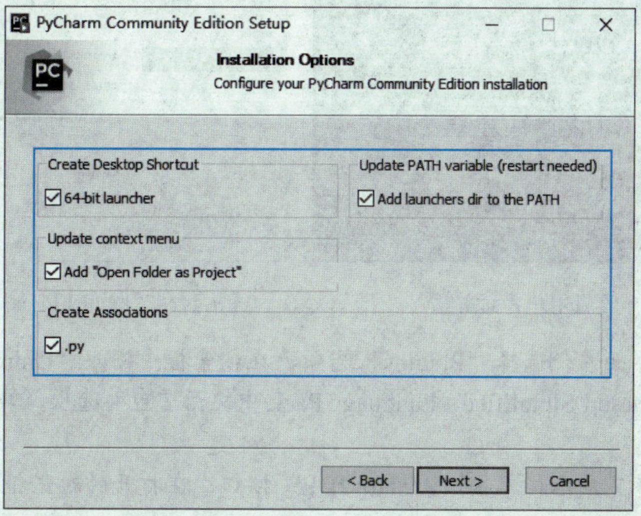

图 1-8 设置安装选项

2. 设置

步骤 1 启动 PyCharm，打开“PyCharm User Agreement”对话框，勾选“I confirm that I have read and accept the terms of this User Agreement”复选框，然后单击“Continue”按钮，如图 1-9 所示。

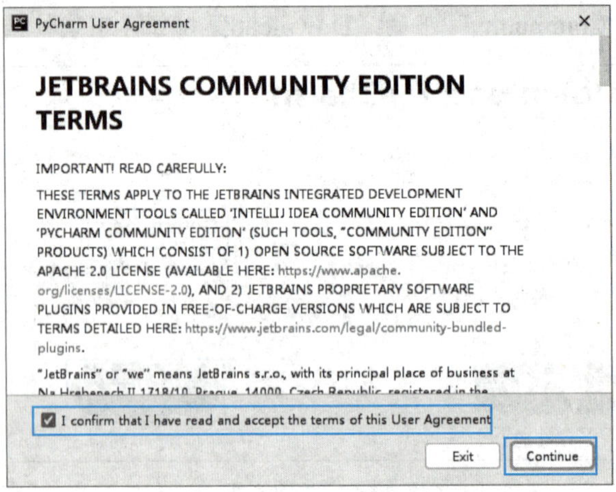

图 1-9　PyCharm 导入设置

步骤 2 打开“Welcome to PyCharm”对话框，在左侧选择“Customize”选项，在右侧“Color theme”的下拉列表中选择“IntelliJ Light”选项，如图 1-10 所示。“IntelliJ Light”主题的用户界面如图 1-11 所示。

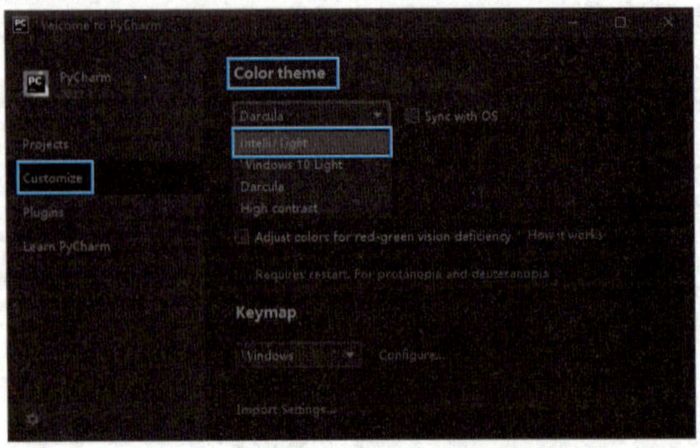

图 1-10　设置用户界面主题

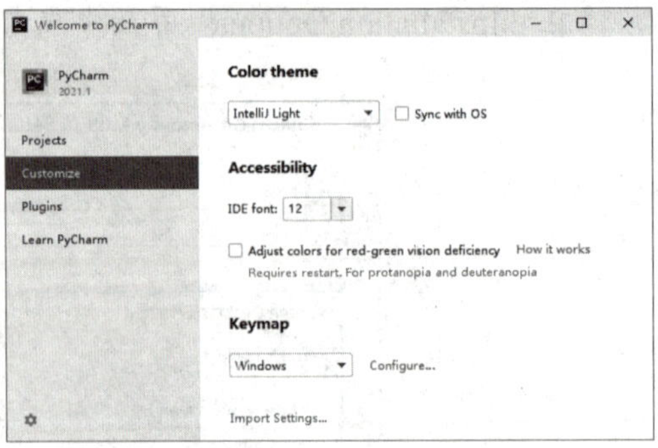

图 1-11　“IntelliJ Light”主题的用户界面

步骤 3 在界面左侧选择“Plugins”选项，在搜索框中输入“Chinese”，然后在下面列表中选择“Chinese (Simplified) Language Pack/中文语言包”选项，单击“Install”按钮，如图 1-12 所示。

步骤 4 安装完成后，单击“Restart IDE”按钮，在打开的对话框中单击“Restart”按钮，如图 1-13 所示。

图 1-12 安装中文插件

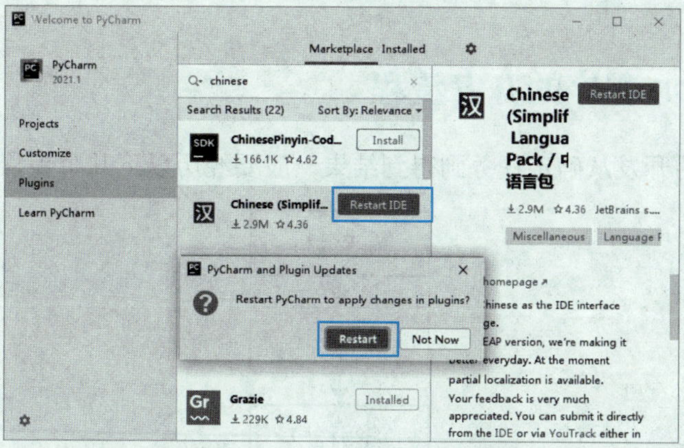

图 1-13 重启 PyCharm

步骤 5 重启后，便可进入 PyCharm 中文界面，如图 1-14 所示。

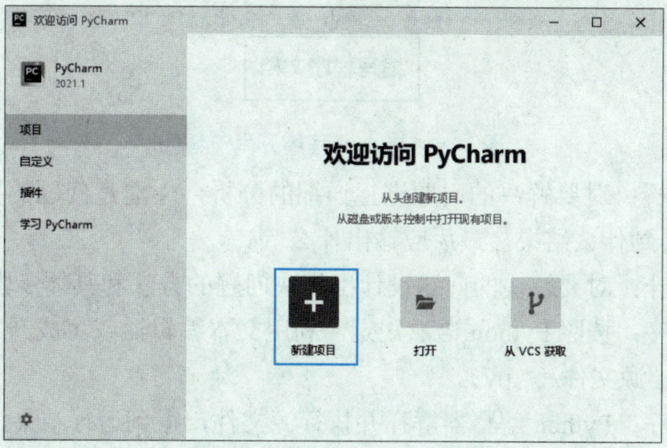

图 1-14 PyCharm 中文界面

任务二

开发第一个 Python 程序

任务描述

学习 Python 须理解 Python 程序的开发流程和编码规范。本任务将带领大家使用 PyCharm 开发第一个 Python 程序。

知识链接

一、Python 程序的开发流程

Python 程序的开发从确定任务到得到结果一般要经历以下几个步骤，如图 1-15 所示。

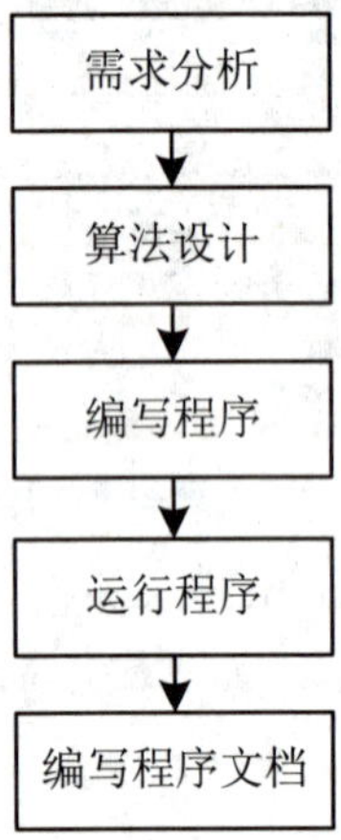

图 1-15　Python 程序开发流程图

（1）需求分析：对要解决的问题进行详细的分析，弄清楚问题的要求，包括需要输入什么数据，要得到什么结果，最后应输出什么等。

（2）算法设计：对要解决的问题设计出解决问题的方法和具体步骤。

（3）编写程序：按照 Python 语法规定，利用文本编辑器或集成开发环境编写 Python 程序，生成 Python 源文件（*.py）。

（4）运行程序：Python 解释器解释并执行源文件，得到运行结果。

小提示

运行程序后能得到运行结果并不能说明程序是正确的，还需要对运行结果进行分析，分析其是否合理。而且不能只看到某一次结果正确，就认为程序没有问题，需要多设计几组数据，检查程序对不同数据的运行情况。

（5）编写程序文档：如同正式的产品都有产品说明书一样，正式提供给用户使用的程序，也必须向用户提供程序说明书。程序说明书也称为程序文档，应包含程序名称、程序功能、运行环境、程序的装入和启动、需要输入的数据及使用注意事项等内容。

二、Python 的编码规范

任何一种编程语言都有一些约定俗成的编码规范，Python 也不例外。下面介绍一些常见的 Python 编码规范。

1. 注释

一个好的、有使用价值的源程序都应加上必要的注释，以提高程序的可读性。Python 允许有多种注释方式，常用的包括单行注释和多行注释两种。

（1）以“#”开始，以换行符结束的单行注释。这种注释可单独占一行，也可出现在一行中其他内容的右侧。例如：

```
print('你真是太厉害了，一次就猜中了！')                #输出猜对了
```

（2）以三重引号（单引号或双引号）开始，同样以三重引号结束的多行注释。例如：

```
"""-----猜数字游戏-----
    编写者：凌蓝
    编写时间：20210805"""
'''如果要修改此部分代码，请添加如下注释
    修改者：
    修改时间：
'''
```

2. 缩进

Python 最独特的一点就是依靠代码块的缩进来体现代码之间的逻辑关系。例如，对于选择结构来说，行尾的冒号及下一行的缩进表示一个代码块的开始，而缩进结束则表示一个代码块的结束。

在 Python 中最好使用 4 个空格进行悬挂式缩进，且同一级别的代码块的缩进量必须相同。例如：

```
a = 1                       #a 赋值为 1
```

```
b = 2                  #b 赋值为 2
if a > b:              #如果 a 大于 b
    print(a)           #输出 a 的值
else:                  #如果 a 小于等于 b
    print(b)           #输出 b 的值
```

小提示

在 Python 中使用缩进时不提倡使用“Tab”键，更不要“Tab”键和空格混用。

3．语句换行

Python 建议每行代码的长度不要超过 120 个字符。对于过长的代码，建议进行换行。换行有以下两种方式。

（1）可以在行尾使用续行符“\”来表示下面紧接的一行仍属于当前语句。例如：

```
message = '你真是太厉害了，一次就猜中了！' \
          '再猜一次，我不相信你还能猜到我在想什么。'
```

等价于

```
message = '你真是太厉害了，一次就猜中了！再猜一次，我不相信你还能猜到我在想什么。'
```

（2）根据 Python 会将圆括号中的行隐式连接起来这个特点，可以使用圆括号包含多行内容。例如，上述语句又可用以下形式表示。

```
message = ('你真是太厉害了，一次就猜中了！'
           '再猜一次，我不相信你还能猜到我在想什么。')
```

小提示

需要注意的是，在[]、{}或()中的语句，无须再使用圆括号进行换行。例如：

stu = ['Mary', 'Jone', 'Jack',

'Tom', 'Lily', 'Sary']

4．空格与空行

使用必要的空格与空行可增强代码的可读性。一般来说，运算符两侧、函数参数之间、逗号后面建议使用空格进行分隔。而不同功能的代码块之间、不同的函数定义及不同的类定义之间则建议增加一个空行以提高程序的可读性。

扫一扫

开发第一个 Python 程序

任务实施

下面介绍使用 PyCharm 编写和运行第一个 Python 程序的方法。

步骤 1 启动 PyCharm，在打开的“欢迎访问 PyCharm”对话框中选择“新建项目”选项（见图 1-14）。

步骤 2 显示“新建项目”界面，在“位置”编辑框中设置项目保存的路径并将项目命名为“项目一”；在“使用此工具新建环境”下拉列表中选择默认的“Virtualenv”选项；在“基本解释器”中选择 Python 安装目录下的 python.exe；取消勾选“创建 main.py 欢迎脚本”复选框，然后单击“创建”按钮，如图 1-16 所示。

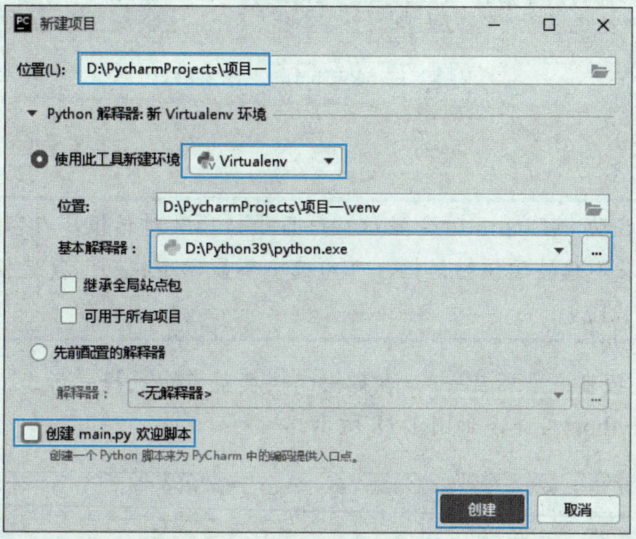

图 1-16　新建项目

课外拓展

Virtualenv 是一个虚拟环境管理器，它可以创建多个虚拟环境，为不同项目提供独立的 Python 运行环境，以解决不同项目间多版本的冲突问题。在不继承全局安装包的情况下，在 Virtualenv 环境中安装所需包时，会自动安装到该虚拟环境下，不会对其他项目环境有任何影响。

步骤 3 打开 PyCharm 工作窗口，在左侧显示创建的“项目一”项目，同时打开“每日小技巧”对话框，单击“关闭”按钮关闭该对话框，如图 1-17 所示。

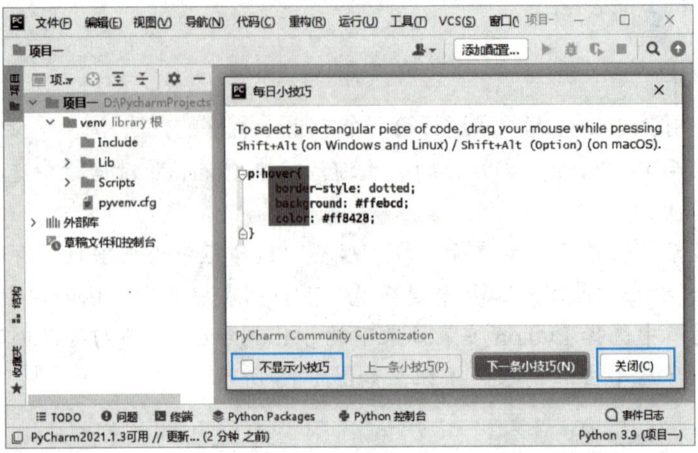

图 1-17　PyCharm 工作窗口

小 提 示

> 每天第一次启动 PyCharm 时会显示“每日小技巧”对话框，内容为 PyCharm 的快捷操作说明。如果不想显示该对话框，可勾选“不显示小技巧”复选框，然后单击“关闭”按钮（见图 1-17）。

步骤 4 右击项目名“项目一”，在弹出的快捷菜单中选择“新建”→“Python 文件”选项，新建一个 Python 文件，如图 1-18 所示。

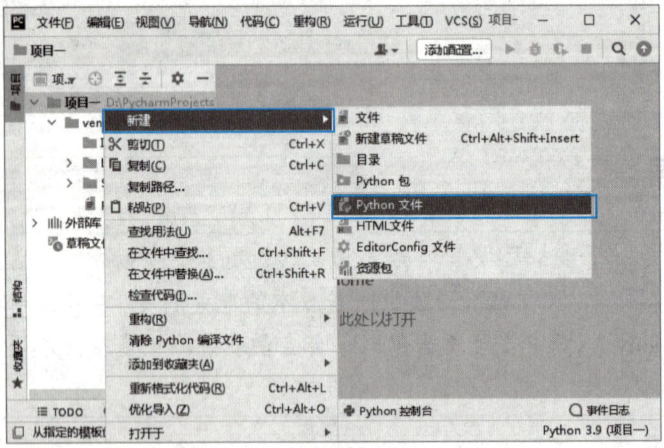

图 1-18　新建 Python 文件

步骤 5 打开“新建 Python 文件”对话框，将文件命名为“猜数字”，然后双击“Python 文件”选项，如图 1-19 所示。

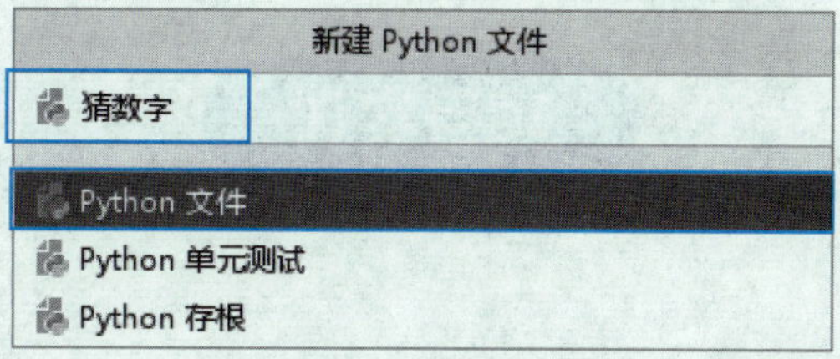

图 1-19　命名文件

小 提 示

Python 程序的源文件扩展名为“.py”，如果要在 PyCharm 的项目中导入已经编写好的源文件，可以将源文件放到项目文件夹根目录下，这样源文件可显示在项目中。

步骤 6 进入“猜数字.py”代码编辑界面，在代码编辑区输入代码，如图 1-20 所示。

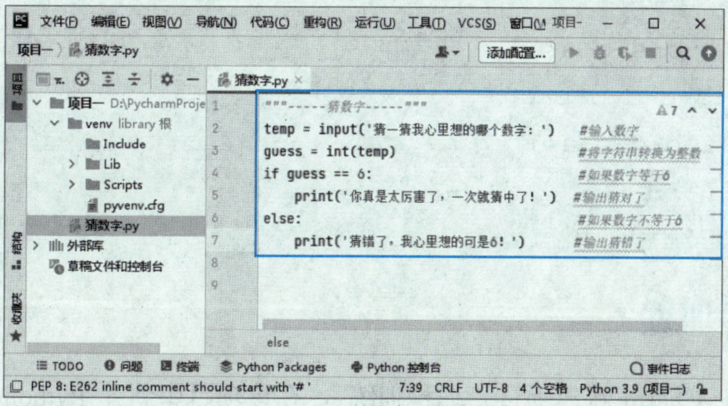

图 1-20　输入代码

步骤 7 在菜单栏中选择“运行”→“运行”选项，打开“运行”对话框，然后选择“猜数字”选项，运行程序，在窗口下方即可显示运行结果，如图 1-21 所示。

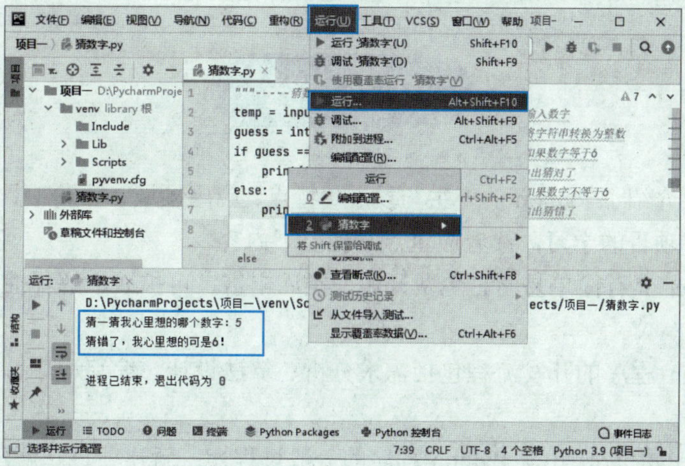

图 1-21　运行程序

项目实训

一、阅读程序

（1）写出下面程序运行结果，并上机验证。

```
print('  *  ')
print(' *** ')
print('*****')
```

（2）写出下面程序运行结果，并上机验证。

```
print('      a')
print('    a-b-a')
print('  a-b-c-b-a')
print('a-b-c-d-c-b-a')
print('  a-b-c-b-a')
print('    a-b-a')
print('      a')
```

二、编程训练

（1）使用 PyCharm 新建项目“编程训练”，在该项目中新建 Python 源文件，并编写代码，实现输出“人生苦短，我用 Python”。

（2）使用文本编辑器编写一个分行显示自己姓名、地址和电话的 Python 程序，并在 PyCharm 的“编程训练”项目中导入该程序，然后运行。

项目小结

本项目主要介绍了 Python 的产生与发展、特点、应用领域、开发工具、开发流程和编码规范。通过本项目的学习，读者应重点掌握以下内容。

（1）Python 具有简单易学、免费开源、类库丰富、可扩展、解释性、可移植性和可嵌入性等特点。

（2）Python 程序的开发流程包括需求分析、算法设计、编写程序、运行程序和编写程序文档。

（3）使用 PyCharm 开发 Python 程序的一般过程为：新建项目→新建 Python 文件→

编写代码→运行程序。

（4）Python 常用的注释方式包括单行注释和多行注释两种。单行注释以“#”开始，以换行符结束，可以单独占一行，也可以出现在一行中其他内容的右侧；多行注释以三重引号（单引号或双引号）开始，同样以三重引号结束。

（5）Python 依靠代码块的缩进来体现代码之间的逻辑关系，最好使用 4 个空格进行悬挂式缩进，并且同一级别的代码块的缩进量必须相同。

项目考核

一、选择题

（1）下面选项中，不属于 Python 语言特点的是（　　）。

A．简单易学　　B．开源

C．面向过程　　D．可移植性

（2）下面关于 Python 的说法中，错误的是（　　）。

A．Python 是从 ABC 发展起来的

B．Python 源程序需编译和连接后才可生成可执行文件

C．Python 是开源的，它可以被移植到许多平台上

D．Python 是一种解释型编程语言

（3）Python 通过（　　）体现代码之间的逻辑关系。

A．换行　　B．空格

C．缩进　　D．空行

（4）Python 源程序文件的扩展名为（　　）。

A．.exe　　B．.txt

C．.py　　D．.obj

（5）Python 中的单行注释是以（　　）开始的。

A．#　　B．//

C．"""　　D．'''

二、简答题

（1）简述 Python 的特点。

（2）简述 Python 的应用领域。

（3）简述 Python 程序的开发流程。

三、编程题

（1）编写程序，分行输出古诗《静夜思》。

（2）编写程序，输出如下字符串。

```
      i-i-i-i-i
  *****************
  |  :H-a-p-p-y:  |
~~~~~~~~~~~~~~~~~~~~~~
| :B-i-r-t-h-d-a-y:  |
**********************
```

（3）编写程序，输出如下字符串。

```
  * *  * *
*    **    *
*          *
  *      *
     **
```

项目二 Python 编程基础知识

项目导读

俗话说“千里之行，始于足下”，在进入 Python 编程世界之初，我们需要学习 Python 语言的基础知识。只有熟练掌握了 Python 语言的基础知识，才能在 Python 编程世界中走得更远。

学习目标

- ✓ 掌握 Python 变量的命名规则和赋值方法。
- ✓ 掌握 Python 中常见的数据类型。
- ✓ 熟悉 Python 中各种运算符的使用方法。
- ✓ 掌握 Python 中输入和输出的方法。
- ✓ 能通过键盘与计算机进行交互。

素质目标

- ✓ 增强遵守规则的意识，养成按规矩行事的习惯。
- ✓ 加强基础知识的学习，从而实现从量变到质变的转化，为个人的长远发展打下坚实的基础。
- ✓ 了解中国古代人民的智慧，增强民族自豪感。

任务一

输出个人简介

任务描述

个人简介一般包括姓名、性别、年龄、身高和爱好等信息，不同类型的信息须使用不同数据类型的变量来保存。本任务将带领大家编写 Python 程序，输出个人简介。

知识链接

一、变量

在编写程序时，可以直接使用数据，也可以将数据保存到变量中，方便以后使用。所以说，变量可以看成是一个小箱子，专门用来“盛装”程序中的数据。每个变量都拥有一个名字，通过变量名就可以找到变量中的数据。

1. 变量的命名规则

Python 中变量的命名需要遵循一定的规则，即变量名只能包括字母、数字和下划线，且第一个字符必须是字母或下划线，不能是数字。例如，name、_name1、name_2 都是合法的变量名，但 1name、2_name、&123、%name、M.Jack、-name2 都是不合法的变量名。

在实际开发过程中，为提高代码的可读性，会经常使用以下 3 种命名方式。

（1）小驼峰式命名。第一个单词首字母小写，之后的单词首字母大写，如 myName、myFriendName 等。

（2）大驼峰式命名。每个单词首字母都大写，如 MyName、MyFriendName 等。

（3）下划线连接命名。用下划线“_”连接每个单词，如 my_name、my_friend_name 等。

小 提 示

（1）Python 的变量名区分英文字母大小写，如 score 和 Score 是两个不同的变量。

（2）Python 的关键字不能作为变量名使用。

Python 本身定义的一些具有特定功能的标识符称为关键字。可在 PyCharm 中编写如下代码查看关键字，执行结果如图 2-1 所示。

```
import keyword                                    #导入 keyword 模块
```

```
print(keyword.kwlist)                  #查看所有关键字
```

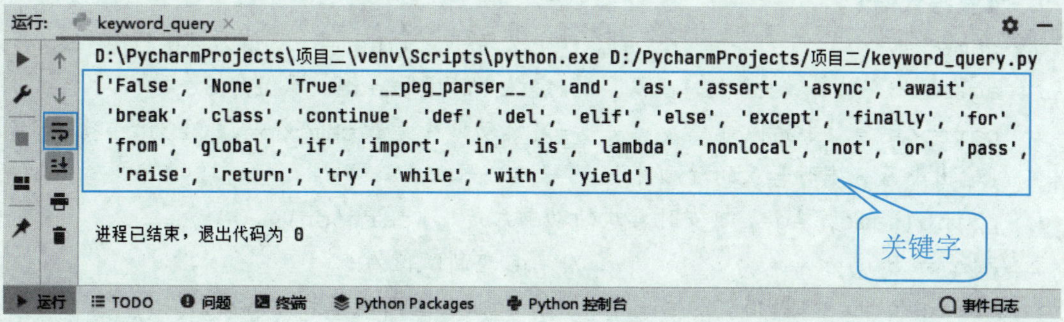

图 2-1 Python 中的关键字

小技巧

PyCharm 显示程序运行结果是不会自动换行的，当运行结果较长时，看起来很不方便。此时，可以在运行结果窗口（见图 2-1）的左侧单击“自动换行”按钮，运行结果即可根据窗口大小自动换行。

2. 变量的赋值

变量赋值时，Python 会自动声明变量的数据类型。赋值运算符“=”用于为变量赋值，其左侧是变量名，而右侧是变量指向的值。例如：

```
a = 1
b = 1.2
c = '小红'
```

Python 还允许同时为多个变量赋相同的值。例如：

```
a = b = c = 1
```

作用是同时将 1 赋值给变量 a、b 和 c，相当于：

```
a = 1
b = 1
c = 1
```

也可以同时为多个变量分别赋不同的值。例如：

```
a, b, c = 1, 2, 'hello'
```

作用是将 1、2 和“hello”分别赋值给变量 a、b 和 c。相当于：

```
a = 1
b = 2
c = 'hello'
```

【例 2-1】 输出小蓝在不同的年龄喜欢的动画片。

【参考代码】

```
name = '小蓝'                    #定义名字变量 name，赋值为“小蓝”
age = 3                          #定义年龄变量 age，赋值为 3
cartoon = '小猪佩奇'              #定义动画片变量 cartoon,赋值为“小猪佩奇”
#输出小蓝 3 岁时喜欢的动画片
print(name, age, '岁时喜欢的动画片是', cartoon)
age = 5                          #age 重新赋值为 5
cartoon = '机器猫'                #cartoon 重新赋值为 “机器猫”
#输出小蓝 5 岁时喜欢的动画片
print(name, age, '岁时喜欢的动画片是', cartoon)
age = 10                         #age 重新赋值为 10
cartoon = '海贼王'                #cartoon 重新赋值为 “海贼王”
#输出小蓝 10 岁时喜欢的动画片
print(name, age, '岁时喜欢的动画片是', cartoon)
```

【运行结果】 程序运行结果如图 2-2 所示。

```
小蓝 3 岁时喜欢的动画片是 小猪佩奇
小蓝 5 岁时喜欢的动画片是 机器猫
小蓝 10 岁时喜欢的动画片是 海贼王
```

图 2-2 例 2-1 程序运行结果

小提示

变量使用前必须先赋值，因为变量指向的内存对象只有在赋值后才会被创建。

二、数据类型

变量的数据类型取决于它指向的数据的类型。Python 的数据类型包括数字、布尔类型、字符串、列表、元组、字典和集合等。此处简单介绍数字、布尔类型和字符串，其余类型将在项目四中介绍。

扫一扫

数据类型

1. 数字

数字数据类型用于存储数值。Python 支持不同的数值类型，包括 int、float 和 complex。

（1）int（整型）数值通常称为整数。Python 可以处理任意大小的整数，当然包括负整数。整数在程序中的表示方法和数学上的写法一致，如 18、−175。

在 Python 中，整数也可以用八进制或十六进制表示。Python 中八进制数以数字 0 开头，只能用数字 0～7 组合表达。例如，0154 对应的十进制数为 $1\times8^2+5\times8^1+4\times8^0=108$。十六进制数以 0x 开头，只能用数字 0～9 及字母 A～F（或 a～f）组合表达。其中，A 代表数值 10，B 代表数值 11，依此类推，F 代表数值 15。例如，0x15F 对应的十进制数为 $1\times16^2+5\times16^1+15\times16^0=351$。

（2）float（浮点型）数值也称为浮点数，由整数和小数组成。Python 中浮点数只能用十进制形式表示，但其表示方法有以下两种。

① 小数表示法，由整数部分和小数部分组成，如 0.0013、−1482.5。

② 科学表示法，通常用来表示一些比较大或比较小的数值，表示方法是在小数表示法后加“E”或“e”及指数部分，其中，“E”或“e”表示十次方，指数部分为整数，可正可负。但要注意，“E”或“e”前面必须有数字。例如，0.0013 可表示为 1.3e−3，−1482.5 可表示为−1.4825e3。

（3）complex（复数型）数值由实数部分和虚数部分组成，一般形式为 $a+b$j，其中，a 是复数的实数部分，b 是复数的虚数部分，这里的 a 和 b 是整数或浮点数，如 2.14j、2+12.1j。

2. 布尔类型

布尔（bool）类型是一种比较特殊的类型，它只有“True”（真）和“False”（假）两种值。在 Python 中，可以直接用“True”和“False”表示布尔值（注意首字母大写），也可以通过比较和判断得到布尔值。例如：

```
10 < 30                          #判断 10 是否小于 30，结果为 True
10 > 20                          #判断 10 是否大于 20，结果为 False
```

3. 字符串

字符串（str）是以单引号或双引号括起来的任意文本，如'abc'、"xyz"等。如果单引号本身也是字符串中的一个字符，那就可以用双引号括起来；反之，如果双引号本身也是字符串中的一个字符，那就可以用单引号括起来。例如：

```
"I'm OK!"
'I told my friend,"Python is my favorite language!"'
```

如果字符串内部既包含单引号又包含双引号，则可以用转义字符“\”来标识，例如：

```
'I\'m \"OK\"!'
```

表示的字符串内容是：I'm "OK"!

转义字符以“\”开头，后跟一个字符，通常用来表示一些控制代码和功能定义。Python 中常用的转义字符如表 2-1 所示。

表 2-1　常用的转义字符

转义字符	说　明	转义字符	说　明
\n	回车换行	\'	单引号符（'）
\b	退格	\"	双引号符（"）
\r	回车	\a	鸣铃
\t	水平制表	\f	换页符
\v	垂直制表	\\	反斜线符（\）

小 提 示

Python 还允许在引号前加 r 来表示引号内部的字符串默认不转义。

任务实施

【任务分析】　完成本任务，须首先定义字符串类型变量 name（姓名）、sex（性别）和 hobby（爱好），整型变量 age（年龄），浮点型变量 height（身高），并分别赋初值；然后使用 print()函数输出个人简介。

【参考代码】

```
name = '小蓝'                #定义姓名变量 name，赋值为“小蓝”
sex = '女生'                 #定义性别变量 sex，赋值为“女生”
age = 10                     #定义年龄变量 age，赋值为 10
height = 1.4                 #定义身高变量 height，赋值为 1.4
hobby = '唱歌、游泳'          #定义爱好变量 hobby，赋值为“唱歌、游泳”
#输出个人简介
print('大家好，我叫', name, '，\n 是一个开朗的', sex, '，\n 今年',
      age, '岁，\n 我已经', height, '米了哦，\n 我喜欢', hobby,
      '，\n 很高兴认识大家。')
```

【运行结果】　程序运行结果如图 2-3 所示。

```
大家好，我叫 小蓝 ，
是一个开朗的 女生 ，
今年 10 岁，
我已经 1.4 米了哦，
我喜欢 唱歌、游泳 ，
很高兴认识大家。
```

图 2-3　“输出个人简介”程序运行结果

任务二 实现数据加密和解密

任务描述

数据加密是通过加密算法和加密密钥将明文转变为密文，而解密则是通过解密算法和解密密钥将密文恢复为明文。本任务将带领大家编写 Python 程序，通过对数据进行运算实现简单的加密和解密。

辉煌中国

早期的加密算法主要应用于军事，历史上最早关于加密算法的记载出自周朝兵书《六韬·龙韬》中的《阴符》和《阴书》。有记载如下。

太公曰："主与将有阴符凡八等：有大胜克敌之符，长一尺；破军杀将之符，长九寸；降城得邑之符，长八寸；却敌报远之符，长七寸；警众坚守之符，长六寸；请粮益兵之符，长五寸。败军亡将之符，长四寸；失利亡士之符，长三寸。诸奉使行符，稽留者，若符事泄，闻者告者，皆诛之。八符者，主将秘闻，所以阴通言语不泄，中外相知之术。敌虽圣智，莫之能识。"

武王问太公曰："……符不能明，相去辽远，言语不通，为之奈何？"太公曰："诸有阴事大虑，当用书，不用符，主以书遗将，将以书问主，书皆一合而再离，三发而一知。再离者，分书为三部；三发而一知者，言三人，人操一分，相参而不知情也。此谓阴书，敌虽圣智，莫知能识。"

简单来说，阴符是以八等长度的符来表达不同的消息和指令，属于密码学中的替代法，在应用中是把信息转变成敌人看不懂的符号，这种符号法只能表述最关键的八种含义。阴书作为阴符的补充，运用了文字拆分法直接把一份文字拆成三份，由三种渠道发送到目标方手中，敌人只有同时截获三份内容才可能破解。

知识链接

数据的运算通过运算符来完成，运算符用于连接表达式中各种类型的数据、变量等操作数。Python 支持多种类型的运算符，包括算术运算符、赋值运算符、关系运算符、逻辑运算符、成员运算符、身份运算符和位运算符等。

一、算术运算符

Python 提供了 7 个基本的算术运算符，其运算方式与数学中基本类似。具体符号如表 2-2 所示。

表 2-2　算术运算符

运算符	名　称	示　例	说　明
+	加法运算	a + b	返回 a 和 b 的和
−	减法运算	a − b	返回 a 和 b 的差
*	乘法运算	a * b	返回 a 和 b 的积
/	除法运算	a / b	返回 a 和 b 的商
%	取模运算	a % b	返回 a 除以 b 的余数
**	幂（乘方运算）	a ** b	返回 a 的 b 次幂
//	整除	a // b	返回 a 和 b 的商的整数部分（向下取整）。如果其中一个操作数为负数，则结果为负数。例如，3//4=0，4//3=1，−3//4=−1，4//−3=−2

二、赋值运算符

赋值运算符用来给变量赋值，Python 提供的赋值运算符可分为简单赋值和复合赋值两种。简单赋值运算符“=”已经在任务一中介绍了，下面着重介绍复合赋值运算符。

在 Python 中，经常会有利用变量的原有值计算出新值并重新赋值给这个变量的情况。例如，下面表达式就是把变量 a 的值加上 1 后再赋值给 a。

```
a = a + 1
```

复合赋值运算符允许缩短这个表达式，使用“+=”运算符，可以将上面的表达式简写为：

```
a += 1          #相当于 a = a + 1
```

其中，复合赋值运算符中较为常用的是复合算术赋值运算符，包括+=、−=、*=、/=、%=、**=和//=共 7 种。例如：

```
a += b          #相当于 a = a + b
a -= b          #相当于 a = a - b
a *= b          #相当于 a = a * b
a /= b          #相当于 a = a / b
a %= b          #相当于 a = a % b
a **= b         #相当于 a = a ** b
a //= b         #相当于 a = a // b
```

小提示

如果 b 是包含若干项的表达式，则相当于它有括号，例如：

a *= b − 3　　　　#相当于 a = a * (b − 3)

三、关系运算符

关系运算符又称比较运算符，用于比较运算符两侧数据的值，比较的结果是一个布尔值，即 True 或 False。Python 提供的关系运算符如表 2-3 所示。

表 2-3　关系运算符

运算符	名　称	示　例	说　明
==	等于	a == b	判断 a 和 b 的值是否相等，如果是则结果为 True，否则为 False
!=	不等于	a != b	判断 a 和 b 的值是否不相等，如果不相等则结果为 True，否则为 False
>	大于	a > b	判断 a 的值是否大于 b 的值，如果是则结果为 True，否则为 False
<	小于	a < b	判断 a 的值是否小于 b 的值，如果是则结果为 True，否则为 False
>=	大于等于	a >= b	判断 a 的值是否大于等于 b 的值，如果是则结果为 True，否则为 False
<=	小于等于	a <= b	判断 a 的值是否小于等于 b 的值，如果是则结果为 True，否则为 False

使用关系运算符时须注意以下几点。

（1）等于、不等于、大于等于、小于等于运算符（==、!=、>=、<=）的表示方法与数学中的表示方法不同（=、≠、≥、≤）。

（2）关系运算符两侧的值可以是数值、字符串等数据类型，但应为同一类型。

（3）字符串数据进行比较运算时，按照其内容的 ASCII 码值进行比较。在比较两个字符串时，先比较第一个字符，其中 ASCII 码值较大的字符所在字符串较大，如果第一个字符相同，再比较第二个字符……。

例如，'abce' > 'abcdef'为 True，是因为逐个比较前三个字符，其 ASCII 码值相同，在比较第四个字符时，“e”的 ASCII 码值大于“d”的 ASCII 码值，因此，该表达式的值为 True。（注意：不是比较字符串长短）

四、逻辑运算符

扫一扫

逻辑、成员和身份运算符

Python 的逻辑运算符包括 and（与）、or（或）、not（非）3 种，如表 2-4 所示。与 C/C++、Java 等语言不同的是，Python 中逻辑运算的返回值不一定是布尔值。

表 2-4　逻辑运算符

运算符	名　称	示　例	说　明
and	与	a and b	如果 a 的值为 False，无须计算 b 的值，返回 a 的值；否则返回 b 的值
or	或	a or b	如果 a 的值为 True，无须计算 b 的值，返回 a 的值；否则返回 b 的值
not	非	not a	如果 a 的值为 True，返回值为 False；如果 a 的值为 False，返回值为 True

【例 2-2】　关系运算符和逻辑运算符示例。

【参考代码】

```
a = 5                          #定义变量 a，赋值为 5
b = 6                          #定义变量 b，赋值为 6
#输出逻辑表达式的值
print('a = ', a, ', b = ', b)
print('a - 5 and b < 3 = ', a - 5 and b < 3)
print('a < 6 and b + 3 = ', a < 6 and b + 3)
print('a - 5 or b < 3 = ', a - 5 or b < 3)
print('a < 6 or b + 3 = ', a < 6 or b + 3)
print('not a = ', not a)
```

【运行结果】　程序运行结果如图 2-4 所示。

```
a =  5 , b =  6
a - 5 and b < 3 =  0
a < 6 and b + 3 =  9
a - 5 or b < 3 =  False
a < 6 or b + 3 =  True
not a =  False
```

图 2-4　例 2-2 程序运行结果

【程序说明】 计算“a − 5 and b < 3”表达式时，先计算“a − 5”得到的值为 0，即为 False，因此无须计算“b < 3”的值，表达式的值即为 0。计算“a < 6 and b + 3”表达式时，先计算“a < 6”得到的值为 True，因此，需计算表达式“b + 3”的值，且整个表达式的值为“b + 3”的值，即为 9。

计算“a − 5 or b < 3”表达式时，先计算“a − 5”得到的值为 0，即为 False，因此，需计算“b < 3”的值，且整个表达式的值为“b < 3”的值，即为 False。计算“a < 6 or b + 3”表达式时，先计算“a < 6”得到的值为 True，无须计算“b + 3”的值，表达式的值为 True。

计算“not a”表达式时，由于 a 的值为 5，即为 True，因此，表达式的值为 False。

小提示

在 Python 中，当参与逻辑运算的数值为 0 时，则将它看作逻辑“假”，而将所有非 0 的数值都看作逻辑“真”。

五、成员运算符

成员运算符用于判断一个元素是否在某个序列中，如字符串、列表、元组等。Python 提供的成员运算符如表 2-5 所示。

表 2-5 成员运算符

运算符	示 例	说 明
in	a in b	如果 a 在 b 序列中，则返回 True，否则返回 False
not in	a not in b	如果 a 不在 b 序列中，则返回 True，否则返回 False

【例 2-3】 判断指定零食是否在购物清单中。

【参考代码】

```
snack1 = '薯片'                    #定义零食变量 snack1，赋值为“薯片”
snack2 = '棒棒糖'                  #定义零食变量 snack2，赋值为“棒棒糖”
#定义购物清单列表 snackList
snackList = ['可乐', '苹果', '薯片', '奥利奥', '鸡腿']
#判断薯片是否在购物清单中
print('薯片在购物清单中？', snack1 in snackList)
#判断棒棒糖是否在购物清单中
print('棒棒糖在购物清单中？', snack2 in snackList)
#判断棒棒糖是否不在购物清单中
print('棒棒糖不在购物清单中？', snack2 not in snackList)
```

【运行结果】 程序运行结果如图 2-5 所示。

```
薯片在购物清单中？ True
棒棒糖在购物清单中？ False
棒棒糖不在购物清单中？ True
```

图 2-5 例 2-3 程序运行结果

六、身份运算符

关系运算符中的“==”是比较两个变量的值是否相等。身份运算符用来判断两个变量是否指向同一个内存对象。Python 提供的身份运算符如表 2-6 所示。

表 2-6 身份运算符

运算符	示 例	说 明
is	a is b	如果 a 和 b 引用的是同一个对象则返回 True，否则返回 False
is not	a is not b	如果 a 和 b 引用的不是同一个对象则返回 True，否则返回 False

【例 2-4】 判断三个整型变量是否为同一个对象。

【参考代码】

```
int1 = 500                    #定义变量 int1，赋值为 500
int2 = 500                    #定义变量 int2，赋值为 500
int3 = 520                    #定义变量 int3，赋值为 520
print('int1 和 int2 引用的是同一对象？', int1 is int2)
print('int1 和 int3 引用的是同一对象？', int1 is int3)
print('int1 的内存地址:', id(int1), '\nint2 的内存地址:', id(int2),
      '\nint3 的内存地址: ', id(int3))
int1 = 520                    #修改 int1 的值为 520
print('修改值后的 int1 和 int3 引用的是同一对象？', int1 is int3)
print('修改值后的 int1 内存地址: ', id(int1))
```

【运行结果】 程序运行结果如图 2-6 所示。

```
int1和int2引用的是同一对象？ True
int1和int3引用的是同一对象？ False
int1的内存地址： 2354712963920
int2的内存地址： 2354712963920
int3的内存地址： 2354712964112
修改值后的int1和int3引用的是同一对象？ True
修改值后的int1内存地址： 2354712964112
```

图 2-6 例 2-4 程序运行结果

【程序说明】 id()函数返回对象的唯一标识符，即对象的内存地址。

小提示

Python 为了优化速度，使用了小整数对象池，避免为整数频繁申请和销毁内存空间。Python 中的小整数是指在[-5, 256]区间的整数，这些整数对象是提前创建好的，不会被回收。在一个 Python 程序中，所有相同的小整数都是同一个对象。当数值不在小整数对象池内时，会自动创建新的对象。但是，此时会有一个大整数池，即处于同一个代码块（一个代码块就是一个.py 文件）的相同的大整数是同一个对象。

同理，Python 中相同的单个字符也是同一个对象，处于同一个代码块的相同的浮点数，以及具有相同元素的字符串和元组都是同一个对象。

七、位运算符

所谓位运算是指进行二进制位的运算。例如，将一个存储单元中的各二进制位左移或右移一位。Python 提供的位运算符包括按位与、按位或、按位异或、按位取反、左移和右移共 6 种，如表 2-7 所示。

表 2-7 位运算符

运算符	名 称	示 例	说 明
&	按位与	a & b	a 和 b 对应的两个二进制位均为 1 时，结果才为 1，否则为 0
|	按位或	a | b	a 和 b 对应的两个二进制位有一个为 1 时，结果就为 1，否则为 0
^	按位异或	a ^ b	a 和 b 对应的两个二进制位不同时，结果为 1，否则为 0
~	按位取反	~a	先求 a 的补码，然后将补码的每个二进制位取反，最后再求补码
<<	左移	a << b	a 的二进制位全部左移 b 位，移出位删掉，移进的位补零
>>	右移	a >> b	a 的二进制位全部右移 b 位，移出位删掉，移进的位补零

假设变量 a = 10，b = 23，即二进制形式 a = 0000 1010，b = 0001 0111。用变量 a 和 b 执行表 2-7 中的位运算符，结果如图 2-7 所示。

```
a       0000 1010
      & 0001 0111
      -----------
结果    0000 0010（2）
```

（a）按位与 a & b

```
  0000 1010
| 0001 0111
-----------
  0001 1111（31）
```

（b）按位或 a | b

```
  0000 1010
^ 0001 0111
-----------
  0001 1101（29）
```

（c）按位异或 a ^ b

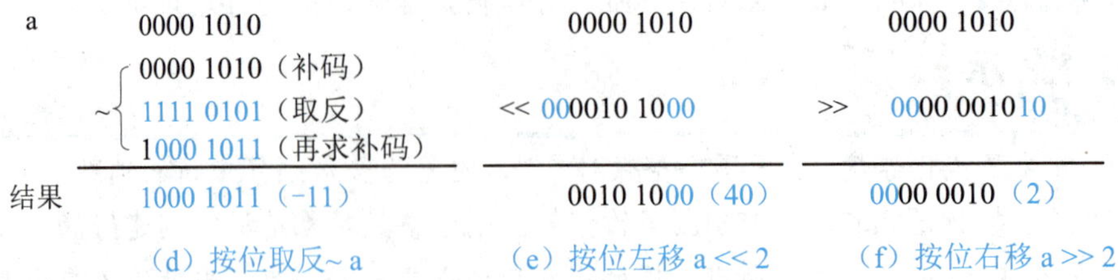

图 2-7　位运算符

小技巧

Python 中操作数按位取反的结果是−(*a*+1)，其中 *a* 为操作数。例如，10 按位取反为−11，−10 按位取反为 9。

课外拓展

在计算机系统中，为了便于对数值进行处理，数值一律是用补码表示（存储）的。其中，正数的补码与原码相同，符号位为 0；负数的补码的符号位为 1，其余位为该数绝对值的原码按位取反加 1。

例如，+10 的补码为 00001010；对于−10 来说，其符号位为 1，由于+10 的原码为 0001010（7 位），则该数取反后为 1110101，然后再加 1，结果为 1110110，即−10 的补码为 11110110。

八、运算符优先级

Python 中运算符的优先级如表 2-8 所示。

表 2-8　运算符优先级

优先级顺序	运算符	优先级顺序	运算符
1	**	8	>、<、>=、<=
2	~、+（正号）、−（负号）	9	==、!=
3	*、/、%、//	10	=、+=、−=、*=、/=、%=、**=、//=
4	+（加法）、−（减法）	11	is、is not
5	<<、>>	12	in、not in
6	&	13	and、or、not
7	^、|		

当一个表达式中有多种运算符时，应按照表 2-8 的运算符优先级顺序进行计算。如果

想要改变它们的计算顺序，可以使用圆括号。例如：

```
2 + 3 * 4                    #结果为 14
(2 + 3) * 4                  #使用括号后，结果为 20
```

任务实施

【任务分析】 完成本任务，可先定义整型变量 a 和 b，将 a 左移 b 位，然后加 b，最后乘以 b，完成数据的加密；再将加密后的 a 整除 b，然后减 b，最后右移 b 位，还原 a 的原始值，完成数据的解密。

【参考代码】

```
a = 2048                     #定义变量 a，并赋值为 2048
b = 5                        #定义变量 b，并赋值为 5
print('a 的原始值：', a)      #输出 a
a <<= b                      #将 a 左移 b 位，并赋给 a
a += b                       #将 a 加 b，并赋给 a
a *= b                       #将 a 乘以 b，并赋给 a
print('a 加密后的值：', a)    #输出 a
a = a // b                   #将 a 整除 b，并赋给 a
a -= b                       #将 a 减 b，并赋给 a
a >>= b                      #将 a 右移 b 位，并赋给 a
print('a 解密后的值：', a)    #输出 a
```

【运行结果】 程序运行结果如图 2-8 所示。

```
a的原始值： 2048
a加密后的值： 327705
a解密后的值： 2048
```

图 2-8 “数据加密和解密”程序运行结果

任务三

开发“你问我答”游戏

任务描述

“你问我答”游戏想要实现的功能是计算机输出问题，用户输入答案，然后计算机判断答案是否正确并输出。此程序的关键是用户与计算机的交互，即输入与输出。本任务将带领大家编写 Python 程序，开发“你问我答”游戏。

知识链接

一、输入

扫一扫

输入和输出

Python 提供了 input()函数用于获取用户从键盘输入的字符串，其基本格式如下。

```
input([prompt])
```

其中，prompt 表示输入提示，是一个字符串，[ ]表示可选。input()函数让程序暂停运行，等待用户输入数据，当获取用户输入后，返回一个字符串（不包含末尾的换行符）。例如：

```
name = input('请输入名字：')                   #name 为字符串
```

当将该返回值作为数值使用时，就会引发错误，此时可使用 int()函数将字符串转换为整型数据，也可使用 float()函数将字符串转换为浮点型数据。例如：

```
a = int(input('请输入一个整数'))               #a 为整数
b = float(input('请输入一个浮点数：'))         #b 为浮点数
```

这里需要注意的是，使用 int()函数时，参数须是整型数值的字符串。

小提示

> int()函数还可以将浮点型数据转换为整型数据，例如：
> a = int(1.35)   #a 的值为 1

二、输出

在 Python 中使用 print()函数进行输出，应遵循以下原则。

（1）输出字符串时须用单引号或双引号括起来。

（2）输出变量时，可不加引号。

（3）变量与字符串同时输出或多个变量同时输出时，须用“,”隔开。

【例 2-5】 输出万能生日祝福。

【问题分析】 使用 input()函数输入名字，使用 print()函数输出对应名字的生日祝福。

【参考代码】

```
print('请输入名字：')                          #输出提示
#根据输入的名字输出生日祝福
```

```
print('亲爱的', input(),
      ': \n\t 生日快乐! 🎂\n\t 希望你能开心快乐每一天! ☺☺☺')
```

【运行结果】 程序运行结果如图 2-9 所示。

```
请输入名字:
小蓝
亲爱的 小蓝 :
    生日快乐! 🎂
    希望你能开心快乐每一天! ☺☺☺
```

图 2-9 例 2-5 程序运行结果

任务实施

【任务分析】 完成本任务,可首先使用 print()函数输出问题;然后使用 input()函数输入答案;最后使用"=="或"in"运算符判断答案是否正确,并使用 print()函数输出判断的结果,True 表示正确,False 表示错误。

【参考代码】

```
print('问: "白日依山尽"的下一句是什么? ')     #输出问题
answer = input('答: ')                    #输入答案,并赋给 answer
#使用"=="进行判断,并输出结果
print('结果: ', answer == '黄河入海流')
print('问: 4 * 5 // 3 = ?')     #输出问题
answer = int(input('答: '))     #输入答案,并转换为整型赋给 answer
#使用"=="进行判断,并输出结果
print('结果: ', answer == (4 * 5 // 3))
print('问: "狗"的英文单词是什么? ')     #输出问题
answer = input('答: ')              #输入答案,并赋给 answer
print('结果: ', answer == 'dog')    #使用"=="进行判断,并输出结果
print('问: 请说出四大名著中的任一书名。')     #输出问题
answer = input('答: ')                    #输入答案,并赋给 answer
#使用"in"进行判断,并输出结果
print('结果: ', answer in ['西游记', '红楼梦', '三国演义', '水浒传'])
print('问: 20 - 11 % 5 = ?')    #输出问题
answer = int(input('答: '))     #输入答案,并转换为整型赋给 answer
#使用"=="进行判断,并输出结果
print('结果: ', answer == (20 - 11 % 5))
```

【运行结果】 程序运行结果如图 2-10 所示。

```
问："白日依山尽"的下一句是什么？
答：黄河入海流
结果： True
问：4 * 5 // 3 = ?
答：6
结果： True
问："狗"的英文单词是什么？
答：cat
结果： False
问：请说出四大名著中的任一书名。
答：红楼梦
结果： True
问：20 - 11 % 5 = ?
答：18
结果： False
```

图 2-10 "你问我答"游戏程序运行结果

项目实训

一、阅读程序

（1）写出下面程序运行结果，并上机验证。

```
x = 'joyful'
y = 'for'
s = 'Strive to make every day joyful and meaningful, ' \
    'not for others, but for myself.'
print(x in s)
print(y not in s)
```

（2）写出下面程序运行结果，并上机验证。

```
A, B, C = 1, 2, 3
x = (A + C) * B / C
print('x 的值: ', x)
y = A > B | B > C & C > A
print('y 的值: ', y)
a = A + B
b = a << 2
c = ~a
print('a 的值: ', a, '\t', 'b 的值: ', b, '\t', 'c 的值: ', c)
```

二、程序填空

（1）下面程序的功能是：输入一个 3 位自然数，输出各位数字的和。请将正确答案写在横线处。

```
x = input('请输入一个3位自然数：')
x = int(x)
a = x // 100
b = ①____________
c = ②____________
print(a + b + c)
```

（2）下面程序的功能是：输入圆的半径，输出圆的周长和面积。请将正确答案写在横线上。

```
r = float(input('请输入圆的半径：'))
PI = 3.1415926
perimeter = ①____________
area = ②____________
print('圆的周长：', perimeter)
print('圆的面积：', area)
```

三、编程训练

（1）程序设计中，不同用途的变量需要使用不同的数据类型，以方便其参与标准运算。请为表 2-9 中的变量进行命名，并指定其数据类型，然后编写程序输出变量。

表 2-9 变量描述

变量描述	变量名称	数据类型	变量初始值
商品优良等级			优
商品单价			45.5
销售总数			5000
是否有库存			True

（2）使用克莱姆法则求解二元一次方程组。

$$\begin{cases}25.6x+3y=28\\8x+13.4y=65\end{cases}$$

提示：如果 $ax+by=e$，$cx+dy=f$，则 $x=\dfrac{ed-bf}{ad-bc}$，$y=\dfrac{af-ec}{ad-bc}$。

项目小结

本项目主要介绍了 Python 的基础知识。通过本项目的学习，读者应重点掌握以下内容。

（1）变量名只能包括字母、数字和下划线，且第一个字符必须是字母或下划线，不能是数字。

（2）Python 中的变量赋值不需要声明类型，且变量使用前必须先赋值，因为变量指向的内存对象只有在赋值后才会被创建。

（3）Python 的数字类型包括 int（整型）、float（浮点型）和 complex（复数型）3 种；布尔类型只有“True”和“False”两种值；字符串是以单引号或双引号括起来的任意文本。

（4）Python 常用的运算符包括算术运算符、赋值运算符、关系运算符、逻辑运算符、成员运算符、身份运算符和位运算符。

（5）input()函数用于获取用户键盘输入的字符，print()函数用于输出数据。

项目考核

一、选择题

（1）下面可作为 Python 变量名的是（　　）。

A．1name　　B．name_1　　C．break　　D．a*plv

（2）在 Python 3 中，下面输出变量 a 的正确写法是（　　）。

A．print a　　B．print(a)　　C．print "a"　　D．print("a")

（3）设 a=1，b=2，c=3，d=4，表达式 a>b and c<=d or 2*a>c 的值是（　　）。

A．False　　B．True　　C．−1　　D．1

（4）假设 a=3，b=5，c=2，则表达式 not (b<c) and a>c 的值是（　　）。

A．True　　B．False　　C．表达式错误　　D．不确定

（5）假设 a=3，b=5，c=2，则表达式(a ^ 2 + b) / c 的值是（　　）。

A．1.0　　B．5.0　　C．3.0　　D．2.0

二、填空题

（1）Python 变量名中可以包括______、______和______，但是不能以______开头。

（2）13&9 的结果是__________。

（3）下面程序的运行结果是__________。

```
a = 4e2
b = 3e-1
print(a - b)
```

（4）下面程序的输出结果是__________。

```
print(not(3>5 and 5<7 or 8+9<23))
```

（5）下面程序的运行结果是__________。

```
x = 'a'
y = 'b'
str1 = 'John is a diligent boy'
print(x in str1)
print(y not in str1)
```

三、编程题

（1）编写程序，实现输入某商品的单价和数量，计算商品的总价并输出。

（2）编写程序，实现输入体重和身高，输出身体质量指数（body mass index，BMI）。其计算公式为：

$$\mathrm{BMI}=\frac{体重}{身高^2}$$

其中，体重的单位是 kg，身高的单位是 m，均为浮点数。

（3）判断“唐僧”“孙悟空”“齐天大圣”等字符串是否出现在《西游记》的片段中，内容如下。

东胜神洲傲来国海边有一花果山，山顶一石，承受日月精华，产下一个石猴。石猴在花果山做了众猴之王，为求长生，出海求仙，在西牛贺洲拜菩提祖师为师。祖师为其取法名孙悟空，并授予七十二般变化及翻筋斗云之法。孙悟空回到花果山，占山为王，号为美猴王。苦于无兵刃，遂去东海龙宫求取，龙王及兄弟送他一支如意金箍棒及一身披挂。孙悟空又去幽冥界把自己的名字从生死簿上勾掉。龙王、地藏王上天庭告状，太白金星建议招安孙悟空，玉帝准奏。

项目三 流程控制语句

项目导读

在解决实际问题时，经常会遇到需要根据不同条件选择不同操作的情况，或者需要重复处理相同或相似操作的情况。此时，可以通过流程控制语句来解决这些问题。本项目将详细介绍 Python 中的流程控制语句。

学习目标

✓ 掌握程序流程图的画法。
✓ 掌握 if 分支语句的使用方法。
✓ 掌握 while 和 for 循环语句的使用方法。
✓ 掌握 break 和 continue 跳转语句的使用方法。
✓ 能画程序流程图，并根据实际问题选择合适的流程控制语句编写程序。

素质目标

✓ 养成分析问题，事前规划的良好习惯。
✓ 增强总结规律，将事物化繁为简的能力。
✓ 强化环境保护意识，提倡节约能源、绿色健康出行。

任务一

描述扫地机器人工作流程

任务描述

在做一件事情前，如果没有规划，走一步看一步，很快就会陷入混乱之中，最后可能要花费更多的时间完成，甚至无法完成。因此，做事情前应充分分析问题，并做好规划，做到磨刀不误砍柴工。

编程同样如此。在编写程序前，应分析程序功能和流程；然后进行重要步骤规划，即画流程图；最后根据流程图逐步编程实现。本任务将带领大家使用流程图描述扫地机器人工作流程。

知识链接

一、什么是流程图

流程图是对某一个问题的定义、分析或解法的图形表示，图中用各种符号来表示操作、数据、流向及装置等。

程序流程图则表示程序的运行顺序，是一种常用的表示算法的图形化工具。换言之，程序流程图就是通过画图的方式表达程序运行的所有路径，通过使用箭头和框图把程序运行的方向与步骤展示出来。

二、程序流程图的基本符号

程序流程图的基本符号如图 3-1 所示。

（1）端点符表示算法的起始或结束。

（2）判断符用于对给定的条件进行判断，根据判断的结果来选择流程方向。它只有一个入口，可以有若干个出口，但有且仅有一个出口被激活。

（3）处理符表示算法中的具体处理步骤。

（4）流线符表示数据流，箭头指示流向。

（5）连接符用于连接因页面写不下而断开的流程线，对应的连接符应有同一标记。

（6）注解符用于标识注解内容，它不是程序流程图的必要部分，不反应流程和操作，只是为了对流程图中某些符号的操作进行必要的补充说明，以帮助读者更好的理解。

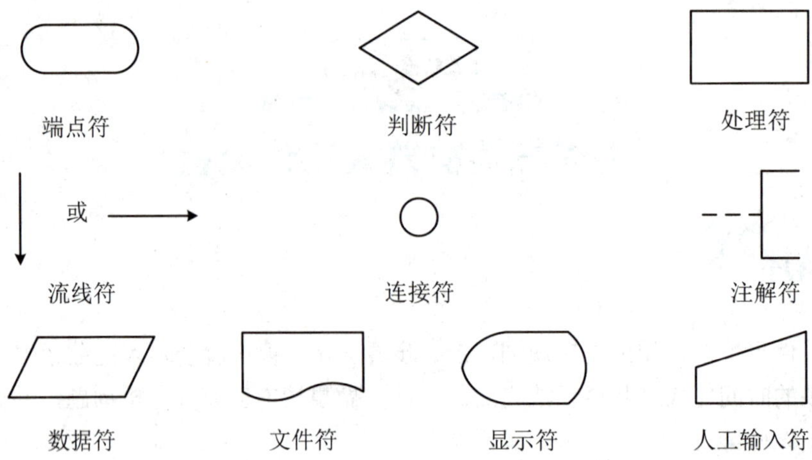

图 3-1　程序流程图的基本符号

（7）数据符表示未指定媒体的数据，可用于输入和输出，比较通用。程序流程图还包括一些特殊的数据符，常用的有文件符、显示符和人工输入符。其中，文件符表示人可阅读的数据，如打印输出、表格输入的数据等；显示符表示任意媒体显示的数据；人工输入符表示任意媒体以人工输入的数据，如键盘、开关装置、按钮、条形码输入器等输入的数据。

在程序设计中，包含了 3 种基本结构，即顺序结构、分支结构和循环结构，其流程图如图 3-2 所示。

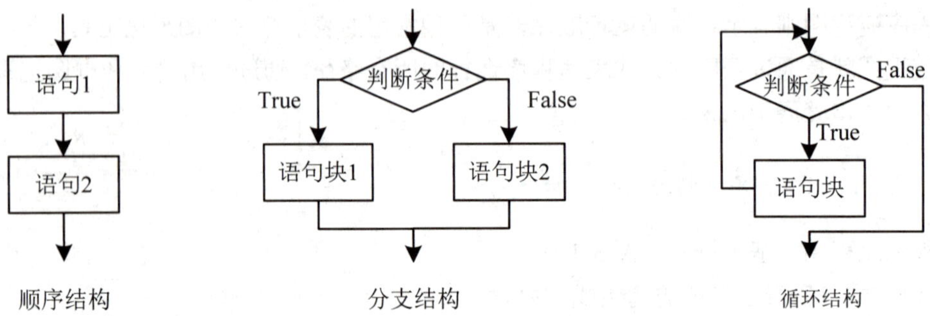

图 3-2　3 种基本结构的流程图

（1）顺序结构就是按照程序代码先后顺序自上而下地执行，直到程序结束。

（2）分支结构是根据判断条件是否满足来决定是否执行指定操作。

（3）循环结构是重复执行某些操作，直到不满足循环条件才终止循环。

任务实施

扫地机器人工作时传感器会检测前方、左边和右边是否有障碍物，并将检测结果传给扫地机器人进行判断。扫地机器人根据判断结果规划路径，具体如下。

（1）判断前方是否有障碍物，如果没有，则机器人前行；如果有，则进行下一步判断。

（2）判断左边是否有障碍物，如果没有，则机器人左转；如果有，则进行下一步判断。

（3）判断右边是否有障碍物，如果没有，则机器人右转；如果有，则后退。

（4）循环执行（1）～（3），直到机器人停止工作。

扫地机器人的工作流程图如图 3-3 所示。

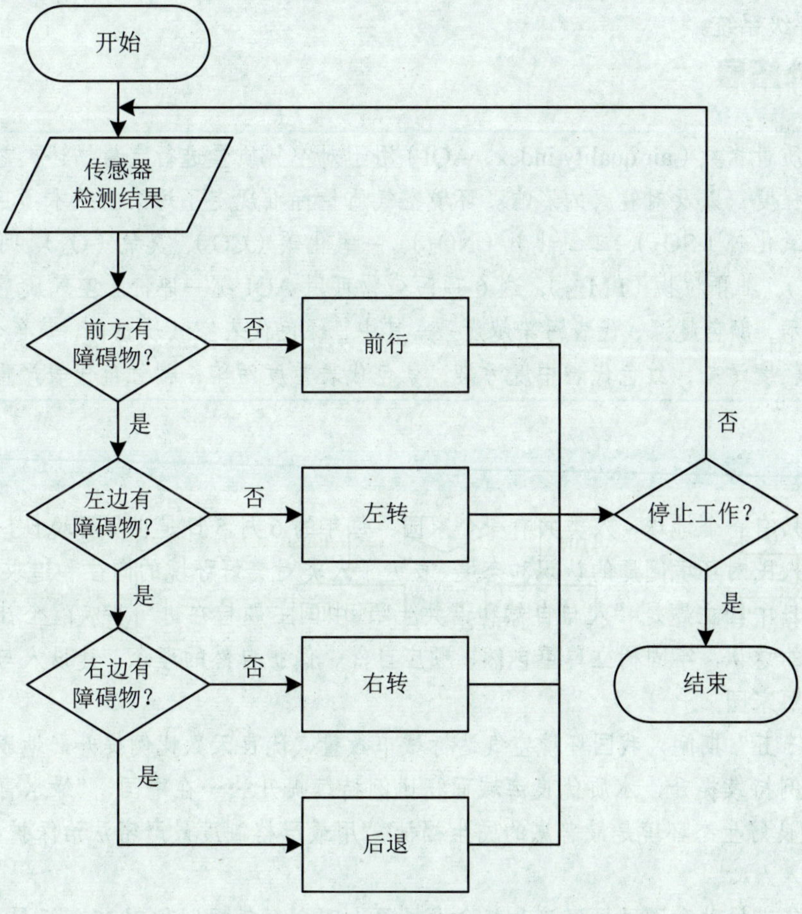

图 3-3 扫地机器人的工作流程图

任务二

制作空气质量评级系统

任务描述

空气质量评级系统可根据空气质量指数（AQI）评定空气质量等级，以及对各类人群给出户外活动建议。当遇到需要根据某个条件（AQI 的值）是否满足来决定是否执行某些指定操作时，就可以利用分支语句来解决问题。本任务将带领大家编写 Python 程序，制作空气质量评级系统。

课外拓展

空气质量指数（air quality index，AQI）用于对空气质量进行定量描述，它描述了空气污染的程度，以及对健康的影响。环境空气质量标准规定了污染物基本项目为 6 项，分别为二氧化硫（SO_2）、二氧化氮（NO_2）、一氧化碳（CO）、臭氧（O_3）、可吸入颗粒物（PM_{10}）、细颗粒物（$PM_{2.5}$），这 6 项污染物可用 AQI 统一评价。空气质量等级还可用颜色表示，颜色越深，代表污染越严重。其中，绿色代表空气质量优，黄色代表良好，橙色代表轻度污染，红色代表中度污染，紫色代表重度污染，褐红色代表严重污染。

和谐共生

宇宙只有一个地球，人类共有一个家园。每年的 6 月 5 日是世界环境日，它反映了世界各国人民对环境问题的认识和态度，表达了人类对美好环境的向往和追求。2021 年，世界环境日中国主题是“人与自然和谐共生”。中国主题旨在进一步唤醒全社会生物多样性保护的意识，牢固树立尊重自然、顺应自然、保护自然的理念，建设人与自然和谐共生的美丽家园。

“十三五”期间，我国环境空气达标城市数量、优良天数比例提升，地表水水质优良断面比例持续提升，水质优良海域面积比例持续提升……在中国，“绿水青山就是金山银山”“良好生态环境是最普惠的民生福祉”“用最严格制度最严密法治保护生态环境”等理念深入人心。

《中华人民共和国国民经济和社会发展第十四个五年规划和 2035 年远景目标纲要》专门用一个篇章阐释推动绿色发展，促进人与自然和谐共生，强调坚持绿水青山就是金山银山理念，坚持尊重自然、顺应自然、保护自然，坚持节约优先、保护优先、自然恢复为主，实施可持续发展战略，完善生态文明领域统筹协调机制，构建生态文明体系，推动经济社会发展全面绿色转型，建设美丽中国。

知识链接

扫一扫

分支语句

分支语句可分为简单的 if 语句、if-else 语句、if-elif-else 语句和嵌套的 if 语句。

一、简单的 if 语句

if 语句允许程序通过判断条件是否成立而选择是否执行指定的语句。if 语句的基本语法格式如下。

```
if 判断条件：
    语句块
```

上述语句中，判断条件可为任意数据或表达式；语句块必须缩进，可以是一条语句，也可以是多条语句。当有多条语句时，保持每条语句的缩进相同。

if 语句的执行过程是：如果判断条件为 True，执行语句块，否则直接执行 if 语句后的语句。例如：

```
weather = '晴'                #创建变量 weather 代表天气，赋值为"晴"
if weather == '晴':           #如果天气为晴
    print('去公园玩')          #输出"去公园玩"
```

上述代码中，weather 的值为“晴”，满足 if 判断条件，执行语句块，得到输出结果为“去公园玩”。

二、if-else 语句

if 语句只允许在条件为 True 时执行指定的语句，而 if-else 语句还可在条件为 False 时执行指定的语句，其基本语法格式如下。

```
if 判断条件：
    语句块 1
else:
    语句块 2
```

上述语句的执行过程是：当判断条件为 True 时，执行语句块 1，否则执行语句块 2。

【例 3-1】　根据输入的天气选择是否出门游玩。

【问题分析】　本例题可使用 if-else 语句进行条件判断，如果输入天气为“晴”或“多云”，输出“去公园玩”，否则输出“在家玩”。

【参考代码】

```
weather = input('请输入天气情况：')                    #输入变量 weather 的值
if weather == '晴' or weather == '多云':             #如果天气为晴或多云
    print('去公园玩')                                 #输出“去公园玩”
else:                                                #如果不是
    print('在家玩')                                   #输出“在家玩”
```

【运行结果】 程序运行结果如图 3-4 所示。

```
请输入天气情况：多云
去公园玩
```

```
请输入天气情况：雨
在家玩
```

图 3-4 例 3-1 程序运行结果

三、if-elif-else 语句

编程时常常需要判断一系列的条件，一旦其中某一个条件为 True 就立刻停止。此时，可采用 if-elif-else 语句（elif 是 else if 的简写），其基本语法格式如下。

```
if 判断条件 1:
    语句块 1
elif 判断条件 2:
    语句块 2
......
elif 判断条件 n:
    语句块 n
else:
    语句块 n+1
```

上述语句的执行过程是：依次判断条件，当满足某个条件时，执行其对应的语句块，然后跳到整个 if 语句外继续执行程序。如果所有条件都不满足，则执行最后一个 else 对应的语句块，然后继续执行后续程序。

【例 3-2】 根据输入的温度 *temperature* 给出穿衣建议，温度和穿衣建议对照关系如表 3-1 所示。

表 3-1 温度和穿衣建议对照关系

温度（℃）	穿衣建议	温度（℃）	穿衣建议
temperature≥28.0	轻棉织物制作的短衣、短裙、短裤等	15.0≤*temperature*<18.0	风衣、外套、毛衣等
24.0≤*temperature*<28.0	棉麻面料的衬衫、薄长裙、薄 T 恤等	11.0≤*temperature*<15.0	毛衣、风衣、大衣等
21.0≤*temperature*<24.0	单层棉麻面料的 T 恤衫、长裤、薄牛仔裤等	6.0≤*temperature*<11.0	棉衣、冬大衣、薄羽绒服等
18.0≤*temperature*<21.0	薄外套、风衣、薄毛衣等	*temperature*<6.0	羽绒服、厚棉衣、冬大衣等

【参考代码】

```
#输入温度 temperature 的值并将其转换为浮点数
temperature = float(input('请输入温度（℃）：'))
if temperature >= 28.0:                #如果温度大于等于 28.0
    print('穿衣建议：轻棉织物制作的短衣、短裙、短裤等')   #输出穿衣建议
elif temperature >= 24.0:              #如果温度大于等于 24.0 小于 28.0
    print('穿衣建议：棉麻面料的衬衫、薄长裙、薄 T 恤等')   #输出穿衣建议
elif temperature >= 21.0:              #如果温度大于等于 21.0 小于 24.0
    print('穿衣建议：单层棉麻面料的 T 恤衫、长裤、薄牛仔裤等')#输出穿衣建议
elif temperature >= 18.0:              #如果温度大于等于 18.0 小于 21.0
    print('穿衣建议：薄外套、风衣、薄毛衣等')            #输出穿衣建议
elif temperature >= 15.0:              #如果温度大于等于 15.0 小于 18.0
    print('穿衣建议：风衣、外套、毛衣等')                #输出穿衣建议
elif temperature >= 11.0:              #如果温度大于等于 11.0 小于 15.0
    print('穿衣建议：毛衣、风衣、大衣等')                #输出穿衣建议
elif temperature >= 6.0:               #如果温度大于等于 6.0 小于 11.0
    print('穿衣建议：棉衣、冬大衣、薄羽绒服等')          #输出穿衣建议
else:                                  #以上条件都不满足
    print('穿衣建议：羽绒服、厚棉衣、冬大衣等')          #输出穿衣建议
```

【运行结果】 程序运行结果如图 3-5 所示。

```
请输入温度（℃）：13.6
穿衣建议：毛衣、风衣、大衣等
```

图 3-5 例 3-2 程序运行结果

【程序说明】 每个 else 本身都隐含了一个条件，如第 1 个 elif 实质上表示条件 24.0≤temperature<28.0 成立，此隐含条件与对应的 if 所给出的条件完全相反。在编程时要善于利用隐含条件，使程序代码清晰简洁。

四、嵌套的 if 语句

在 if 语句中又包含一个或多个 if 语句时，称为 if 语句的嵌套，其基本语法格式如下。

```
if 判断条件 1:
    if 判断条件 2:        ┐
        语句块 1          │
    else:                 ├ 内嵌 if 语句
        语句块 2          ┘
else:
    if 判断条件 3:        ┐
        语句块 3          │
    else:                 ├ 内嵌 if 语句
        语句块 4          ┘
```

小 提 示

内嵌 if 语句可以是简单的 if 语句，也可以是 if-else 语句，还可以是 if-elif-else 语句。一定要注意 if 嵌套语句的逐层缩进，保持同级缩进相同。

【例 3-3】 分配任务。在社会实践活动中有三项任务，分别是：种树、采茶、打扫街道。依据小组人数及男生、女生人数决定小组的任务，人数小于 5 的小组负责打扫街道，人数大于等于 5 且男生多于女生的小组负责种树，人数大于等于 5 且男生不多于女生的小组负责采茶。输入小组男生、女生人数，输出小组接受的任务。

【问题分析】 本例题可使用嵌套的 if 语句实现，程序流程图如图 3-6 所示。

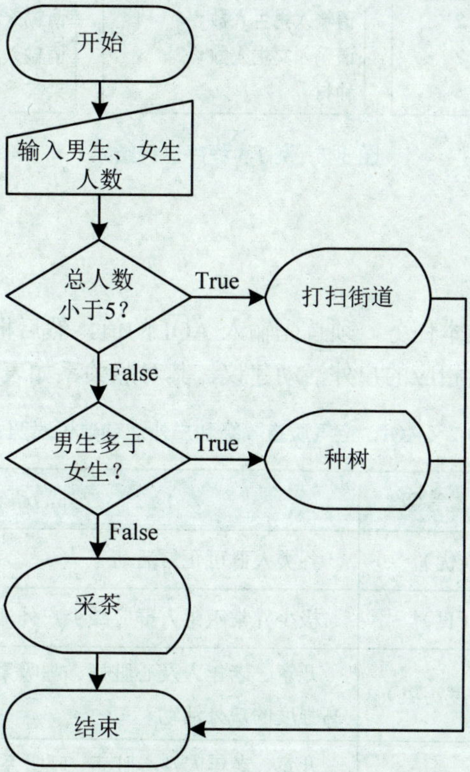

图 3-6 分配任务流程图

【参考代码】

```
boy = int(input('请输入男生人数: '))       #输入男生人数并转换为整数
girl = int(input('请输入女生人数: '))      #输入女生人数并转换为整数
total = boy + girl                         #计算总人数
if total < 5:                              #如果总人数小于 5
    print('打扫街道')                      #输出“打扫街道”
else:                                      #如果总人数大于等于 5
    if boy > girl:                         #如果男生人数大于女生人数
        print('种树')                      #输出“种树”
    else:                                  #如果男生人数小于等于女生人数
        print('采茶')                      #输出“采茶”
```

【运行结果】 程序运行结果如图 3-7 所示。

```
请输入男生人数：2
请输入女生人数：2
打扫街道
```

```
请输入男生人数：4
请输入女生人数：2
种树
```

```
请输入男生人数：3
请输入女生人数：4
采茶
```

图 3-7 例 3-3 程序运行结果

任务实施

【任务分析】 完成本任务，须首先输入 AQI 的值，然后根据 AQI 的值判断空气质量等级并输出，同时输出相应的户外活动建议，其对照关系如表 3-2 所示。

表 3-2 AQI、空气质量等级和户外活动建议对照关系

空气质量指数	空气质量等级	户外活动建议
0<AQI≤50	一级（优）	各类人群可正常活动
50<AQI≤100	二级（良）	极少异常敏感人群应减少户外活动
100<AQI≤150	三级（轻度污染）	儿童、老年人及心脏病、呼吸系统疾病患者应减少长时间、高强度的户外活动
150<AQI≤200	四级（中度污染）	儿童、老年人及心脏病、呼吸系统疾病患者避免长时间、高强度的户外活动，一般人群适量减少户外运动
200<AQI≤300	五级（重度污染）	儿童、老年人及心脏病、肺病患者应停止户外活动，一般人群减少户外活动
300<AQI	六级（严重污染）	儿童、老年人和病人应停留室内，避免体力消耗，一般人群避免户外活动

本任务首先需要判断 AQI 的值是否大于 0，在确定数值有意义的情况下再判断该值处于哪个范围。因此，可以利用嵌套的 if 语句来完成本任务，并在内嵌 if 语句中利用 if-elif-else 语句实现多次判断。

【参考代码】

```
AQI = int(input('请输入 AQI 的值：'))     #输入 AQI 的值并将其转换为整数
if AQI > 0:                               #如果 AQI 大于 0
    if AQI <= 50:                         #如果 AQI 小于等于 50
        print('空气质量：一级（优）')      #输出空气质量等级
        print('活动建议：各类人群可正常活动')    #输出活动建议
    elif AQI <= 100:                      #如果 AQI 大于 50 小于等于 100
```

```
        print('空气质量：二级（良）')       #输出空气质量等级
        print('活动建议：极少异常敏感人群应减少户外活动') #输出活动建议
    elif AQI <= 150:                    #如果AQI大于100小于等于150
        print('空气质量：三级（轻度污染）')       #输出空气质量等级
        print('活动建议：儿童、老年人及心脏病、呼吸系统疾病患者应减少长
时间、高强度的户外活动')                    #输出活动建议
    elif AQI <= 200:                    #如果AQI大于150小于等于200
        print('空气质量：四级（中度污染）')     #输出空气质量等级
        print('活动建议：儿童、老年人及心脏病、呼吸系统疾病患者避免长时
间、高强度的户外活动，一般人群适量减少户外运动')     #输出活动建议
    elif AQI <= 300:                    #如果AQI大于200小于等于300
        print('空气质量：五级（重度污染）')     #输出空气质量等级
        print('活动建议：儿童、老年人及心脏病、肺病患者应停止户外活动，
一般人群减少户外活动')                     #输出活动建议
    else:                               #以上条件都不满足
        print('空气质量：六级（严重污染）')     #输出空气质量等级
        print('活动建议：儿童、老年人和病人应停留室内，避免体力消耗，一
般人群避免户外活动')                      #输出活动建议
else:
    print('数据输入错误！')                  #输出数据错误提示
```

【运行结果】 程序运行结果如图 3-8 所示。

```
请输入AQI的值：136
空气质量：三级（轻度污染）
活动建议：儿童、老年人及心脏病、呼吸系统疾病患者应减少长时间、高强度的户外活动
```

图 3-8 “空气质量评级系统”程序运行结果

任务三

开发“人机猜拳”游戏

任务描述

“人机猜拳”游戏模拟用户和计算机连续猜拳，一方先赢 3 次则取得胜利。由于需要进行多次猜拳，须使用循环结构来实现，即利用循环语句让程序执行某些重复操作，然后利用跳转语句结束循环。本任务将带领大家编写 Python 程序，开发“人机猜拳”游戏。

知识链接

循环语句可分为 while 语句、for 语句和嵌套的循环语句。跳转语句可分为 break 语句和 continue 语句。

扫一扫

循环语句和跳转语句

一、while 语句

while 语句的基本语法格式如下。

```
while 判断条件:
    语句块                    #循环体
```

上述语句的执行过程是：当判断条件为 True 时，执行循环体；接着再次判断条件，如果为 True，继续执行循环体；如此反复，直到判断条件为 False 时结束循环，执行 while 语句后的语句。

小 提 示

while 语句是“先判断，后执行”。如果刚进入循环时判断条件就不满足，则循环体一次也不执行。还需要注意的是，循环体中一定要有语句修改判断条件，使其有为 False 的时候，否则将出现“死循环”。

【例 3-4】 输入一个整数 *n*，求 $S=1+2+3+\cdots+n$ 的值。

【问题分析】 本例题可使用循环结构来实现。重复执行循环体 n 次，每次加一个数。继续分析发现，每次累加的数是有规律的，后一个数是前一个数加 1。因此，只需在加完上一个数 i 后，使 i 加 1 就可得到下一个数。

【参考代码】

```
n = int(input('请输入一个整数: '))    #输入 n 的值，并转换为整数
i = 1                                 #创建变量 i，赋值为 1
S = 0                                 #创建变量 S，赋值为 0
while i <= n:                         #循环，当 i>n 时结束
    S += i                            #求和，将结果赋给 S
    i += 1                            #变量 i 加 1
print('S=1+2+3+…+n=', S)              #输出 S 的值
```

【运行结果】 程序运行结果如图 3-9 所示。

```
请输入一个整数: 47
S=1+2+3+…+n= 1128
```

图 3-9　例 3-4 程序运行结果

在使用 while 语句时，需要注意以下两点。

（1）变量初始化描述要完整、准确。例如，在例 3-4 中，在 while 语句前要对变量 i 和 S 进行初始化。

（2）在循环体中应有使循环趋于结束的语句。例如，在例 3-4 中循环结束的条件是

“i>n”。因此，循环体中应有使 i 增大并最终大于 n 的语句，这里用“i += 1”语句来达到此目的，如果没有这条语句，则 i 的值始终不变，就会形成死循环。

二、for 语句

1. 基本语法格式

for 语句的基本语法格式如下。

```
for 变量 in 序列:
    语句块              #循环体
```

上述语句的执行过程是：如果序列中包含表达式，则先进行求值计算；然后，序列中的第一个元素赋给变量，执行循环体；接着序列中的第二个元素赋给变量，执行循环体；依此类推，直到序列中最后一个元素赋给变量，执行循环体后 for 循环结束，执行 for 语句后的语句。

例如，使用 for 循环输出字符串“python”中的每一个字符，可使用下面代码实现。

```
for x in 'python':
    print(x)
```

上述代码运行结果如图 3-10 所示。

```
p
y
t
h
o
n
```

图 3-10　for 循环输出字符串“python”中的每一个字符

小提示

Python 中的 for 循环常用于遍历列表、元组、字符串及字典等序列中的元素。具体使用方法将陆续在以后项目中介绍。

2. range()函数

for 语句经常与 range()函数一起使用，range()函数是 Python 的内置函数，可创建一个整数列表。range()函数的语法格式如下。

```
range([start,]stop[,step])
```

（1）start：计数从 start 开始，默认为 0。例如，range(5)等价于 range(0,5)。

（2）stop：计数到 stop 结束，但不包含 stop。例如，range(0,5)是[0,1,2,3,4]。

（3）step：步长，默认为 1。例如，range(0,5)等价于 range(0,5,1)。

【例 3-5】 鸡兔同笼。大约在 1500 年前，《孙子算经》中记载："今有雉兔同笼，上有三十五头，下有九十四足，问雉兔各几何？"编程计算鸡和兔的数量并输出。

【问题分析】 根据题意设鸡和兔的数量分别为 cock 和 rabbit，如果笼中全部是鸡，鸡的最大数量为 35，所以 cock 在 0～35 取值，且 rabbit=35−cock。确定了鸡的范围后进行穷举并判断，由于鸡有两只脚，兔有 4 只脚，所以判断条件为鸡和兔的脚的总数量为 94。

【参考代码】

```
for cock in range(0, 35 + 1): #循环范围为 0 ~ 35，cock 表示鸡的数量
    rabbit = 35 - cock                    #计算兔的数量
    if cock * 2 + rabbit * 4 == 94:       #如果鸡和兔的脚的总数为 94
        print('鸡有', cock, '只')          #输出鸡的数量
        print('兔有', rabbit, '只')        #输出兔的数量
```

【运行结果】 程序运行结果如图 3-11 所示。

```
鸡有 23 只
兔有 12 只
```

图 3-11 例 3-5 程序运行结果

三、嵌套的循环语句

一个循环语句的循环体内包含另一个完整的循环结构，称为循环的嵌套。嵌套在循环体内的循环称为内循环，嵌套有内循环的循环称为外循环。内循环中还可以嵌套循环，这就是多重循环。

while 语句和 for 语句可以互相嵌套，自由组合。外层循环体中可以包含一个或多个内层循环结构，但要注意的是，各循环必须完整包含，相互之间不允许有交叉现象。

【例 3-6】 输出下面九九乘法表。

```
1*1=1
1*2=2    2*2=4
1*3=3    2*3=6    3*3=9
1*4=4    2*4=8    3*4=12    4*4=16
……       ……       ……        ……        ……
1*9=9    2*9=18   3*9=27    4*9=36    ……    9*9=81
```

【问题分析】 本例题可使用 for 语句的循环嵌套来实现，外循环控制行，内循环控制列。

【参考代码】

```
for x in range(1, 10):                        #循环变量 x 从 1 到 9
    for y in range(1, x + 1):                 #循环变量 y 从 1 到 x
        print(y, '*', x, '=', x * y, '', end='')#输出乘法表达式
    print('')                                 #输出空字符串，换行
```

【运行结果】 程序运行结果如图 3-12 所示。

```
1 * 1 = 1
1 * 2 = 2 2 * 2 = 4
1 * 3 = 3 2 * 3 = 6 3 * 3 = 9
1 * 4 = 4 2 * 4 = 8 3 * 4 = 12 4 * 4 = 16
1 * 5 = 5 2 * 5 = 10 3 * 5 = 15 4 * 5 = 20 5 * 5 = 25
1 * 6 = 6 2 * 6 = 12 3 * 6 = 18 4 * 6 = 24 5 * 6 = 30 6 * 6 = 36
1 * 7 = 7 2 * 7 = 14 3 * 7 = 21 4 * 7 = 28 5 * 7 = 35 6 * 7 = 42 7 * 7 = 49
1 * 8 = 8 2 * 8 = 16 3 * 8 = 24 4 * 8 = 32 5 * 8 = 40 6 * 8 = 48 7 * 8 = 56 8 * 8 = 64
1 * 9 = 9 2 * 9 = 18 3 * 9 = 27 4 * 9 = 36 5 * 9 = 45 6 * 9 = 54 7 * 9 = 63 8 * 9 = 72 9 * 9 = 81
```

图 3-12 例 3-6 程序运行结果

小提示

print()函数默认是输出一行，且末尾加换行。如果想要末尾不换行且同时加上符号，可使用“end=”实现。例如:

print('我爱你', end=', ')

print('中国', end=' ')

print('China', end='。')

上述代码输出结果为“我爱你，中国 China。”

四、break 和 continue 语句

前面介绍的循环都是当循环条件为 False 时退出循环，然而，在某些场合，只要满足一定的条件就应当提前结束正在执行的循环操作。此时，Python 提供了 break 和 continue 跳转语句来结束循环。

1. break 语句

在循环结构中，break 语句通常与 if 语句一起使用，以便在满足条件时跳出循环。

【例 3-7】 身份验证。循环判断用户输入的账号和密码是否正确，如果正确则退出。

【问题分析】 首先设定用户的正确账号和密码；然后使用 while 循环，在循环中，输入账号和密码，如果都正确则输出登录成功并跳出循环，否则输出账号或密码输入有误，继续循环。

【参考代码】

```
name = 'python'                          #创建变量 name 表示正确账号
password = '12345678'                    #创建变量 password 表示正确密码
while True:                              #循环
    name_input = input('请输入账号: ')            #输入账号
    password_input = input('请输入密码: ')        #输入密码
    if name != name_input :                      #如果账号不正确
```

```
        print('输入的账号有误！')                #输出账号有误
    elif password != password_input:         #如果密码不正确
        print('输入的密码有误！')                #输出密码有误
    else:                                    #如果账号和密码都正确
        print('登录成功！')                     #输出登录成功
        break                                #跳出循环
```

【运行结果】　程序运行结果如图 3-13 所示。

```
请输入账号：pthon
请输入密码：1235678
输入的账号有误!
请输入账号：python
请输入密码：12369
输入的密码有误!
请输入账号：python
请输入密码：12345678
登录成功!
```

图 3-13　例 3-7 程序运行结果

2．continue 语句

有时并不希望终止整个循环的操作，而只希望提前结束本次循环，接着执行下次循环，此时可使用 continue 语句。与 break 语句不同，continue 语句的作用是结束本次循环，即跳过循环体中 continue 语句后面的语句，开始下一次循环。

【例 3-8】　学生休息询问。班级组织徒步，全程 5 千米，每 1 千米询问学生是否需要休息，如果需要则休息 10 分钟，否则继续徒步。

【问题分析】　本例题可使用 for 循环语句，并使用 range(1,6)生成循环变量。在循环中输出已徒步的里程数，然后输入“y”或“n”回答是否需要休息，如果输入为“n”则使用 continue 语句结束本次循环，不输出后面的休息 10 分钟。结束循环后，输出到达终点。

【参考代码】

```
for i in range(1, 6):                               #循环变量 i 从 1 到 5
    print('已徒步', i, '千米')                       #输出已徒步的里程数
    if i != 5:
        answer = input('是否需要休息？（y/n）：')#输入回复
        if answer == 'n':                           #如果回复为“n”
            continue                                #结束本次循环
        print('休息 10 分钟')                        #输出休息 10 分钟
print('到达终点')                                    #输出到达终点
```

【运行结果】　程序运行结果如图 3-14 所示。

```
已徒步 1 千米
是否需要休息？（y/n）：n
已徒步 2 千米
是否需要休息？（y/n）：y
休息10分钟
已徒步 3 千米
是否需要休息？（y/n）：n
已徒步 4 千米
是否需要休息？（y/n）：y
休息10分钟
已徒步 5 千米
到达终点
```

图 3-14 例 3-8 程序运行结果

【程序说明】 若把程序中的 continue 语句换成 break 语句，则输入第一个“n”后将会终止程序。

任务实施

【任务分析】 完成本任务，可首先定义变量 user_count 和 computer_count 分别用于统计用户和计算机赢的次数，并赋初值为 0；然后使用 while 循环，判断条件为 True，在循环中进行下面操作。

（1）使用 input()函数输入一个整数（模拟用户出拳），并判断输入的整数是否处于 1～3，如果不是，输出错误提示，并使用 continue 语句结束本次循环。

（2）使用 randint()函数生成一个 1～3 的随机整数（模拟计算机出拳）。

小 提 示

randint(a,b)函数用于生成一个指定范围的随机整数，包含下限 a 和上限 b。它包含在 random 模块中，使用时须导入，且须通过模块名调用。例如，生成一个 10～20 的随机整数 n，可用下面代码实现。

```
import random                    #导入 random 模块
n = random.randint(10, 20)       #n 可能为 10～20 的任一整数
```

（3）使用 print()函数输出本次用户和计算机的出拳。

（4）使用关系运算符（==）和逻辑运算符（and 和 or）判断输赢，如果用户赢，则 user_count 加 1，并输出 user_count 的值，然后判断 user_count 是否等于 3，如果是，则输出用户取得胜利提示，并跳出循环；如果计算机赢，则 computer_count 加 1，并输出 computer_count 的值，然后判断 computer_count 是否等于 3，如果是，则输出计算机取得胜利提示，并跳出循环；如果平局，则输出平局提示。

“人机猜拳”游戏流程图如图 3-15 所示。

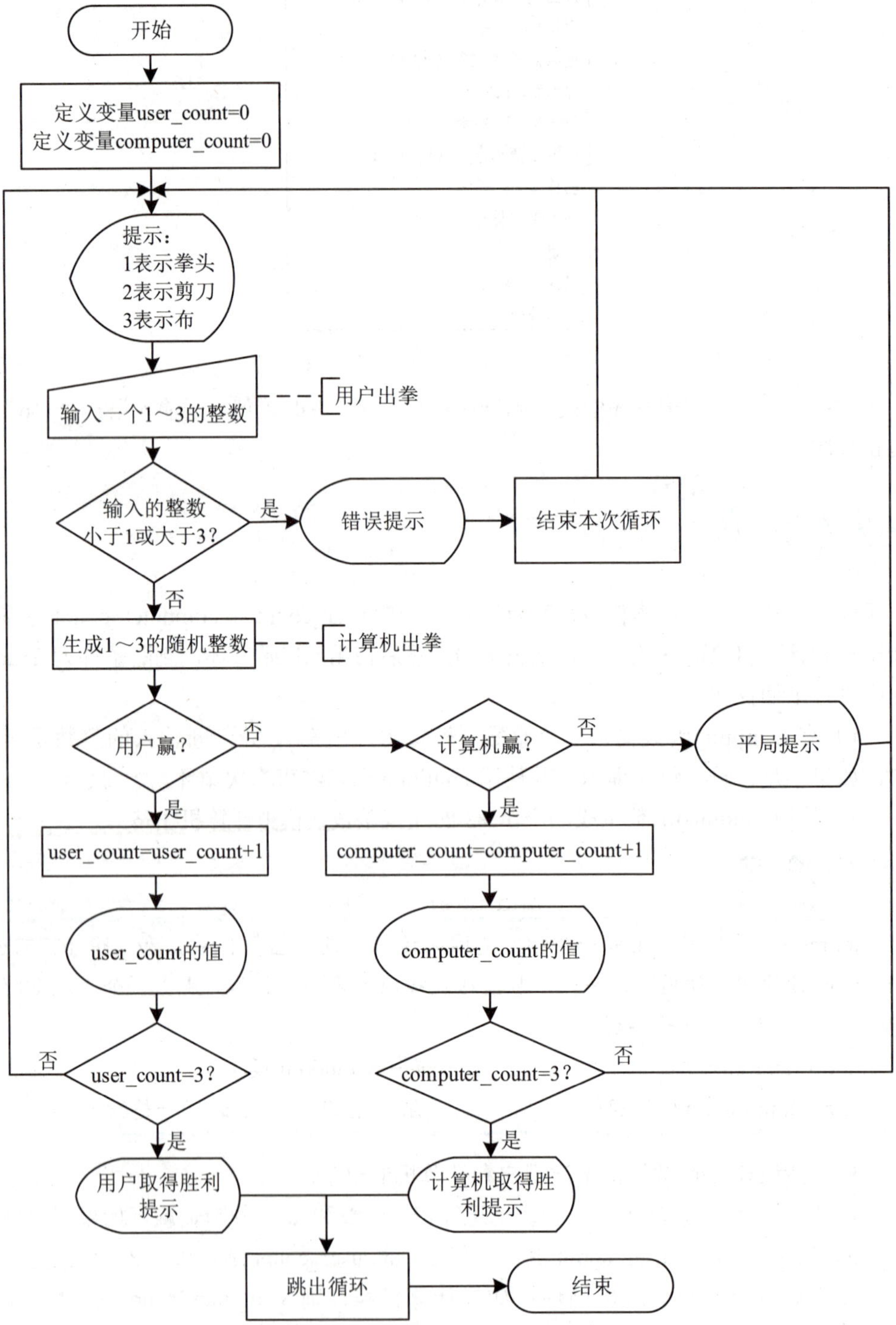

图 3-15　“人机猜拳”游戏流程图

【参考代码】

```
import random                     #导入 random 模块
user_count = 0                    #创建变量表示用户赢的次数，赋初值为 0
computer_count = 0                #创建变量表示计算机赢的次数，赋初值为 0
while True:                       #循环
    #输出出拳提示
    print('请输入一个整数（1：拳头，2：剪刀，3：布）', end='')
    user = int(input())                       #输入一个整数
    if user < 1 or user > 3:                  #如果整数小于 1 或大于 3
        print('输入错误，请重新输入！')         #输出错误提示
        continue                              #结束本次循环
    computer = random.randint(1, 3)           #生成一个 1~3 的随机整数
    print('用户出拳：', user)                  #输出用户出拳
    print('计算机出拳：', computer)            #输出计算机出拳
    #如果用户赢
    if (user == 1 and computer == 2) or (user == 2 and computer
== 3) or (user == 3 and computer == 1):
        user_count += 1                       #user_count 加 1
        print('用户赢', user_count, '次')     #输出 user_count 的值
        if user_count == 3:                   #如果 user_count 等于 3
            print('用户先赢 3 次，恭喜用户取得胜利！') #输出用户赢提示
            break                             #跳出循环
    #如果计算机赢
    elif (computer == 1 and user == 2) or (computer == 2 and user
== 3) or (computer == 3 and user == 1):
        computer_count += 1               #computer_count 加 1
        #输出 computer_count 的值
        print('计算机赢', computer_count, '次')
        if computer_count == 3:           #如果 computer_count 等于 3
            #输出计算机赢提示
            print('计算机先赢 3 次，恭喜计算机取得胜利！')
            break                         #跳出循环
    else:                                 #如果平局
        print('平局')                     #输出平局提示
```

【运行结果】 程序运行结果如图 3-16 所示。

```
请输入一个整数（1：拳头，2：剪刀，3：布）5
输入错误，请重新输入！
请输入一个整数（1：拳头，2：剪刀，3：布）1
用户出拳： 1
计算机出拳： 3
计算机赢 1 次
请输入一个整数（1：拳头，2：剪刀，3：布）2
用户出拳： 2
计算机出拳： 2
平局
请输入一个整数（1：拳头，2：剪刀，3：布）3
用户出拳： 3
计算机出拳： 1
用户赢 1 次
请输入一个整数（1：拳头，2：剪刀，3：布）2
用户出拳： 2
计算机出拳： 3
用户赢 2 次
请输入一个整数（1：拳头，2：剪刀，3：布）1
用户出拳： 1
计算机出拳： 2
用户赢 3 次
用户先赢3次，恭喜用户取得胜利！
```

图 3-16 “人机猜拳”游戏运行结果

项目实训

一、动手纠错

（1）下面程序的功能是：计算 1～20 任意数字的阶乘，请找出错误并修改验证。

```
result = 1
num = int(input('请输入一个整数（1～20）：'))
for i in range(2, num):
    result *= i
print(num, '的阶乘为：', result)
```

（2）下面程序的功能是：输出 1～50（包括 50）的数，每行输出 5 个，请找出错误并修改验证。

```
k = 50
while k = 50:
    print(k, end=' ')
    if k % 5 == 0:
        print()
```

二、程序填空

（1）下面程序的功能是：判断输入的年份是闰年还是平年（能被 400 整除或能被 4 整除且不能被 100 整除的年份是闰年，否则是平年）。请将正确答案写在横线处。

```
year = int(input('请输入年份：'))
if ①____________:
    print(year, '是闰年')
else:
    print(year, '是平年')
```

（2）某商场元旦期间举行满减活动，规则如下：消费低于 100 元时没有减免，满 100 元减 30 元，满 300 元减 100 元，满 500 元减 200 元。请将正确答案写在横线处。

```
x = int(input('请输入消费金额：'))
if x > 0:
    if x < 100:
        cost = x
    ①____________
        cost = x - 30
    elif x < 500:
        ②____________
    ③____________
        cost = x - 200
    print('您的消费金额为：', x)
    print('应付金额为：', cost)
else:
    print('输入错误！')
```

三、编程训练

（1）输出“水仙花数”。水仙花数是指 1 个 3 位的十进制数，其各位数字的立方和恰好等于该数本身。例如，153 是水仙花数，因为 $153=1^3+5^3+3^3$。

（2）百马百担。现有 100 匹马需驮 100 担货，其中大马驮 3 担，中马驮 2 担，两匹小马驮一担。问一百匹马中大马、中马、小马各多少？编写程序将每种情况列出来。

（3）国王的遗产。

X 国是个小国，国王 K 有 6 个儿子。在临终前，K 国王立下遗嘱：国王的一批牛作为遗产要分给他的 6 个儿子。其中，大儿子分 1/4，二儿子分 1/5，三儿子分 1/6……直到小儿子分 1/9，最后还剩下 11 头牛，分给管家。请计算国王这批遗产中一共有多少头牛。

提示：牛是活的，不能把一头牛切开分。

项目小结

本项目主要介绍了程序流程图、分支语句、循环语句和跳转语句。通过本项目的学习，读者应重点掌握以下内容。

（1）程序流程图表示程序的运行顺序，是一种常用的表示算法的图形化工具。

（2）分支语句有简单的 if 语句、if-else 语句、if-elif-else 语句和嵌套的 if 语句。

（3）循环语句有 while 语句和 for 语句两种。一般情况下，这两种语句均可处理同一个问题，它们可以相互替代。

（4）for 语句经常与 range()函数一起使用，range()函数是 Python 的内置函数，可创建一个整数列表。

（5）一个循环语句的循环体内包含另一个完整的循环结构，称为循环的嵌套。

（6）使用 break 语句和 continue 语句可提前结束正在执行的循环操作。但要注意的是，break 语句是跳出整个循环，而 continue 语句是结束本次循环，执行下一次循环。

项目考核

一、选择题

（1）下面关于 Python 分支语句的描述中，错误的是（　　）。

A．Python 分支结构使用 if、elif 和 else 来实现，每个 if 后面必须有 elif 或 else

B．if-else 结构是可以嵌套的

C．if 语句会判断 if 后面的表达式，表达式为 True 时，执行 if 后的语句块

D．缩进是 Python 分支语句的语法部分，缩进不正确会影响分支功能

（2）下面关于 Python 循环语句的描述中，错误的是（　　）。

A．while 循环语句只能实现无限循环

B．所有的 for 语句都可以用 while 语句改写

C．break 语句可以终止一个循环

D．continue 语句可以停止后续代码的执行，从循环开始重新执行

（3）下面程序的输出结果是（　　）。

```
for i in range(1, 6):
    if i % 4 == 0:
        continue
    else:
        print(i, end=',')
```

A．1,2,3　　B．1,2,3,4　　C．1,2,3,5　　D．1,2,3,5,6

（4）下面程序的循环次数是（　　）。

```
k = 0
while k < 10:
    if k < 1:
        continue
    if k == 5:
        break
    k += 1
```

A．5　　B．6

C．4　　D．死循环，不能确定循环次数

（5）下面程序的输出结果是（　　）。

```
for n in range(1, 5, 5):
    print(n)
```

A．1　　B．2　　C．5　　D．4

二、填空题

（1）下面程序的输出结果是________。

```
n = 1
s = 1
while n < 5:
    s = s * n
    n = n + 1
print(s)
```

（2）下面程序的输出结果是________。

```
x, y, z = 10, 20, 30
if x < y:
```

```
        z = x
        x = y
        y = z
    print(x, y, z)
```

（3）下面程序对输入的两个整数按从小到大的顺序输出，请在_______内填空。

```
a = int(input('输入 a 的值: '))
b = int(input('输入 b 的值: '))
if ①__________:
    t = a
    a = b
    ②__________
print(a, b)
```

（4）下面程序的输出结果是_______。

```
i, j, k = 1, 3, 5
while i != 0:
    if i % j == 0:
        if i % k == 0:
            print(i)
            break
    i = i + 1
```

三、编程题

（1）设计简单的飞机行李托运计费系统。假设飞机上个人托运行李的条件是：行李重量在 20 千克以下免费托运；20～30 千克超出部分 5 元/千克；30～40 千克超出部分 10 元/千克；40～50 千克超出部分 15 元/千克；50 千克以上不允许个人携带。

（2）中国古代数学家张丘建在他的《算经》中提出了一个著名的“百钱买百鸡问题”：鸡翁一，值钱五；鸡母一，值钱三；鸡雏三，值钱一；百钱买百鸡，问翁、母、雏各几何？编程输出所有可能的方案。

（3）使用 while 循环输出 2～100 的所有素数（只能被 1 和自己整除的自然数）。

（4）使用 for 循环输出一个正立实心等腰三角形。

项目四 数据容器

项目导读

在实际开发过程中，会遇到各式各样的数据，这些数据又有着各自的特点。例如，数据量大且相互之间存在一定内在关系的可变数据，具有映射关系的数据，不可重复的数据等。Python 提供了形形色色的数据容器用于处理这些数据，包括字符串、列表、字典、元组和集合等。

学习目标

- ✓ 掌握序列的基本操作。
- ✓ 掌握字符串格式化方法和常用操作。
- ✓ 掌握列表和字典的创建、访问、遍历和基本操作方法。
- ✓ 熟悉元组的创建、访问、合并和遍历方法。
- ✓ 熟悉集合的创建和基本操作方法。
- ✓ 能根据实际问题选择合适的数据类型解决问题。

素质目标

- ✓ 提高选择合适方法解决不同问题的能力。
- ✓ 将中华优秀传统文化融入编程案例中，增强感受诗词之美、诗词之趣的能力。

任务一

判断回文串

任务描述

如果一个字符串从前往后和从后往前读是一样的，则称为回文串。因此，判断一个字符串是否是回文串，可以先获得字符串的长度，然后从首尾字符开始依次判断。本任务将带领大家编写 Python 程序，判断回文串。

知识链接

一、通用序列

序列是程序设计中经常用到的数据结构，它是一块用来存放多个值的连续内存空间。Python 中常用的序列有字符串、列表、元组等，所有序列都可以进行某些特定的操作，包括索引、分片、相加、相乘、计算序列长度、获取最大值和最小值、查找和计数等。

1. 索引

序列中的所有元素都可以通过索引（下标）来获取，从左往右，第一个元素的索引为 0，第二个为 1，依此类推到最后一位。索引还可以取负值，从右往左，最后一个元素的索引为-1，倒数第二个为-2，依此类推到左侧第一位。

小 提 示

> 字符串是一个由字符组成的序列，为便于理解，本任务内容都以字符串为例进行说明。

例如，创建字符串“str1='Python'”，其索引如表 4-1 所示。

表 4-1　字符串 str1 的索引

字　符	P	y	t	h	o	n
正索引	0	1	2	3	4	5
负索引	−6	−5	−4	−3	−2	−1

由表 4-1 可知，str1[0]和 str1[-6]的值都是字符“P”。还可使用序列字面值直接使用索引，如'Python'[0]的值也是字符“P”。

2．分片

分片与索引类似，都可以获取序列中的元素，区别是索引只能获取单个元素，而分片可以获取一定范围内的元素。

分片通过冒号隔开的两个索引来实现，其语法格式如下。

```
slice[start:end:step]
```

其中，slice 表示序列；start 表示起始索引，缺省时分片从序列中的第一个元素开始；end 表示结束索引（不含），缺省时分片到序列的最后一个元素结束；step 表示步长，缺省时为 1，不能为 0。

例如，创建字符串“str2='abcdefg'”，使用分片获取字符串中元素的几种情况如表 4-2 所示。

表 4-2　分片获取字符串 str2 中元素

分片方式	说　明	结　果
str2[1:]	获取 str2 中从索引 1 开始到最后的所有元素	'bcdefg'
str2[:3]	获取 str2 中从索引 0 到索引 3（不含）的所有元素	'abc'
str2[1:3]	获取 str2 中从索引 1 到索引 3（不含）的所有元素	'bc'
str2[:−1]	获取 str2 中从索引 0 开始到最后（不含）的所有元素	'abcdef'
str2[−3: −1]	获取 str2 中从索引−3 开始到最后（不含）的所有元素	'ef'
str2[−3:]	获取 str2 中最后三个元素	'efg'
str2[:]	获取 str2 中所有元素	'abcdefg'
str2[::2]	获取 str2 中步长为 2 时的所有元素	'aceg'
str2[2:6:2]	获取 str2 中步长为 2 时从索引 2 到索引 6（不含）的所有元素	'ce'

Python 中步长不能设置为 0，但可以是负数。当步长为负数时，起始索引必须大于结束索引，即分片从右往左提取元素。例如：

```
str3 = str2[6:0:-1]                #str3 为'gfedcb'
str3 = str2[-1:-8:-1]              #str3 为'gfedcba'
str3 = str2[::-1]                  #str3 为'gfedcba'
```

3．相加

使用加法运算符可对序列进行连接操作。例如：

```
str4 = 'Hello,' + 'World'  #字符串连接，str4 为'Hello,World'
```

```
list1 = [1,2,3] + [4,5,6]  #列表连接，list1 为[1, 2, 3, 4, 5, 6]
```

小 提 示

只有类型相同的序列才能进行连接操作。例如，字符串和列表是无法连接在一起的。

4. 相乘

使用数字 *n* 乘以一个序列会生成新的序列，在新的序列中，原来的序列将重复 *n* 次。例如：

```
str5 = 'hello' * 3                #str5 为'hellohellohello'
```

5. 长度、最小值和最大值

序列常用的内置函数有 len()、min()和 max()，其参数都为序列名。其中，len()函数返回序列中元素的个数（即序列长度），min()函数和 max()函数则分别返回序列中最小和最大的元素。

【例 4-1】 输入一个字符串，输出字符串中的最大字符和最小字符，并将字符串输出为如下格式（输出“-”的个数会随着字符串的长度而变化），如图 4-1 所示。

```
+ ------ +
| Python |
+ ------ +
```

图 4-1 输出的文字格式

【问题分析】 本例题中，输出连续相同的字符“-”，可使用序列的乘法运算实现，它的个数等于输入字符串的长度，可使用 len()函数获取。然后使用 max()和 min()函数获取字符串中的最大字符和最小字符并输出。

【参考代码】

```
strs = input('请输入一个字符串：')#输入字符串并赋给 strs
str_len = len(strs)                #获取 strs 长度并赋给 str_len
str_max = max(strs)                #获取 strs 中最大字符并赋给 str_max
str_min = min(strs)                #获取 strs 中最小字符并赋给 str_min
print('该字符串中最大字符为：', str_max)    #输出最大字符
print('该字符串中最小字符为：', str_min)    #输出最小字符
print('+ ' + '-' * str_len + ' +')#输出“+ ”、str_len 个“-”和“ +”
print('| ' + strs + ' |')                  #输出“| ”、字符串和“ |”
print('+ ' + '-' * str_len + ' +')#输出“+ ”、str_len 个“-”和“ +”
```

【运行结果】 程序运行结果如图 4-2 所示。

```
请输入一个字符串：Python
该字符串中最大字符为： y
该字符串中最小字符为： P
+ ------ +
| Python |
+ ------ +
```

```
请输入一个字符串：5987654123689752
该字符串中最大字符为： 9
该字符串中最小字符为： 1
+ ---------------- +
| 5987654123689752 |
+ ---------------- +
```

图 4-2 例 4-1 程序运行结果

通过上述代码，可以看出这 3 个内置函数的用法。此外，min()和 max()函数的参数并不一定是序列，也可以是两种或两种以上相同类型的数据（字典除外）。例如：

```
a = max(1, 2, 3, 4)                #a 为 4
b = min('abcde', 'abce')           #b 为'abcde'
```

6. 查找和计数

序列提供 index()方法用于返回指定元素在序列中首次出现的位置，如果该元素不在序列中则抛出异常，其语法格式如下。

```
sequence.index(obj)
```

其中，sequence 表示序列，obj 表示要查找的对象。

小 提 示

> 使用 index()方法前应通过成员运算符“in”或“not in”判断该元素是否存在序列中，避免程序出错。

如果需要知道指定元素在序列中出现的次数，可以使用 count()方法进行计数并返回，其语法格式如下。

```
sequence.count(obj)
```

其中，sequence 表示序列，obj 表示要统计的对象。

【例 4-2】 查找输入的人物是否在《三国演义》片段中，如果在，则统计出现的次数。

【问题分析】 首先使用“in”运算符判断输入的人物是否在《三国演义》片段中，如果在，则使用 index()方法获取首次出现的位置，然后使用 count()方法统计出现的次数。

【参考代码】

```
#创建字符串 excerpts 并赋值
excerpts = '''次日，于桃园中，备下乌牛白马祭礼等项，三人焚香再拜而说誓曰：
           “念刘备、关羽、张飞，虽然异姓，既结为兄弟，则同心协力，救困扶危；
          上报国家，下安黎庶。不求同年同月同日生，只愿同年同月同日死。
          皇天后土，实鉴此心，背义忘恩，天人共戮！”誓毕，拜玄德为兄，
          关羽次之，张飞为弟。祭罢天地，复宰牛设酒，聚乡中勇士，
```

```
    得三百余人，就桃园中痛饮一醉。来日收拾军器，但恨无马匹可乘。
    正思虑间，人报有两个客人，引一伙伴当，赶一群马，投庄上来。
    玄德曰："此天佑我也!"三人出庄迎接。原来二客乃中山大商：
    一名张世平，一名苏双，每年往北贩马，近因寇发而回。
    玄德请二人到庄，置酒管待，诉说欲讨贼安民之意。二客大喜，
    愿将良马五十匹相送；又赠金银五百两，镔铁一千斤，以资器用。'''
name = input('请输入人物姓名：')          #输入人物姓名并赋给 name
if name in excerpts:                       #如果 name 在此片段中
    #使用 index()方法获取 name 首次出现的位置 index
    index = excerpts.index(name)
    print(name, '首次出现的位置索引为：', index)      #输出 index
    #使用 count()方法获取 name 出现的次数并输出
    print(name, '在此片段中出现', excerpts.count(name), '次')
else:
    print(name, '没有出现在此片段中')          #输出 name 不在此片段中
```

【运行结果】 程序运行结果如图 4-3 所示。

```
请输入人物姓名：刘备
刘备 首次出现的位置索引为： 41
刘备 在此片段中出现 1 次
```

图 4-3 例 4-2 程序运行结果

二、字符串

1. 字符串格式化

扫一扫

字符串格式化

编程时经常会输出类似“你好，×××，你这个月的工资是×××元!”的字符串，其中，“×××”的内容是根据变量的值变化的，因此，需要一种简便的方式格式化字符串。

小提示

初学字符串格式化内容时，读者不必花太多精力去探究每个细节，重点掌握最常用的一些规则即可，其他部分可在需要时随时查阅。

1）“%”符号

Python 提供了“%”符号进行字符串格式化，其语法格式如下。

```
'%[标志][0][输出最小宽度][.精度]格式字符' %变量
```

其中，[ ]中的项为可选项，也可以表示为如下形式。

```
'%[±][0][m][.n]格式字符' %变量
```

（1）标志：标志字符为“+”或“-”，指定输出数据的对齐方式。指定“+”时，右对齐输出；指定“-”时，左对齐输出；缺省时为“+”，默认右对齐。

（2）输出最小宽度：用十进制整数 m 表示输出的最小位数。若实际位数大于定义的宽度，则按实际位数输出；若实际位数小于定义的宽度，则补空格或 0（m 前有数字 0，则补 0）。

（3）.精度：精度格式符以“.”开头，后跟十进制整数 n。如果输出数字，则表示小数的位数；如果输出字符，则表示输出字符的个数；若实际位数大于所定义的精度，则截去超过的部分。

（4）格式字符：用来表示输出数据的类型，各种格式字符及其说明如表 4-3 所示。

表 4-3 格式字符

格式字符	说 明	格式字符	说 明
s	字符串	x	十六进制整数
c	单个字符	f、F	浮点数
%	字符%	e、E	指数（基底为 e 或 E）
d、i	十进制整数	g、G	以 f 或 e 中较短的输出宽度输出浮点数
o	八进制整数		

【例 4-3】 使用“%”符号格式化。

【参考代码】

```
a = 15                      #定义变量 a 并赋值
b = 12345678.1234567        #定义变量 b 并赋值
s = 'I love Python!'        #定义字符串 s 并赋值
print('a = %05d' % a)       #使用 m 控制输出位数，空位补 0
print('b = %8.3f' % b)      #使用 m.n 控制输出的长度和小数点位数
print('%17s' % s)           #使用 m 控制输出字符串长度
print('%-17.6s' % s)        #使用-m.n 左对齐、控制字符串长度和字符位数
```

【运行结果】 程序运行结果如图 4-4 所示。

```
a = 00015
b = 12345678.123
   I love Python!
I love
```

图 4-4 例 4-3 程序运行结果

【程序说明】 输出变量 a 时，“%05d”表示输出宽度为 5 并用“0”来补空位。输出变量 b 时，“%8.3f”表示输出宽度为 8，精度为 3，由于实际长度超过 8 位，故应按实际位数输出，小数位数超过 3 位部分被截去。

输出字符串 s 时，“%17s”表示输出字符串宽度为 17，如果字符串本身长度不足 17，则用空格左补齐，可以看到“I love Python!”前存在 3 个空格。“%-17.6s”表示输出宽度虽为 17，但这里指定了精度“.6”，也就是说指定了输出字符的个数为 6，并且用“-”指定了左对齐，所以输出 6 个字符“I love”，后面还有 11 个空格。

2）format()方法

使用 format()方法也可以格式化字符串，其基本语法格式如下。

```
模板字符串.format(逗号分隔的参数)
```

模板字符串由一系列槽（用大括号表示）组成，用于控制字符串中嵌入值出现的位置，其基本思想是，将 format()方法中逗号分隔的参数按照序号替换到模板字符串的槽中（序号从 0 开始）。例如：

```
#s 为'你好，张三，你这个月的工资是 8500 元！'
s = '你好，{1}，你这个月的工资是{0}元！'.format(8500, '张三')
```

如果大括号中没有序号，则按照出现顺序替换，例如：

```
#s 为'你好，8500，你这个月的工资是张三元！'
s = '你好，{}，你这个月的工资是{}元！'.format(8500, '张三')
```

format()方法中模板字符串的槽除了包括参数序号外，还可以包括格式控制信息，此时槽的内部格式如下。

```
{参数序号:格式控制标记}
```

其中，格式控制标记用于控制参数显示时的格式，它包括“填充”“对齐”“宽度”“,”“.精度”“格式字符”6 个可选字段，这些字段可以组合使用。具体的格式控制标记及其说明如表 4-4 所示。

表 4-4 格式控制标记

格式控制标记	说 明	格式控制标记	说 明
填充	用于填充的单个字符	,	数字的千位分隔符
对齐	< 左对齐 > 右对齐 ^ 居中对齐	.精度	浮点数小数部分精度或字符串最大输出长度
宽度	输出宽度	格式字符	整数类型 d、o、x、X、b 浮点数类型 e、E、f 百分比%

【例 4-4】 模拟输出简单的非刷新文本进度条。要求按照任务执行百分比将整个任务划分为 100 个单位，每执行 10%输出一次进度条，每行输出包含进度百分比、代表已完成部分（**）和未完成部分（..）的两种字符，以及一个跟随完成进度前进的小箭头，风格如下：

```
10%[**->..................]
```

【问题分析】 本例题的关键是输出字符的格式，可使用 format()方法进行格式化。采用 for 循环和 print()函数构成程序的主体部分，使用格式字符“%”输出百分比，为了使输出整齐，可使用{:>4.0%}格式化百分比部分。

由于程序执行速度太快，不便于观察，可使用 time.sleep(t)函数将当前程序暂停 t 秒，其中，time 是 Python 标准时间库。

【参考代码】

```
import time                                 #导入 time 模块
scale = 10                                  #变量 scale 表示输出进度条的精度
print('-----------执行开始----------')      #输出执行开始提示
for i in range(scale + 1):                  #循环变量从 0 到 scale
    done = '**' * i                         #用“*”表示已完成的部分
    undone = '..' * (scale - i)             #用“.”表示未完成的部分
    percent = i / scale                     #计算完成百分比
    #格式化输出
    print('{:>4.0%}[{}->{}]'.format(percent, done, undone))
    time.sleep(0.1)                         #暂停 0.1 秒
print('-----------执行结束----------')      #输出执行结束提示
```

【运行结果】 程序运行结果如图 4-5 所示。

```
-----------执行开始----------
  0%[->....................]
 10%[**->..................]
 20%[****->................]
 30%[******->..............]
 40%[********->............]
 50%[**********->..........]
 60%[************->........]
 70%[**************->......]
 80%[****************->....]
 90%[******************->..]
100%[********************->]
-----------执行结束----------
```

图 4-5 例 4-4 程序运行结果

2. 字符串的常用操作

Python 提供了大量的方法用于字符串的查找、分割、连接、替换、移除、转换、检测等操作。本任务介绍几个常用的字符串方法。

扫一扫

字符串的常用操作

小 提 示

> 字符串对象提供的涉及字符串“修改”的方法都是返回修改后的新字符串，并不对原字符串做任何修改。

1）查找字符串

除了使用 index()方法在字符串中查找指定元素，还可使用 find()方法在一个较长的字符串中查找子串。如果找到子串，返回子串所在位置的最左端索引，否则返回−1，其语法格式如下。

```
str.find(sub[,start[,end]])
```

其中，str 表示被查找字符串；sub 表示查找的子串；start 表示开始索引，缺省时为 0；end 表示结束索引，缺省时为字符串的长度。

【例 4-5】 使用 find()方法实现例 4-2，查找输入的人物是否在《三国演义》片段中。

【参考代码】

```
#创建字符串 excerpts 并赋值
excerpts = '''次日，于桃园中，备下乌牛白马祭礼等项，三人焚香再拜而说誓曰：
    “念刘备、关羽、张飞，虽然异姓，既结为兄弟，则同心协力，救困扶危；
    上报国家，下安黎庶。不求同年同月同日生，只愿同年同月同日死。
    皇天后土，实鉴此心，背义忘恩，天人共戮！”誓毕，拜玄德为兄，
    关羽次之，张飞为弟。祭罢天地，复宰牛设酒，聚乡中勇士，
    得三百余人，就桃园中痛饮一醉。来日收拾军器，但恨无马匹可乘。
    正思虑间，人报有两个客人，引一伙伴当，赶一群马，投庄上来。
    玄德曰：“此天佑我也！”三人出庄迎接。原来二客乃中山大商：
    一名张世平，一名苏双，每年往北贩马，近因寇发而回。
    玄德请二人到庄，置酒管待，诉说欲讨贼安民之意。二客大喜，
    愿将良马五十匹相送；又赠金银五百两，镔铁一千斤，以资器用。'''
name = input('请输入人物姓名：')              #输入人物姓名并赋给 name
index = excerpts.find(name) #使用 find()方法在 excerpts 中查找 name
if index > -1:                            #如果返回值大于-1
    #输出 index
    print('{}首次出现的位置索引为：{}'.format(name, index))
    #使用 count()方法获取 name 出现的次数并输出
```

```
    print('{}在此片段中出现{}次'.format(name, excerpts.count(name)))
else:
    print('{}没有出现在此片段中'.format(name)) #输出不在此片段中
```

【运行结果】 程序运行结果如图 4-6 所示。

```
请输入人物姓名：刘备
刘备首次出现的位置索引为：41
刘备在此片段中出现1次
```

图 4-6 例 4-5 程序运行结果

2）分割字符串

split()方法以指定字符为分隔符，从字符串左端开始将字符串分隔成多个子串，并返回分割结果的列表，其语法格式如下。

```
str.split([delimiter, num])
```

其中，str 表示被分割的字符串；delimiter 表示分隔符，可以是空格、换行（\n）、制表符（\t）等，缺省时为空格；num 表示分割次数，缺省时全部分割。

例如，使用 split()方法将字符串“This is an example of cutting”进行分割，可以用下面代码实现。

```
strs = 'This is an example of cutting'   #创建字符串
#以空格为分隔符将字符串全部分割
#结果为['This', 'is', 'an', 'example', 'of', 'cutting']
strs.split()
#以空格为分隔符将字符串分割 3 次
#结果为['This', 'is', 'an', 'example of cutting']
strs.split(' ', 3)
```

3）连接字符串

join()方法用于将序列中的元素以指定的字符连接，生成一个新的字符串，其语法格式如下。

```
str.join(sequence)
```

其中，str 表示连接符，可以为空；sequence 表示要连接的序列。

例如，使用 join()方法将字符串“Python!”中的字符用“-”连接，可以用下面代码实现。

```
#用“-”连接字符，输出结果为“P-y-t-h-o-n-!”
print('-'.join('Python!'))
```

【例 4-6】 将字符串“Rain falls   on field   and   tree.”中的多余空格删除，即如果有连续空格只保留一个。

【问题分析】 可使用 split()方法以空格为分隔符将字符串分隔成多个子串，然后使用 join()方法通过空格将多个子串进行连接。

【参考代码】

```
strs = 'Rain falls   on field  and     tree.'#创建字符串 strs
print(strs)                          #输出 strs
split_strs = strs.split()            #以空格为分隔符，将 strs 全部分割
print(split_strs)                    #输出分割后结果
join_strs =' '.join(split_strs)      #用空格连接分割后的子串
print(join_strs)                     #输出连接后的字符串
```

【运行结果】 程序运行结果如图 4-7 所示。

```
Rain  falls   on  field  and     tree.
['Rain', 'falls', 'on', 'field', 'and', 'tree.']
Rain falls on field and tree.
```

图 4-7 例 4-6 程序运行结果

4）替换字符串

replace()方法用于将字符串中的旧字符串替换成新字符串，其语法格式如下。

```
str.replace(old,new[,max])
```

其中，str 表示字符串；old 表示将被替换的旧字符串；new 表示新字符串，用于替换 old；max 是可选参数，表示替换的最大次数，缺省时替换所有。

例如，使用 replace()方法将字符串“Monday Tuesday Wednesday”中的“day”替换为“DAY”，可以用下面代码实现。

```
strs = 'Monday Tuesday Wednesday'
#将 strs 中的 day 替换为 DAY，输出结果为“MonDAY TuesDAY WednesDAY”
print(strs.replace('day', 'DAY'))
#将strs中的day替换为DAY,只替换两次,输出结果为“MonDAY TuesDAY Wednesday”
print(strs.replace('day', 'DAY', 2))
```

5）移除字符串的首尾字符

strip()方法用于移除字符串首尾连续的空白字符或指定字符，其语法格式如下。

```
str.strip([chars])
```

其中，str 表示字符串；chars 表示移除的字符串首尾指定的字符，缺省时为空格。

例如，使用 strip()方法移除字符串“110This is an example0001”中的“0”和“1”，可以用下面代码实现。

```
strs = '110This is an example0001'          #创建字符串
#移除 strs 两侧的 1，输出结果为“0This is an example000”
print(strs.strip('1'))
```

```
#移除 strs 两侧的 1 和 0，输出结果为"This is an example"
print(strs.strip('10'))
```

6）转换字符串的大小写

lower()方法用于将字符串中所有大写字符转换为小写，而 upper()方法则用于将字符串中所有小写字符转换为大写，其语法格式如下。

```
str.lower()
str.upper()
```

其中，str 表示字符串。例如，使用 lower()方法将字符串"This is an EXAMPLE"转换为小写，再使用 upper()方法将其转换为大写，可以用下面代码实现。

```
strs = 'This is an EXAMPLE'              #创建字符串
#将 strs 中的大写字符转换为小写，输出结果为"this is an example"
print(strs.lower())
#将 strs 中的小写字符转换为大写，输出结果为"THIS IS AN EXAMPLE"
print(strs.upper())
```

7）检测字符串

isalnum()方法用于检测字符串是否由字母和数字，或两种中的一种组成，如果是则返回 True，否则返回 False，其语法格式如下。

```
str.isalnum()
```

其中，str 表示要检测的字符串。

例如，使用 isalnum()方法判断字符串"2021example"是否由字母和数字组成，可以用下面代码实现。

```
strs = '2021example' #创建字符串
print(strs.isalnum())#判断 strs 中是否只有字母和数字，输出结果为 True
```

任务实施

【任务分析】 完成本任务，须首先输入字符串；接着定义回文串标志（flag，初值为 True）、首字符索引（low，初值为 0）和尾字符索引（high，初值为字符串长度减 1）；然后循环判断索引为 low 和 high 的字符是否相等，如果不相等则 flag 设为 False，并退出循环，否则 low 加 1，high 减 1，进行下一次判断，直到 low 大于等于 high；最后根据 flag 的值输出字符串是否是回文串。

【参考代码】

```
checkStr = input('请输入要判断的字符串：\n')
flag = True                          #定义回文串标志，赋初值为 True
low = 0                              #定义首字符索引，赋初值为 0
```

```
high = len(checkStr) - 1   #定义尾字符索引，赋初值为字符串的长度减 1
while low < high:                               #循环
    if checkStr[low] != checkStr[high]:         #如果两个字符不相等
        flag = False                            #回文串标志设为 False
        break                                   #退出循环
    low += 1                                    #首字符索引加 1
    high -= 1                                   #尾字符索引减 1
if flag:                      #如果回文串标志为 True，则是回文串
    print('“{}”是回文串。'.format(checkStr))
else:                         #如果回文串标志为 False，则不是回文串
    print('“{}”不是回文串。'.format(checkStr))
```

【运行结果】 程序运行结果如图 4-8 所示。

```
请输入要判断的字符串：
上海自来水来自海上
"上海自来水来自海上"是回文串。
```

图 4-8 “判断回文串”程序运行结果

任务二

模拟双色球号码生成器

任务描述

双色球包括红球和蓝球，红球由 6 个互不重复的 1～33 的随机号码组成，蓝球是 1 个 1～16 的随机号码。本任务将带领大家编写 Python 程序，利用列表保存随机生成的号码，模拟双色球号码生成器。

知识链接

扫一扫

列表

列表（list）是包含零个或多个元素的有序序列。列表的长度和内容都是可变的，用户可自由对列表中的元素进行添加、删除或修改等操作。列表没有长度限制，元素类型也可以不同，可以同时包含数字、字符串等基本类型，和列表、元组、字典、集合及其他自定义数据类型的对象，使用非常灵活。

一、列表的创建和访问

创建列表只需将逗号分隔的不同元素使用方括号括起来即可。例如：

```
animal = ['elephant', 'monkey', 'snake', 'tiger']#创建列表 animal
number = [1, 2, 3, 4, 5]                          #创建列表 number
```

与字符串一样，可以通过下标索引的方式来访问列表中的元素。列表的正索引也是从0开始的，同样也可以是负索引。例如，使用 animal[0]访问上述列表 animal 中索引为 0 的元素，取值为“elephant”。

小提示

与整数和字符串不同，列表要处理一组数据，因此，列表必须通过显式的数据赋值才能生成，简单将一个列表赋值给另一个列表不会生成新的列表对象，只会对原有列表生成一个新的引用。

【例 4-7】 创建书包列表，记录书包里的物品。

【参考代码】

```
#创建列表 schoolbag 并赋值
schoolbag = ['语文书', '数学书', '练习册', '笔盒']
schoolbag1 = schoolbag              #将 schoolbag 赋给 schoolbag1
print(schoolbag, schoolbag1)        #输出 schoolbag 和 schoolbag1
schoolbag[0] = '英语书'             #将第一个元素的值修改为“英语书”
print(schoolbag, schoolbag1)        #输出 schoolbag 和 schoolbag1
```

【运行结果】 程序运行结果如图 4-9 所示。

```
['语文书', '数学书', '练习册', '笔盒'] ['语文书', '数学书', '练习册', '笔盒']
['英语书', '数学书', '练习册', '笔盒'] ['英语书', '数学书', '练习册', '笔盒']
```

图 4-9 例 4-7 程序运行结果

【程序说明】 schoolbag 由实际数据赋值产生，为列表对象。将 schoolbag 赋值给列表 schoolbag1 只会对 schoolbag 列表生成一个新引用，此时，schoolbag 和 schoolbag1 指向同一对象，即内存中真实数据只有一份。因此，修改了 schoolbag 后，schoolbag1 也随之改变。

课外拓展

还可以使用 list()函数将字符串、range 对象、元组等转换为列表。其语法格式为“list(obj)”，其中 obj 为需要转换的对象。例如：

list('hello world') #将字符串转换为列表，结果为['h', 'e', 'l', 'l', 'o', ' ', 'w', 'o', 'r', 'l', 'd']

list(range(1,10,2)) #将 range 对象转换为列表，结果为[1, 3, 5, 7, 9]

二、列表的遍历

为了能更有效地逐一输出列表中的元素，可以使用 while 或 for 循环来遍历列表。

1. 使用 while 循环遍历列表

使用 while 循环遍历列表，首先须获取列表的长度，将其作为 while 循环的判断条件。

【例 4-8】　使用 while 循环输出书包中的每项物品。

【问题分析】　使用 len()函数获取列表的长度，作为 while 循环的次数。

【参考代码】

```
#创建书包列表 schoolbag 并赋值
schoolbag = ['语文书', '数学书', '英语书', '漫画书']
length = len(schoolbag)              #获取列表的长度赋给 length
i = 0                                #循环变量 i 初值为 0
while i < length:                    #当 i 小于 length 时循环
    print(schoolbag[i])              #输出列表元素
    i += 1                           #循环变量加 1
```

【运行结果】　程序运行结果如图 4-10 所示。

```
语文书
数学书
英语书
漫画书
```

图 4-10　例 4-8 程序运行结果

2. 使用 for 循环遍历列表

使用 for 循环遍历列表，只需将要遍历的列表作为 for 循环表达式中的序列即可。

【例 4-9】　使用 for 循环输出书包中的每项物品。

【参考代码】

```
#创建书包列表 schoolbag 并赋值
schoolbag = ['语文书', '数学书', '英语书', '漫画书']
for item in schoolbag:          #将列表作为 for 循环表达式中的序列
    print(item)                 #输出 item
```

【运行结果】　程序运行结果如图 4-11 所示。

```
语文书
数学书
英语书
漫画书
```

图 4-11 例 4-9 程序运行结果

三、列表的基本操作

由于列表属于序列类型，所以它也支持通用序列的所有操作。除了这些操作，Python 还提供了大量方法用于列表元素的添加、删除和排序等。

1. 添加元素

列表可使用 append()、extend()或 insert()方法来添加元素。

（1）append()方法：在列表末尾添加新的元素，其语法格式如下。

```
list.append(obj)
```

其中，list 表示列表，obj 表示添加到列表末尾的对象。例如：

```
number = [0, 1, 2, 3]    #创建列表 number 并赋值
number.append(4)         #使用 append()方法给 number 末尾添加元素 4
print(number)            #输出 number，结果为[0, 1, 2, 3, 4]
```

（2）extend()方法：在列表末尾一次性添加另一个序列中的多个值（用新列表扩展原来的列表），其语法格式如下。

```
list.extend(seq)
```

其中，list 表示列表，seq 表示添加到列表末尾的序列。

【例 4-10】 在书包中再放入练习册和笔盒。

【问题分析】 创建书包列表 schoolbag、练习册列表 workbook 和笔盒列表 penbox，其中，workbook 包含语文练习册和数学练习册，penbox 包含铅笔、油笔和橡皮。使用 extend()方法将 workbook 列表添加到 schoolbag 中，使用 append()方法将 penbox 添加到 schoolbag 中。

【参考代码】

```
#创建书包列表 schoolbag 并赋值
schoolbag = ['语文书', '数学书', '英语书', '漫画书']
print(schoolbag)                            #输出 schoolbag
#创建练习册列表 workbook 并赋值
workbook = ['语文练习册', '数学练习册']
penbox = ['铅笔', '油笔', '橡皮']   #创建笔盒列表 penbox 并赋值
#使用 extend()方法将 workbook 添加到 schoolbag 中
schoolbag.extend(workbook)
```

```
print(schoolbag)                          #输出 schoolbag
#使用 append()方法将 penbox 添加到 schoolbag 中
schoolbag.append(penbox)
print(schoolbag)                          #输出 schoolbag
```

【运行结果】 程序运行结果如图 4-12 所示。

```
['语文书', '数学书', '英语书', '漫画书']
['语文书', '数学书', '英语书', '漫画书', '语文练习册', '数学练习册']
['语文书', '数学书', '英语书', '漫画书', '语文练习册', '数学练习册', ['铅笔', '油笔', '橡皮']]
```

图 4-12 例 4-10 程序运行结果

【程序说明】 使用 extend()方法时，是将 workbook 看作一个序列，将这个序列和 schoolbag 序列合并，因此，添加元素后，schoolbag 中包含了 6 个元素。使用 append()方法时，是将 penbox 看作一个对象，整体打包添加到 schoolbag 列表中，因此，添加元素后 schoolbag 中包含了 7 个元素，其中第 7 个元素是一个列表。

（3）insert()方法：将指定对象插入到列表的指定位置，其语法格式如下。

```
list.insert(index,obj)
```

其中，list 表示列表，index 表示插入的索引位置，obj 表示插入列表中的对象。例如：

```
number = [1, 2, 4, 5]          #创建列表 number 并赋值
number.insert(2,3)#使用 insert()方法将元素 3 添加到列表索引为 2 的位置
print(number)                  #输出 number，结果为[1, 2, 3, 4, 5]
```

2．删除元素

在列表中，删除元素的常用方法有 3 种，分别是 del 命令、pop()方法和 remove()方法。

（1）del 命令：根据索引删除列表中的元素。例如：

```
number = [1, 2, 3, 4, 5]       #创建列表 number 并赋值
del number[2]                  #使用 del 命令删除 number 中索引为 2 的元素
print(number)                  #输出 number，结果为[1, 2, 4, 5]
```

del 命令还可以使用分片的方式删除列表中的元素。例如：

```
number = [1, 2, 3, 4, 5]#创建列表 number 并赋值
del number[1:3]              #使用 del 命令删除索引从 1 到 3（不含）的元素
print(number)                #输出 number，结果为[1, 4, 5]
```

（2）pop()方法：根据索引删除列表中的元素，并返回该元素的值，其语法格式如下。

```
list.pop([index])
```

其中，list 表示列表，index 表示删除列表元素的索引值，为可选参数，缺省时为-1，删除列表中的最后一个元素。例如：

```
number = [1, 2, 3, 4, 5]          #创建列表 number 并赋值
```

```
number.pop()             #使用 pop()方法删除 number 中的元素，返回值为 5
print(number)            #输出 number，结果为[1, 2, 3, 4]
number.pop(0)#使用 pop()方法删除 number 中索引为 0 的元素，返回值为 1
print(number)            #输出 number，结果为[2, 3, 4]
```

（3）remove()方法：删除列表中某个值的第一个匹配项，其语法格式如下。

```
list.remove(obj)
```

其中，list 表示列表，obj 表示列表中要删除的对象。

【例 4-11】 从书包中拿走英语书和漫画书。

【问题分析】 使用 pop()方法删除“英语书”，使用 remove()方法删除“漫画书”。

【参考代码】

```
#创建书包列表 schoolbag 并赋值
schoolbag = ['语文书', '数学书', '英语书', '漫画书']
print(schoolbag)                    #输出 schoolbag
schoolbag.pop(2)                    #使用 pop()方法删除索引为 2 的元素“英语书”
print(schoolbag)                    #输出 schoolbag
schoolbag.remove('漫画书')          #使用 remove()方法删除元素“漫画书”
print(schoolbag)                    #输出 schoolbag
```

【运行结果】 程序运行结果如图 4-13 所示。

```
['语文书', '数学书', '英语书', '漫画书']
['语文书', '数学书', '漫画书']
['语文书', '数学书']
```

图 4-13 例 4-11 程序运行结果

小提示

remove()方法只能删除列表中第一个匹配的元素，如果要删除所有匹配的元素，就需要搭配循环语句实现。

3. 分片赋值

分片赋值就是以分片的形式给列表赋值，可以一次为多个元素赋值。例如：

```
number = [1, 2, 3, 4]            #创建列表 number 并赋值
print(number)                    #输出 number，结果为[1, 2, 3, 4]
number[2:] = [5, 6, 7]           #替换索引从 2 开始到最后的元素
print(number)                    #输出 number，结果为[1, 2, 5, 6, 7]
```

分片赋值还可以在不替换任何原有元素的情况下插入新的元素。

```
number = [1,7]                  #创建列表 number 并赋值
#在 number 中索引为 1 的位置插入列表[2,3,4,5,6]中的元素
number[1:1] = [2,3,4,5,6]
print(number)     #输出 number，结果为[1, 2, 3, 4, 5, 6, 7]
```

分片赋值也可以删除元素。

```
number = [1, 2, 3, 4, 5, 6, 7]    #创建列表并赋值
number[1:6] = [] #用空列表替换 number 中索引 1 到索引 6（不含）的元素
print(number)     #输出 number，结果为[1, 7]
```

4. 列表排序

将列表中的元素排序的方法有 3 种，分别是 reverse()方法、sort()方法和 sorted()函数。

（1）reverse()方法：将列表中的元素反向存放，其语法格式如下。

```
list.reverse()
```

其中，list 表示列表，该方法没有参数，没有返回值。例如：

```
number = [1,2,3,4]    #创建列表 number 并赋值
number.reverse()      #使用 reverse()方法将 number 中的元素反向存放
print(number)         #输出 number，结果为[4, 3, 2, 1]
```

（2）sort()方法：将列表中的元素进行排序（默认为升序排序），其语法格式如下。

```
list.sort([key=None][,reverse=False])
```

其中，list 表示列表；key 为可选参数，如果指定了该参数，会使用该参数的方法进行排序；reverse 为可选参数，表示是否降序排序，缺省时为 False。

【例 4-12】 将数字从大到小排序，将英文单词从短到长排序。

【问题分析】 降序排序须指定参数 reverse 为 True，要以序列内元素的长度来排序，须使用参数 key 指定排序依据为 len()函数。

【参考代码】

```
#创建数字列表 number 并赋值
number = [5, 6, 9, 3, 12, 15, 18, 20, 35, 62]
number.sort(reverse=True)  #使用 sort()方法对 number 降序排序
print(number)              #输出 number
#创建英文单词列表 words 并赋值
words = ['chicken', 'fox', 'duck', 'dog', 'rabbit', 'sheep']
words.sort(key=len)        #使用 sort()方法对 words 按长度升序排序
print(words)               #输出 words
```

【运行结果】 程序运行结果如图 4-14 所示。

```
[62, 35, 20, 18, 15, 12, 9, 6, 5, 3]
['fox', 'dog', 'duck', 'sheep', 'rabbit', 'chicken']
```

图 4-14 例 4-12 程序运行结果

（3）sorted()函数：与 sort()方法不同，内置函数 sorted()返回新列表，并不对原列表进行任何修改，其语法格式如下。

```
sorted(iterable[,key=None][,reverse=False])
```

其中，iterable 表示可迭代对象，如列表；参数 key 和 reverse 的用法与 sort()方法中的相同。例如：

```
number = [1, 5, 2, 3, 4]     #创建列表 number 并赋值
#将 number 中的元素升序排序后赋给变量 number_new
number_new = sorted(number)
print(number)                #输出 number，结果为[1, 5, 2, 3, 4]
print(number_new)            #输出 number_new，结果为[1, 2, 3, 4, 5]
```

任务实施

【任务分析】 完成本任务，须首先定义空列表，用于保存随机生成的不重复的双色球号码；接着循环生成 1～33 的随机数，由于红球号码要互不相同，故须判断该随机数是否在列表中，如果不在，则添加到列表中，直到列表的长度等于 6；然后随机生成一个 1～16 的随机数，添加到列表中；最后遍历并输出列表中的双色球号码。

【参考代码】

```
import random
nums = []                              #定义一个空列表
while len(nums) < 6:                   #循环 6 次，产生 6 个红球号码
    num = random.randint(1, 33)        #生成 1～33 的随机数 num
    if num not in nums:                #如果 num 不在列表中
        nums.append(num)               #将 num 添加到列表中
#将 1～16 的随机数添加到列表中，产生 1 个蓝球号码
nums.append(random.randint(1, 16))
print('随机生成的双色球号码：')         #输出提示信息
print('红球：', end=' ')
for i in nums[:6]:                     #遍历列表，输出列表中红球号码
    print(i, end=' ')
print('蓝球：', nums[6])               #输出列表中蓝球号码
```

【运行结果】 程序运行结果如图 4-15 所示。

```
随机生成的双色球号码：
红球： 3 13 4 7 19 28 蓝球： 1
```

图 4-15 “双色球号码生成器”运行结果

任务三

开发“诗词大会”游戏

任务描述

《中国诗词大会》是一档文化类演播室益智竞赛节目，竞赛形式多样，如选择、填空、诗词识别、飞花令、诗词接龙等。本任务将带领大家编写 Python 程序，利用字典设计题库，开发简单的“诗词大会”游戏。

诗词之美

《中国诗词大会》是继《中国汉字听写大会》《中国成语大会》《中国谜语大会》之后，为弘扬中华优秀传统文化，为让古代经典诗词，深深印在国民大众的脑子里，成为“中华民族文化基因”，而由央视科教频道推出的一档文化类演播室益智竞赛节目。《中国诗词大会》以“赏中华诗词，寻文化基因，品生活之美”为宗旨，通过演播室比赛的形式，重温经典诗词，继承和发扬中华优秀传统文化，带动全民重温那些曾经学过的古诗词，分享诗词之美，感受诗词之趣。

知识链接

扫一扫

字典

字典是 Python 中常用的一种数据存储结构，它由“键-值”对组成，表示一种映射关系，每个“键-值”对称为一个元素。其中，“键”可以是 Python 中任意不可变数据类型，如数字、字符串、元组等，但不能是列表、集合、字典等可变数据类型；“值”可以是任意数据类型。

一、字典的创建

1. 直接赋值创建字典

直接赋值创建字典的语法格式如下。

```
变量名 = {键1：值1，键2：值2，键3：值3，……}
```

字典的元素放在大括号中，元素之间用逗号分隔，“键”与“值”之间用冒号分隔。例如，创建一个学生信息字典，包括学生学号、姓名和年龄3个元素，可以用下面代码实现。

```
#创建字典 stu_info
stu_info = {'num': '20210101', 'name': '小蓝', 'age': 10}
```

2. 使用内置函数 dict()创建字典

使用内置函数 dict()可通过其他字典、“(键,值)”对的序列或关键字参数来创建字典。例如，通过下面5种方式使用 dict()函数可创建相同的字典。

```
#直接赋值创建字典
stu_info1 = {'num': '20210101', 'name': '小蓝', 'age': 10}
#通过其他字典创建
stu_info2 = dict(stu_info1)
#通过“(键,值)”对的列表创建
stu_info3 = dict([('num','20210101'),('name','小蓝'),('age',10)])
#通过关键字参数创建
stu_info4 = dict(num = '20210101', name = '小蓝', age = 10)
#通过dict和zip结合创建
stu_info5 =dict(zip(['num','name','age'],['20210101','小蓝',10]))
```

课外拓展

zip()函数将可迭代的对象作为参数，将对象中对应的元素打包成一个个元组，然后返回由这些元组组成的 zip 对象。例如：

```
list_str = ['a', 'b', 'c', 'd']                #创建列表并赋值
list_num = [1, 2, 3, 4]                        #创建列表并赋值
list_new = zip(list_str, list_num)             #打包为元组组成的 zip 对象
#用 list()函数转换为列表输出，结果为[('a', 1), ('b', 2), ('c', 3), ('d', 4)]
print(list(list_new))
```

3．使用 fromkeys()方法创建字典

在 Python 中，当所有键对应同一个值时，可使用 fromkeys()方法创建字典，其语法格式如下。

```
dict.fromkeys(seq[,value])
```

其中，seq 为字典的“键”的列表；value 为键对应的同一值，缺省时默认为 None。例如：

```
#创建字典，“值”默认为 None
stu_age1 = dict.fromkeys(['小蓝', '小舞'])
#输出 stu_age1，结果为{'小蓝': None, '小舞': None}
print(stu_age1)
#创建字典，“值”赋为 10
stu_age2 = dict.fromkeys(['小蓝','小舞'], 10)
#输出 stu_age2，结果为{'小蓝': 10, '小舞': 10}
print(stu_age2)
```

小提示

字典中的“键”是唯一的，创建字典时若出现“键”相同的情况，则后定义的“键-值”对将覆盖先定义的“键-值”对。例如：

```
x = {'a': 1, 'b': 2, 'b':' 3'}          #直接赋值创建字典 x
print(x)                                 #输出字典 x，结果为{'a':1,'b':'3'}
```

二、字典的访问

1．根据键访问值

字典中的“键”可作为下标访问对应的“值”，如果字典中不存在这个“键”则会抛出异常，其语法格式如下。

```
dict[key]
```

其中，dict 表示字典名，key 表示要查找的键。例如：

```
#创建字典
stu_info = {'num': '20210101', 'name': '小蓝', 'age': 10}
stu_info['num']                   #根据 num 获取学号，结果为“20210101”
stu_info['name']                  #根据 name 获取姓名，结果为“小蓝”
```

2．使用 get()方法访问值

在访问字典时，若不确定字典中是否有某个键，可通过 get()方法获取，若该键存在，则返回其对应的值，若不存在，则返回默认值，其语法格式如下。

```
dict.get(key[,default = None])
```

其中，dict 表示字典名；key 表示要查找的键；default 表示默认值，如果指定键的值不存在，返回该默认值，当 default 缺省时，返回 None。例如，使用 get()方法访问前面定义的 stu_info 字典，可以用下面代码实现。

```
stu_info.get('name')        #使用 get()方法获取学生姓名，结果为“小蓝”
stu_info.get('sex')         #使用 get()方法获取学生性别，返回值为 None
stu_info.get('sex', '女')#设置返回默认值为“女”，返回值为“女”
```

【例 4-13】 创建中英文字典，根据输入的中文词组输出对应的英文单词。

【问题分析】 创建两个列表分别保存中文词组（键）和英文单词（值），要求两个列表一一对应；然后通过 dict()和 zip()函数创建字典；最后根据输入的中文词组，使用 get()方法获取对应的值并输出。

【参考代码】

```
#创建中文词组列表 chinese
chinese = ['卷心菜', '午餐', '机器人', '天空', '花']
#创建英文单词列表 english
english = ['cabbage', 'lunch', 'robot', 'sky', 'flower']
#使用 dict()和 zip()方法生成字典
dictionary = dict(zip(chinese, english))
word = input('请输入中文词组: ') #输入中文词组，并赋给 word
print(dictionary.get(word))    #使用 get()方法获取 word 的值并输出
```

【运行结果】 程序运行结果如图 4-16 所示。

```
请输入中文词组：天空
sky
```

图 4-16 例 4-13 程序运行结果

三、字典的基本操作

与列表相似，Python 也提供了大量方法用于字典元素的修改、添加、删除、更新、复制等操作。

1．修改和添加元素

当以指定“键”为下标给字典元素赋值时，有下面两种含义。

（1）若该“键”在字典中存在，则表示修改该“键”对应的值。

（2）若该“键”不存在，则表示添加一个新的“键-值”对，即添加一个新元素到字典中。例如：

```
#创建字典
stu_info = {'num': '20210101', 'name': '小蓝', 'age': 10}
stu_info['age'] = 11                     #修改 age 的值
print(stu_info['age'])                   #输出修改后的 age 值，结果为 11
stu_info['sex'] = '女'                   #添加学生性别
#输出添加后的字典，结果为{'num': '20210101', 'name': '小蓝', 'age':
11, 'sex': '女'}
print(stu_info)
```

2. 删除元素

要删除字典中的元素或整个字典，可以使用 del 命令、clear()方法、pop()方法或 popitem()方法。

（1）del 命令：根据“键”删除字典中的元素，例如：

```
#创建字典
stu_info={'num': '20210101', 'name': '小蓝','age': 10}
del stu_info['age']                              #删除 age “键-值”对
#输出删除后的字典，结果为{'num': '20210101', 'name': '小蓝'}
print(stu_info)
```

（2）clear()方法：删除字典中的所有元素，其语法格式如下。

```
dict.clear()
```

其中，dict 表示字典名。该方法不包含任何参数，也没有返回值。例如：

```
#创建字典
stu_info = {'num': '20210101', 'name': '小蓝', 'age': 10}
stu_info.clear()                           #清空字典
print(stu_info)                            #输出清空后的字典，结果为{}
```

（3）pop()方法：删除指定的“键-值”对，并返回该“键”的值，其语法格式如下。

```
dict.pop(key[,default])
```

其中，dict 表示字典名；key 表示删除的键；default 是默认值，当字典中没有要删除的 key 时，该方法返回指定的默认值。例如：

```
#创建字典
stu_info = {'num': '20210101', 'name': '小蓝', 'age': 10}
stu_info.pop('age')          #删除 age “键-值”对，并返回 age 的值 10
stu_info.pop('age', 11)      #无指定键，返回默认值 11
```

（4）popitem()方法：随机删除并返回一个“键-值”对，其语法格式如下。

```
dict.popitem()
```

其中，dict表示字典名。该方法无参数，返回值为一个随机的“键-值”对。例如：

```
#创建字典
stu_info = {'num': '20210101', 'name': '小蓝', 'age': 10}
stu_info.popitem()          #随机删除并返回某“键-值”对，如('age', 10)
#输出字典，结果为{'num': '20210101', 'name': '小蓝'}
print(stu_info)
```

3. 更新字典

update()方法用于将新字典的“键-值”对一次性全部添加到当前字典中，如果两个字典中存在相同的“键”，则以新字典中的“值”更新当前字典，其语法格式如下。

```
dict.update(dict1)
```

其中，dict表示当前字典，dict1表示新字典。例如：

```
#创建字典stu_info
stu_info = {'num': '20210101', 'name': '小蓝', 'age': 10}
#修改age的值，同时添加新元素
stu_info.update({'age': 11, 'sex': '女'})
#输出字典，结果为{'num': '20210101', 'name': '小蓝', 'age': 11,
'sex': '女'}
print(stu_info)
```

【例4-14】 更新中英文字典。

【参考代码】

```
dictionary = {
    '卷心菜': 'cabbage',
    '午餐': 'lunch',
    '机器人': 'robot',
    '天空': 'sky',
    '花': 'flower'
}                                          #创建字典dictionary并赋值
print(dictionary)                          #输出dictionary
dictionary.pop('卷心菜')                    #删除“卷心菜”键-值对
print(dictionary)                          #输出dictionary
#添加新字典
dictionary.update({'公园': 'park', '桥': 'bridge'})
print(dictionary)                                  #输出dictionary
```

```
dictionary['午餐'] = ['lunch', 'nooning']          #修改“午餐”的值
print(dictionary)                                  #输出 dictionary
```

【运行结果】 程序运行结果如图 4-17 所示。

```
{'卷心菜': 'cabbage', '午餐': 'lunch', '机器人': 'robot', '天空': 'sky', '花': 'flower'}
{'午餐': 'lunch', '机器人': 'robot', '天空': 'sky', '花': 'flower'}
{'午餐': 'lunch', '机器人': 'robot', '天空': 'sky', '花': 'flower', '公园': 'park', '桥': 'bridge'}
{'午餐': ['lunch', 'nooning'], '机器人': 'robot', '天空': 'sky', '花': 'flower', '公园': 'park', '桥': 'bridge'}
```

图 4-17 例 4-14 程序运行结果

4. 复制字典

复制字典可使用 copy()方法，返回字典的浅复制，其语法格式如下。

```
dict.copy()
```

其中，dict 表示需要复制的字典，该方法无参数，返回一个新字典。例如：

```
#创建字典 stu_info
stu_info = {'num': '20210101', 'name': '小蓝', 'age': 10}
stu_info1 = stu_info.copy()          #复制 stu_info,并赋给 stu_info1
#输出 stu_info1,结果为{'num':'20210101','name':'小蓝', 'age': 10}
print(stu_info1)
```

课外拓展

在 Python 中，可使用 3 种方法复制字典：直接赋值、浅复制和深复制。

（1）直接赋值：复制对象的引用。

（2）浅复制：使用 copy()方法复制父对象及其子对象的引用。

（3）深复制：使用 deepcopy()方法完全复制父对象及其子对象，此方法包含在 copy 模块中。

【例 4-15】 使用直接赋值、浅复制和深复制 3 种方法复制中英文字典。

【参考代码】

```
import copy                                        #导入 copy 模块
#创建字典 dictionary 并赋值
dictionary = {'卷心菜': 'cabbage', '午餐': ['lunch', 'nooning']}
dictionary1 = dictionary                           #直接赋值
dictionary2 = dictionary.copy()                    #浅复制
dictionary3 = copy.deepcopy(dictionary)            #深复制
#将 dictionary 中键为“卷心菜”的值改为“pamphrey”
dictionary['卷心菜'] = 'pamphrey'
```

```
#移除dictionary中键为"午餐"的值列表中的"nooning"
dictionary['午餐'].remove('nooning')
print('dictionary = ', dictionary)            #输出 dictionary
print('dictionary1 = ', dictionary1)          #输出 dictionary1
print('dictionary2 = ', dictionary2)          #输出 dictionary2
print('dictionary3 = ', dictionary3)          #输出 dictionary3
```

【运行结果】 程序运行结果如图 4-18 所示。

```
dictionary =  {'卷心菜': 'pamphrey', '午餐': ['lunch']}
dictionary1 =  {'卷心菜': 'pamphrey', '午餐': ['lunch']}
dictionary2 =  {'卷心菜': 'cabbage', '午餐': ['lunch']}
dictionary3 =  {'卷心菜': 'cabbage', '午餐': ['lunch', 'nooning']}
```

图 4-18 例 4-15 程序运行结果

【程序说明】 “dictionary1 = dictionary”是直接赋值，dictionary 和 dictionary1 都指向同一个对象，如图 4-19 所示。因此，修改 dictionary 中的任何一个值，dictionary1 中也会随之改变。

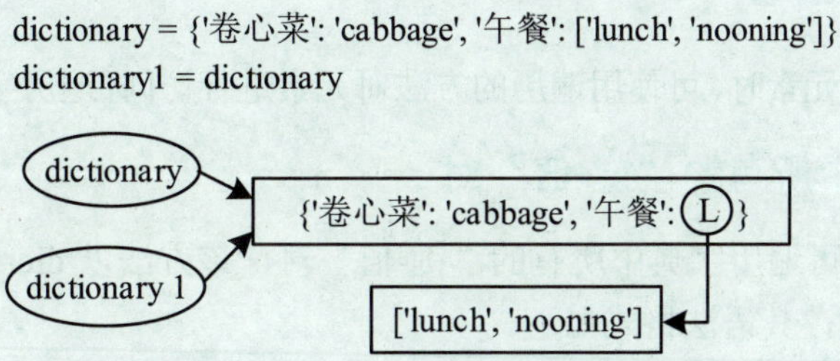

图 4-19 直接赋值示意图

“dictionary2 = dictionary.copy()”是浅复制，dictionary 和 dictionary2 分别是独立的对象，但它们的子对象还是指向同一对象，如图 4-20 所示。因此，修改“dictionary['卷心菜'] = 'pamphrey'”不会改变 dictionary2 中的值，但修改 dictionary 中的子对象“dictionary ['午餐'].remove('nooning')”时，dictionary2 也会随之改变。

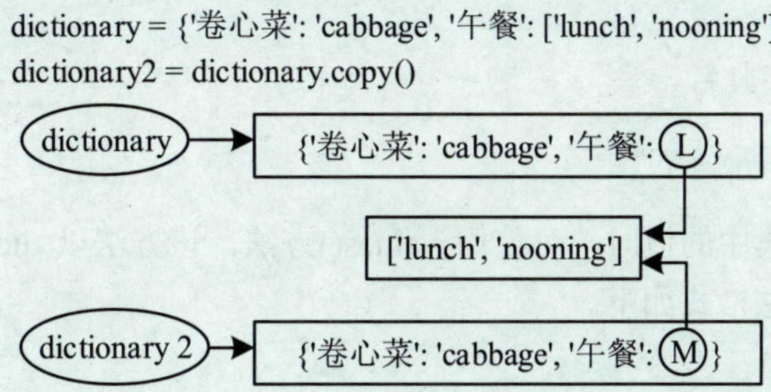

图 4-20 浅复制示意图

“dictionary3 = copy.deepcopy(dictionary)”是深复制，dictionary3 完全复制了父对象及其子对象，它和 dictionary 是完全独立的，如图 4-21 所示。因此，修改 dictionary 中的任何一个值，dictionary3 中的值都不会随之改变。

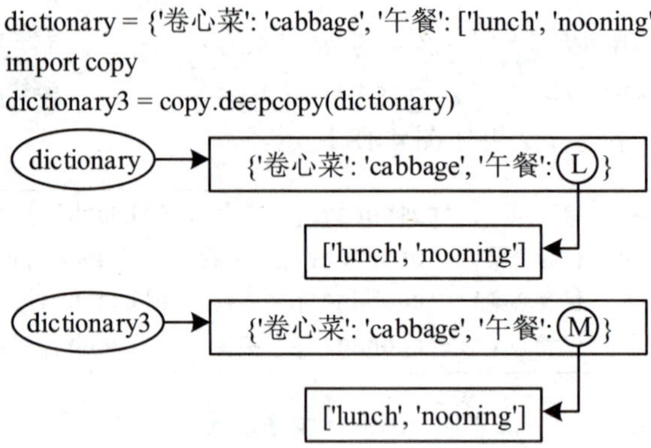

图 4-21　深复制示意图

四、字典的遍历

当字典包含大量元素时，可使用遍历的方法对元素进行访问，遍历字典有以下 3 种方法。

1．遍历字典中所有的“键-值”对

使用 item()方法可遍历字典中所有的“键-值”对，该方法以 dict_items 形式返回可遍历的“(键,值)”元组，其语法格式如下。

```
dict.items()
```

其中，dict 表示字典。

2．遍历字典中所有的键

当不需要使用字典中的值时，可使用 keys()方法只遍历字典中的键，该方法以 dict_keys 形式返回字典中所有的键，其语法格式如下。

```
dict.keys()
```

其中，dict 表示字典名。

3．遍历字典中所有的值

当只需要使用字典中的值时，可使用 values()方法，该方法以 dict_values 形式返回字典中所有的值，其语法格式如下。

```
dict.values()
```

其中，dict 表示字典名。

小提示

dict_items、dict_keys 和 dict_values 是 Python 的内部数据类型，专用于表示字典的键值对、键和值，可使用 list()函数将其转换为列表。

【例 4-16】 输出中英文字典中所有的中文词组及其对应的英文单词、中文词组和英文单词。

【参考代码】

```
dictionary = {
    '卷心菜': 'cabbage',
    '午餐': 'lunch',
    '机器人': 'robot',
    '天空': 'sky',
    '花': 'flower'
}                                          #创建字典 dictionary 并赋值
print('中英文字典中所有中文词组及其对应的英文单词: ')
for item in dictionary.items():            #遍历字典所有的“键-值”对
    print(item)                            #输出每个“键-值”对
print('中英文字典中所有中文词组: ')
for chinese in dictionary.keys():          #遍历字典所有的键
    print(chinese, end=' ')                #输出每个键
print('\n 中英文字典中所有英文单词: ')
for english in dictionary.values():        #遍历字典所有的值
    print(english, end=' ')                #输出每个值
```

【运行结果】 程序运行结果如图 4-22 所示。

```
中英文字典中所有中文词组及其对应的英文单词:
('卷心菜', 'cabbage')
('午餐', 'lunch')
('机器人', 'robot')
('天空', 'sky')
('花', 'flower')
中英文字典中所有中文词组:
卷心菜 午餐 机器人 天空 花
中英文字典中所有英文单词:
cabbage lunch robot sky flower
```

图 4-22 例 4-16 程序运行结果

任务实施

【任务分析】 完成本任务，须首先设计题库，然后在规定时间内循环随机出题，判断输入的答案是否正确，并统计答对问题次数，如果答题时间到，则退出循环，结束答题。具体实现步骤如下。

（1）创建字典 question_bank 保存题库，问题为“键”，正确答案为“值”。问题使用元组（详见任务四）保存，题干和选项为元组的元素。

（2）使用 keys()方法获取 question_bank 的所有“键”（问题），然后使用 list()方法转换为列表 questions。

（3）创建变量 time1、number 和 count。time1 表示开始时间，使用 time 模块的 time()函数获取；number 保存问题在 questions 列表中的索引，初始赋值为空列表；count 表示统计答对问题次数，初始赋值为 0。

（4）使用 while 循环，判断条件为 True，在循环中进行以下操作。

① 使用 randint()函数生成一个 0～len(questions)−1 的随机整数 index，作为列表的索引。判断 index 是否在 number 中（即该索引对应的问题已经出现过），如果是则使用 continue 结束本次循环，否则将 index 添加到 number 中。

② 使用 for 循环输出 questions[index]中的元素。

③ 使用 input()函数输入答案，并赋给 answer。然后判断 answer 与该问题的答案是否相等，如果是则输出答对提示，并使 count 加 1，否则输出答错提示。

④ 使用 time 模块的 time()函数获取当前时间，并赋给 time2。然后计算 time2 和 time1 的差值 delta_T，判断 delta_T 是否大于规定时间，如果是则输出 count，并退出循环。

小提示

time()函数用于获取系统当前的时间戳，即从格林尼治时间（GMT，1970 年 1 月 1 日 0 时 0 分 0 秒）开始的浮点秒数。它包含在 time 模块中，使用时须导入，且须通过模块名调用。例如：

```
import time                         #导入 time 模块
time1 = time.time()                 #time1 为 1621413300.0232565
```

【参考代码】

```
import random                           #导入 random 模块
import time                             #导入 time 模块
#创建字典 question_bank，问题为“键”，答案为“值”
question_bank = {
    ('点字成诗（九宫格），从下面九个字中识别一句诗词。', '花 多 又', '知
```

```
逢 时', '雨 少 落'): '花落知多少',
        ('点字成诗(十二宫格),从下面十二个字中识别一句诗词。', '柳  生  一  白',
'云  亮  有  家', '花  处  人  暗'): '白云生处有人家',
        ('“会当凌绝顶,一览众山小。”描写的是哪座山?', 'A.庐山', 'B.黄山',
'C.泰山'): 'C',
        ('请问:《望庐山瀑布》的作者是下面哪位诗人?', 'A.王维', 'B.李白', 'C.
杜甫'): 'B',
        ('填空: 窗含( )岭千秋雪。', 'A.东', 'B.南', 'C.西'): 'C',
        ('请问: 名句“海上生明月,天涯共此时”出自下面哪首诗?', 'A.杜甫《月
夜忆舍弟》', 'B.张九龄《望月怀远》', 'C.李白《闻王昌龄左迁龙标遥有此寄》'): 'B',
        ('请问: 成语“寸草春晖”出自下面哪首诗?', 'A.白居易《赋得古原草送别》',
'B.苏轼《春夜》', 'C.孟郊《游子吟》'): 'C',
        ('请问: 下面成语中哪个不是出自杜牧的诗?', 'A.豆蔻年华', 'B.折戟沉沙',
'C.壮志未酬'): 'C',
        ('填空:( )十三余,豆蔻枝头二月初。',): '娉娉袅袅',
        ('填空: 花径不曾( )客扫,蓬门今始为君开。',): '缘',
        ('请问: 中国古代有四大美女,请问宋代王安石《明妃曲》写的是其中哪一位?',
'A.西施', 'B.王昭君', 'C.貂蝉'): 'B',
        ('请根据下面线索说出一位诗人?', 'A.宋代一位著名的状元', 'B.中国历
史上的一位民族英雄', 'C.创作有名句“人生自古谁无死,留取丹心照汗青。”'):
'文天祥',
    }
    #获取question_bank的所有键,并转换为列表
    questions = list(question_bank.keys())
    number = []                         #创建空列表number,保存题目的索引
    count = 0                           #创建变量count,表示答对的问题数
    time1 = time.time()                 #获取开始时间time1
    while True:                         #循环
        #生成0~len(questions)-1的随机整数index
        index = random.randint(0, len(questions) - 1)
        if index in number:             #如果index在number中
            continue                    #结束本次循环
        number.append(index)            #将index添加到number中
        for item in questions[index]:         #遍历问题元组中的元素
            print(item)                       #输出问题
```

```
answer = input('请输入正确答案: ')  #输入答案
if answer == question_bank[questions[index]]:  #如果答案正确
    print('恭喜你，答对了！')                    #输出答对提示
    count += 1                                  #count 加 1
else:                                           #如果答案不正确
    print('很遗憾，答错了！')                    #输出答错提示
time2 = time.time()                             #获取当前系统时间 time2
delta_T = int(time2 - time1)                    #计算答题总时间 delta_T
if delta_T > 30:                                #如果 delta_T 大于 30s
    #输出答题结束提示，并输出 count
    print('时间到，答题结束！您本次答对', count, '道题')
    break                                       #退出循环
```

【运行结果】 程序运行结果如图 4-23 所示。

```
填空：（ ）十三余，豆蔻枝头二月初。
请输入正确答案：娉娉袅袅
恭喜你，答对了！
请问：名句"海上生明月，天涯共此时"出自下面哪首诗？
A.杜甫《月夜忆舍弟》
B.张九龄《望月怀远》
C.李白《闻王昌龄左迁龙标遥有此寄》
请输入正确答案：B
恭喜你，答对了！
请根据下面线索说出一位诗人？
A.宋代一位著名的状元
B.中国历史上的一位民族英雄
C.创作有名句"人生自古谁无死，留取丹心照汗青。"
请输入正确答案：文天祥
恭喜你，答对了！
请问：中国古代有四大美女，请问宋代王安石《明妃曲》写的是其中哪一位？
A.西施
B.王昭君
C.貂蝉
请输入正确答案：B
恭喜你，答对了！
时间到，答题结束！您本次答对 4 道题
```

图 4-23 "诗词大会"游戏运行结果

任务四

分析兴趣班报名情况

任务描述

分析兴趣班报名情况要实现的功能是统计所有报兴趣班的学生的人数及姓名，只报两个兴趣班和报 3 个兴趣班的学生的人数及姓名。本任务将带领大家编写 Python 程序，通过集合的运算分析兴趣班报名情况。

知识链接

一、元组

Python 的元组（tuple）与列表类似，不同之处在于不能修改元组的元素，元组使用圆括号包含元素，而列表使用方括号包含元素。

1. 元组的创建和访问

1）创建元组

创建元组常用的方法是将逗号分隔的不同元素用圆括号括起来，也可省略圆括号，直接使用逗号分隔元素。例如：

```
x = ('a', 'b', 1, 2, 3)          #创建元组 x
print(x)                         #输出 x，结果为('a', 'b', 1, 2, 3)
y = 'a', 'b', 'c', 'd'           #创建元组 y 时省略了圆括号
print(y)                         #输出 y，结果为('a', 'b', 'c', 'd')
```

如果要定义一个空元组，可以使用没有元素的圆括号来表示。例如：

```
x = ()                           #创建空元组 x
print(x)                         #输出 x，结果为()
```

小提示

Python 在定义只有 1 个元素的元组时，在元素后面必须加一个逗号“,”。例如：

```
x = (1,)                         #创建只有一个元素的元组 x
print(x)                         #输出 x，结果为(1,)
```

> 这是因为圆括号既可以表示元组，又可以表示数学公式中的小括号，如果没有逗号将会产生歧义。例如，“x = (1)”中按小括号进行计算，因此计算结果为1，而不是元组。

课外拓展

> tuple()函数可将序列转换为元组，参数为序列。如果参数本身是元组，则原样返回该参数。例如：
>
> tuple([1,2,3])　　　　#将列表转换为元组，结果为(1, 2, 3)
> tuple('abc')　　　　#将字符串转换为元组，结果为('a', 'b', 'c')
> tuple((1,2,3))　　　　#参数为元组，结果为(1, 2, 3)

2）访问元组

与列表类似，可以使用下标索引来访问元组中的元素。例如：

```
x = ('a', 1, 3.14)              #创建元组 x
print(x[0])                     #输出索引为 0 的元素，结果为“a”
print(x[1])                     #输出索引为 1 的元素，结果为 1
print(x[-1])                    #输出索引为-1 的元素，结果为 3.14
```

2. 元组的合并和遍历

由于元组是不可变序列，所以元组无法执行某些操作，如添加、修改和删除等。

1）合并元组

元组中的元素值是不允许修改的，但可以对元组进行连接组合。例如：

```
x = (1, 2, 3)               #创建元组 x
y = ('a', 'b')              #创建元组 y
z = x + y                   #将 x 和 y 进行连接组合后赋给 z
print(z)                    #输出 z，结果为(1, 2, 3, 'a', 'b')
```

2）遍历元组

与列表一样，也可以使用 while 和 for 循环来遍历元组中的所有元素。

【例 4-17】　使用元组保存月份信息并输出。

【参考代码】

```
#创建元组 months
months = ('January', 'February', 'March', 'April', 'May',
          'June', 'July', 'August', 'September', 'October',
          'November', 'December')
print('months 索引为 1 的元素', months[1])#输出 months 索引为 1 的元素
print('months 索引为 7 的元素', months[7])#输出 months 索引为 7 的元素
```

```
for month in months:                    #循环
    print(month, end=' ')               #输出元素
```

【运行结果】 程序运行结果如图 4-24 所示。

```
months索引为1的元素 February
months索引为7的元素 August
January February March April May June July August September October November December
```

图 4-24 例 4-17 程序运行结果

二、集合

集合与其他数据类型最大的不同在于它不包含重复元素，即集合元素是独一无二的。因此，当需要对一维数据进行去重处理时，一般可通过集合来完成。

1. 集合的创建

创建集合只需将逗号分隔的不同元素使用大括号括起来即可。例如：

```
a = {1, 2, 3, 4}                #创建集合并赋值
print(a)                        #输出集合 a，结果为{1, 2, 3, 4}
b = {2, 1, 3, 4, 1, 2}          #创建集合并赋值
print(b)                        #输出集合 b，结果为{1, 2, 3, 4}
```

由上述代码可以看出，由于集合元素是无序的，所以集合的输出结果与定义顺序可能不一致。

课外拓展

还可以使用 set()函数将列表、元组等其他类型的数据转换为集合，如果原来的数据中存在重复元素，则在转换为集合时会自动去重。例如：

```
x = set('runoob')                       #将字符串转换为集合
print(x)                                #输出集合 x，结果为{'o', 'u', 'n', 'b', 'r'}
y = set(['g', 'o', 'o', 'g', 'l', 'e']) #将列表转换为集合
print(y)                                #输出集合 y，结果为{'g', 'o', 'e', 'l'}
z = set()                               #空集合
print(z)                                #输出集合 z，结果为 set()
```

2. 集合的基本操作

1）添加和删除元素

与字典类似，Python 也提供了多种函数和方法用于集合元素的添加和删除，具体操作

的函数和方法如表 4-5 所示。

表 4-5　操作集合的函数和方法

函数和方法	说　明
S.add(x)	如果 x 不在集合 S 中，将 x 添加到 S 中
S.update(T)	合并集合 T 的元素到当前集合 S 中，并自动去除重复元素
S.pop()	随机删除并返回集合中的一个元素，如果集合为空则抛出异常
S.remove(x)	如果 x 在集合 S 中，则删除该元素；否则抛出异常
S.discard(x)	如果 x 在集合 S 中，则删除该元素；如果 x 不存在也不报错
S.clear()	清空集合

例如：

```
s = {1, 2, 3}                    #创建集合并赋值
s.add(4)                         #添加元素
print(s)                         #输出集合，结果为{1, 2, 3, 4}
s.update({4, 5, 6})              #更新当前集合，自动去除重复元素
print(s)                         #输出集合，结果为{1, 2, 3, 4, 5, 6}
s.discard(5)                     #删除元素，不存在则忽略该操作
print(s)                         #输出集合，结果为{1, 2, 3, 4, 6}
s.remove(3)                      #删除元素，不存在则抛出异常
print(s)                         #输出集合，结果为{1, 2, 4, 6}
s.pop()                          #删除并返回一个元素，返回值为 1
print(s)                         #输出集合，结果为{2, 4, 6}
```

2）集合运算

内置函数 len()、max()、min()、sorted()等也适用于集合，此外，Python 中集合还支持数学意义上的交集、并集、差集、补集等运算，具体操作符如表 4-6 所示。

表 4-6　集合类型的操作符

操作符	说　明
S & T	交集，返回一个新集合，包含同时在集合 S 和 T 中的元素
S | T	并集，返回一个新集合，包含集合 S 和 T 中的所有元素
S − T	差集，返回一个新集合，包含在集合 S 中但不在集合 T 中的元素
S ^ T	补集，返回一个新集合，包含集合 S 和 T 中的元素，但不包含同时在集合 S 和 T 中的元素

表 4-6（续）

操作符	说　明
S <= T	如果 S 与 T 相同或 S 是 T 的子集，返回 True，否则返回 False，可以使用 S < T 判断 S 是否是 T 的真子集
S >= T	如果 S 与 T 相同或 S 是 T 的超集，返回 True，否则返回 False，可以使用 S > T 判断 S 是否是 T 的真超集

例如：

```
a = {1, 2, 3, 4, 5}        #创建集合并赋值
b = {1, 2, 6, 7, 8}        #创建集合并赋值
print(a & b)               #输出交集，结果为{1, 2}
print(a | b)               #输出并集，结果为{1, 2, 3, 4, 5, 6, 7, 8}
print(a - b)               #输出差集，结果为{3, 4, 5}
print(a ^ b)               #输出补集，结果为{3, 4, 5, 6, 7, 8}
x = {1, 2, 3}              #创建集合并赋值
y = {2, 3}                 #创建集合并赋值
z = {1, 2, 4}              #创建集合并赋值
print(x >= y)              #判断 x 是否为 y 的超集并输出，结果为 True
print(x <= z)              #判断 x 是否为 z 的子集并输出，结果为 False
```

任务实施

【任务分析】　完成本任务，须首先输入报不同兴趣班的学生姓名（如舞蹈班、画画班、羽毛球班），每个姓名之间使用顿号隔开，并保存在字符串中；接着使用 split()方法分割字符串，返回列表，并使用 set()函数将列表转换为集合；然后通过计算 3 个集合的并集、交集和差集获得所有报兴趣班、只报两个兴趣班和报 3 个兴趣班的学生集合；最后遍历并输出 3 种情况下学生的人数及姓名。

【参考代码】

```
dance = input('请输入报舞蹈班的学生姓名：\n')
paint = input('请输入报画画班的学生姓名：\n')
badminton = input('请输入报羽毛球班的学生姓名：\n')
#使用顿号分割舞蹈班字符串，并将列表转换为集合
dance = set(dance.split('、'))
#使用顿号分割画画班字符串，并将列表转换为集合
paint = set(paint.split('、'))
```

```
#使用顿号分割羽毛球班字符串，并将列表转换为集合
badminton = set(badminton.split('、'))
#计算 3 个集合的并集，获得所有报名的学生集合
all = dance | paint | badminton
#计算 3 个集合的两两交集，并进行或运算，获得至少报两个兴趣班的学生集合
double = (dance & paint) | (dance & badminton) | (paint & badminton)
#计算 3 个集合的交集，获得报 3 个兴趣班的学生集合
triple = dance & paint & badminton
#计算 double 和 triple 的差集，获得只报两个兴趣班的学生集合
double_only = double - triple
print('所有报兴趣班的学生：', len(all), '人')
for name in all:                    #遍历输出所有报兴趣班的学生
    print(name, end=' ')
print('\n只报两个兴趣班的学生：', len(double_only), '人')
for name in double_only:            #遍历输出只报两个兴趣班的学生
    print(name, end=' ')
print('\n报 3 个兴趣班的学生：', len(triple), '人')
for name in triple:                 #遍历输出报 3 个兴趣班的学生
    print(name, end=' ')
```

【运行结果】 程序运行结果如图 4-25 所示。

```
请输入报舞蹈班的学生姓名：
吴金智、王周、朱宁、颜镜湾、陶海峰、于冉、孟令莎
请输入报画画班的学生姓名：
杨松、刘永峰、王鹏飞、郝洪波、谢涛、陶海峰、于冉、陈伟
请输入报羽毛球班的学生姓名：
刘永峰、金燕、朱宁、张秋菊、颜镜湾、郝洪波、于冉
所有报兴趣班的学生： 15 人
刘永峰 王鹏飞 郝洪波 张秋菊 陶海峰 王周 金燕 杨松 于冉 陈伟 颜镜湾 谢涛 孟令莎 朱宁 吴金智
只报两个兴趣班的学生： 5 人
刘永峰 郝洪波 颜镜湾 朱宁 陶海峰
报3个兴趣班的学生： 1 人
于冉
```

图 4-25 “分析兴趣班报名情况”程序运行结果

项目实训

一、动手纠错

（1）下面程序的功能是：给定一些学生姓名和成绩，输出所有不及格（成绩小于 60）的学生姓名和成绩，请找出错误并修改验证。

```
students = [['赵',60],['钱',34],['孙',89],['李',56],['周',90]]
for student in students:
    if student < 60:
        name = student[1]
        score = student[2]
        print('姓名：', name, '\t', '成绩：', score)
```

（2）下面程序的功能是：使用字典存储多个英文单词及其译文，输入英文，输出该单词的译文，请找出错误并修改验证。

```
number = int(input('请输入将要存入字典的英文单词个数：'))
word_explain = {}
for i in range(number):
    word, explain = input('请输入英文：'), input('请输入对应的译文：')
    word_explain{word} = explain
new_word = input('请输入要翻译的英文单词：')
if new_word in word_explain:
    print(new_word)
else:
    print('no found')
```

二、程序填空

（1）下面程序的功能是：将字符串“1a2b3c56ghjik”中的数字和字母分开并输出，然后将所有字母组合成字符串，转换成大写后输出。请将正确答案写在横线处。

```
s = '1a2b3c56ghjik'
for c in s:
    if ①____________:
        print(c, end=' ')
print()
```

```
s1 = ''
for c in s:
    if ②____________:
        s1 += c
        print(c, end=' ')
print('\n', ③__________)
```

（2）下面程序的功能是：合并两个元组，将合并后元组中的元素按照字符串的大小升序排列。请将正确答案写在横线处。

```
words1 = ('music', 'piano', 'singing')
words2 = ('sports', 'football', 'high_jump')
words = ①____________                  #合并两个元组
print(words)
words_list = list(words)
②____________                          #列表升序排序
new_words = ③____________              #将列表转换为元组
print(new_words)
```

三、编程训练

（1）表 4-7 为某班学生的成绩，请通过已经定义好的模板“{}同学，你的考试成绩是：语文{}，英语{}，数学{}，总成绩{}，特此通知！”输出姓名和成绩。

表 4-7　某班成绩统计表

姓　名	语　文	英　语	数　学
张三	90	87	78
李四	93	87	67
王五	88	90	95

（2）编程实现，500 个人围成一个圈，从 1 开始报数，每数到 3 的倍数的人离开圈子，循环往复直到最后只剩下一人，输出剩下的人原来在圈中的位置（类似约瑟夫环）。

（3）编程实现，使用列表保存学生的信息，包括姓名、性别和年龄；然后使用字典保存 3 个班级的学生信息，每个班 3 个学生，以班级名为键，以存放学生信息的列表为值；最后根据输入的班级名输出该班级的学生信息。

项目小结

本项目主要介绍了 Python 中的字符串、列表、字典、元组和集合。通过本项目的学习，读者应重点掌握以下内容。

（1）Python 中常用的序列有字符串、列表、元组等。所有序列都可以进行某些特定的操作，包括索引、分片、相加、相乘、计算序列长度、获取最大值和最小值、查找和计数等。

（2）字符串可以使用“%”符号和 format()方法进行格式化。

（3）字符串有查找、分割、连接、替换、移除首尾字符、大小写转换、检测等常用操作。

（4）列表（list）是包含零个或多个元素的有序序列。列表的长度和内容都是可变的，可自由对列表中的元素进行增加、删除或替换。

（5）字典（dict）由“键-值”对组成，表示一种映射关系，每个“键-值”对称为一个元素。其中“键”可以是 Python 中任意不可变数据类型，如数字、字符串、元组等，但不能是列表、集合、字典等可变数据类型。“值”可以是任意数据类型。

（6）元组（tuple）中的元素值不允许修改，但可以对元组进行连接组合。

（7）集合（set）不包含重复元素，因此，可以使用集合对一维数据进行去重处理。

项目考核

一、选择题

（1）下面数据类型中，不支持分片操作的是（　　）。

A．字符串　　B．列表　　C．字典　　D．元组

（2）下面方法中，能够返回某个子串在字符串中出现次数的是（　　）。

A．len()　　B．count()　　C．find()　　D．split()

（3）下面列表的说法，描述错误的是（　　）。

A．list 是不可变的数据类型

B．list 是一个有序序列，没有固定大小

C．list 可以存放任意类型的元素

D．使用 list 时，其下标可以是负数

（4）下面说法错误的是（　　）。

A．通过下标索引可以修改和访问元组的元素

B．元组的索引是从 0 开始的

C．通过 insert 方法可以在列表指定位置插入元素

D．使用下标索引能够修改列表的元素

（5）假设要随机删除字典中的“键-值”对，使用下面哪个方法？（　　）

A．pop　　B．popitem

C．del　　D．clear

（6）下面选项中，不能使用下标运算的是（　　）。

A．列表　　B．元组

C．集合　　D．字符串

二、填空题

（1）s='hello'，t='world'，s+=t，则 s 为_______，s[-1]为_______，s[2:5]为_______，s[::3]为_________，s[-2::-1]为_________。

（2）s='Python String'，写出下面操作的输出结果：

s.upper()输出结果为_________；

s.lower()输出结果为_________；

s.find('i')输出结果为_________；

s.replace('ing','gni')输出结果为_________。

（3）元组使用________包含元素，列表使用________包含元素。

（4）下面程序运行结果是_____________。

```
list_a = [5, 2, 10, 6, 8, 13, 7]
list_a.reverse()
print(list_a[2])
```

（5）使用 fromkeys()方法创建字典，执行下面程序，则运行结果为_______。

```
pet_dict=dict.fromkeys(['name','age','weight','height'])
print(pet_dict)
```

（6）下面程序实现遍历字典中所有的值，请在_______内填空。

```
num_dict={'a':'1','b':'2','c':'3'}
____________________
    print(value)
```

三、编程题

（1）已知某学校的课程安排如表 4-8 所示。

表 4-8　某学校的课程安排

教　师	课　程	教　师	课　程	教　师	课　程
吕红	数据库	肖扬	Python	丁锦	英语
周婷	线性代数	李娟	数据库	周玲玲	Java

① 创建一个字典，以教师名为键，以课程名为值，存储课程安排信息。

② 增加一条信息赵红讲授 Java。

③ 周玲玲改为讲授 Python。

④ 删除周婷授课信息。

⑤ 遍历字典，输出所有教师及讲授的课程，以及输出所有讲授 Python 的教师。

（2）编程实现登录验证，要求如下。

① 输入用户名和密码。

② 验证成功显示登录成功，并退出程序。

③ 同一用户输错 3 次密码后被锁定，并退出程序。

（3）编写程序，实现从键盘输入一个字符串，去重后按字符升序输出。

提高篇

项目五 函数

项目导读

在实际开发过程中，经常会遇到很多完全相同或非常相似的操作。此时，可以将实现类似操作的代码封装为函数，然后在需要的地方调用该函数。这样不仅可以实现代码的复用，还可以使代码更有条理性，增加代码的可靠性。本项目将详细介绍 Python 中函数的使用方法。

学习目标

- ✓ 掌握函数的定义和调用方法，以及函数的返回值和参数的使用方法。
- ✓ 理解函数的嵌套和递归。
- ✓ 掌握局部变量和全局变量的区别和典型用法。
- ✓ 了解匿名函数。
- ✓ 掌握模块的导入和创建方法。
- ✓ 能使用函数封装代码，实现模块化编程。

素质目标

- ✓ 提高对类似事物归纳总结的能力，加强团队合作能力。
- ✓ 学习努力拼搏、坚持不懈的运动员精神，以及相互理解、友好、团结和公平竞争的奥林匹克精神。

任务一

制作简易计算器

任务描述

简易计算器要实现的功能是对两个数进行加法、减法、乘法或除法运算，每种运算都可以通过一个函数实现。本任务将带领大家编写 Python 程序，制作简易计算器。

知识链接

函数是一段具有特定功能的、可重复使用的代码，它能够提高程序的模块化和代码的复用率。因此，可以将不同功能的函数看作是不同形状的积木，可进行随意拼接和重复使用。Python 提供了很多内置函数，如 print()、input()、int()函数等，以及标准库函数，如 math 库中的 sqrt()函数等。除此之外，用户还可以自己定义函数，称为自定义函数。

一、函数的定义

Python 中定义函数的基本语法格式如下。

```
def 函数名([形式参数列表]):
    函数体
```

其中，def 是 Python 的关键字，用于定义函数；函数名可以是任何合法的 Python 标识符；形式参数列表（简称形参）是调用该函数时传递给函数的参数，可以是零个、一个或多个，当传递多个参数时各参数之间使用逗号隔开，[ ]表示可选内容；函数体是每次调用函数执行的代码，由一行或多行语句组成。定义函数时须注意以下几点。

扫一扫

函数的定义、调用和返回值

（1）当函数参数为零个时，也必须保留一对空的圆括号。

（2）圆括号后面的冒号不能省略。

（3）函数体相对于 def 关键字必须保持一定的空格缩进。

例如，定义名为 eat()的函数，该函数的功能是输出“吃饭”字符串，可以用下面代码实现。

```
def eat():
    print('吃饭')
```

二、函数的调用

函数定义后，须调用函数才能执行函数体，实现特定的功能。函数调用的基本语法格式如下。

```
函数名([实际参数列表])
```

其中，实际参数列表（简称实参）表示要传递给函数的具体值。

【例 5-1】 小蓝的日常活动。

【问题分析】 定义函数封装日常活动，然后按作息时间调用函数。例如，定义 eat()函数，输出“吃饭......”，定义 school()函数输出“上课......”等。

【参考代码】

```
def eat():                          #定义 eat()函数，表示吃饭
    print('吃饭......')
def school():                       #定义 school()函数，表示上课
    print('上课......')
def homework():                     #定义 homework()函数，表示做作业
    print('做作业......')
def exercise():                     #定义 exercise()函数，表示运动
    print('运动......')
print('小蓝的日常活动')
#按作息时间调用函数
eat()
school()
eat()
school()
exercise()
eat()
homework()
```

【运行结果】 程序运行结果如图 5-1 所示。

```
小蓝的日常活动
吃饭......
上课......
吃饭......
上课......
运动......
吃饭......
做作业......
```

图 5-1　例 5-1 程序运行结果

```
Traceback (most recent call last):
  File "D:\PycharmProjects\项目五\例5-15.py", line 6, in <module>
    fun()                                           #调用fun()函数
  File "D:\PycharmProjects\项目五\例5-15.py", line 4, in fun
    num += 1                                    #num加1
UnboundLocalError: local variable 'num' referenced before assignment
```

图 5-21 错误信息

2. nonlocal 关键字

如果要在一个嵌套的函数内使用或修改嵌套外部作用域中的变量，须使用 nonlocal 关键字修饰该变量。

【例 5-16】 分析下面程序的运行结果。

【参考代码】

```
def outer():
    num = 1
    def inner():
        nonlocal num           #nonlocal 关键字声明变量
        num = 2
        print('inner 函数中 num 的值: ',num)
    inner()
    print('outer 函数中 num 的值: ',num)
outer()
```

【运行结果】 程序运行结果如图 5-22 所示。

```
inner函数中num的值:  2
outer函数中num的值:  2
```

图 5-22 例 5-16 程序运行结果

【程序说明】 在 inner()函数中使用了 nonlocal 关键字声明 num，即 inner()函数中的 num 就是 outer()函数中的 num。因此，将 num 修改为 2 后，inner()函数和 outer()函数中的输出都是 2。

如果没有“nonlocal num”这条语句，那么在 inner()函数中的 num 就是局部变量，其值为 2，在 outer()函数中的 num 值为 1，运行结果如图 5-23 所示。

```
inner函数中num的值:  2
outer函数中num的值:  1
```

图 5-23 没有“nonlocal num”语句的运行结果

三、匿名函数

关键字 lambda 用于定义一种特殊的函数——匿名函数，又称 lambda 函数。匿名函数并非没有名字，而是将函数名作为函数结果返回，其基本语法格式如下。

```
函数名 = lambda [参数列表]:表达式
```

简单地说，lambda 函数用于定义简单的、能够在一行内表示的函数，返回一个函数名。例如：

```
#定义 lambda 函数，用于计算两个数的和，并将函数名赋给 sum
sum = lambda arg1, arg2: arg1 + arg2
#调用 sum()函数，输出返回值结果为 30
print('两数相加后的值为: ', sum(10, 20))
```

lambda 函数常用在临时需要一个类似于函数的功能，但又不想定义函数的场合。例如，作为内置函数 sorted()和列表方法 sort()的 key 参数。

【例 5-17】 将学生信息（包括学号、姓名和成绩）按成绩升序排序后输出。

【问题分析】 首先使用字典存储每个学生的信息，再用列表存储多个学生信息。然后使用 sort()方法对列表按学生成绩进行升序排序，并使用 lambda 函数作为参数 key 的值。

【参考代码】

```
#定义学生信息列表，元素为字典
stu = [{'num': '201801', 'name': '王五', 'score': 89},
    {'num': '201802', 'name': '刘军', 'score': 95},
    {'num': '201803', 'name': '李梦', 'score': 85}]
stu.sort(key=lambda x: x['score'])                #按成绩升序排序
for s in stu:
    #输出列表中的元素
    print('学号:',s['num'],'姓名:',s['name'],'成绩:',s['score'])
```

【运行结果】 程序运行结果如图 5-24 所示。

```
学号: 201803 姓名: 李梦 成绩: 85
学号: 201801 姓名: 王五 成绩: 89
学号: 201802 姓名: 刘军 成绩: 95
```

图 5-24 例 5-17 程序运行结果

任务实施

【任务分析】 完成本任务，可首先定义列表 medal 保存东京奥运会奖牌数前 5 的国家或运动队的奖牌数，列表元素为字典类型，以国家名或运动队名为键，以奖牌数的字典为值；然后定义函数 ranking(base)（base 为金牌数或奖牌总数，表示排序依据），在其中使用 sort()方法对 medal 进行降序排序，并使用 lambda 函数作为参数 key 的值，遍历列表，输出排名和奖牌数；最后分别使用“金牌”和“总数”作为参数两次调用 ranking()函数。

【参考代码】

```
#定义列表，元素为字典，以国家名或运动队名为键，以奖牌数的字典为值
medal = [{'中国': {'金牌': 38, '银牌': 32, '铜牌': 18, '总数': 88}},
         {'俄罗斯奥委会': {'金牌': 20, '银牌': 28, '铜牌': 23, '总数': 71}},
         {'英国': {'金牌': 22, '银牌': 21, '铜牌': 22, '总数': 65}},
         {'美国': {'金牌': 39, '银牌': 41, '铜牌': 33, '总数': 113}},
         {'日本': {'金牌': 27, '银牌': 14, '铜牌': 17, '总数': 58}}]
def ranking(base):                                 #定义函数，对奖牌数进行排序
    print('*****东京奥运会前5奖牌榜(按{}排名)*****'.format(base))
    #按降序排序
    medal.sort(key=lambda x: list(x.values())[0][base], reverse=True)
    i = 1
    for country in medal:                          #遍历列表
        for key, value in country.items():         #遍历字典
            print(i, key, '金牌', value['金牌'], '银牌', value['银牌'],
                  '铜牌', value['铜牌'], '总数', value['总数'])
        i += 1
ranking('金牌')                                    #按金牌数排序
ranking('总数')                                    #按奖牌总数排序
```

【运行结果】 程序运行结果如图 5-25 所示。

```
*****东京奥运会前5奖牌榜（按金牌排名）*****
1 美国 金牌 39 银牌 41 铜牌 33 总数 113
2 中国 金牌 38 银牌 32 铜牌 18 总数 88
3 日本 金牌 27 银牌 14 铜牌 17 总数 58
4 英国 金牌 22 银牌 21 铜牌 22 总数 65
5 俄罗斯奥委会 金牌 20 银牌 28 铜牌 23 总数 71
*****东京奥运会前5奖牌榜（按总数排名）*****
1 美国 金牌 39 银牌 41 铜牌 33 总数 113
2 中国 金牌 38 银牌 32 铜牌 18 总数 88
3 俄罗斯奥委会 金牌 20 银牌 28 铜牌 23 总数 71
4 英国 金牌 22 银牌 21 铜牌 22 总数 65
5 日本 金牌 27 银牌 14 铜牌 17 总数 58
```

图 5-25 “制作东京奥运会前 5 奖牌榜”程序运行结果

任务四

绘制奥运五环标志

任务描述

turtle 库是 Python 中一个很流行的标准库，它用于绘制各种平面图形。turtle 又称作海龟，可以把它想象成一只小海龟在画布上游走，走过的轨迹即是绘制的图形。本任务将带领大家编写 Python 程序，利用 turtle 库绘制奥运五环。

共同家园

奥林匹克五环标志由 5 个奥林匹克环套接组成，分别为蓝、黑、红、黄、绿 5 种颜色。环从左到右互相套接，上面是蓝、黑、红环，下面是黄、绿环。

5 个不同颜色的圆环代表了参加现代奥林匹克运动会的五大洲——欧洲、亚洲、非洲、大洋洲和美洲。根据奥林匹克宪章，五环象征五大洲的团结及全世界的运动员以公正、坦率的比赛和友好的精神在奥林匹克运动会上相见。

知识链接

一、模块的导入

扫一扫

模块和包

有时要调用某个函数时，必须导入模块。在 Python 中，可使用 import 关键字来导入某个模块。导入模块的方法有以下 3 种。

1. 导入整个模块

使用 import 关键字导入整个模块的基本语法格式如下。

```
import 模块名 [as 别名]
```

使用这种方式导入模块后，调用模块中的函数时须在函数名前加上模块名作为前缀，其语法格式如下。

```
模块名.函数名
```

因为在多个模块中，可能存在名称相同的函数，此时如果只通过函数名来进行调用，解释器将无法知道到底要调用哪个函数。例如：

```
import math                   #导入 math 模块
print(math.sqrt(4))           #输出 4 的开方，结果为 2.0
```

当模块名很长时，可为导入的模块设置别名，然后使用“别名.函数名”的方式调用函数。例如：

```
import random as r            #导入 random 模块，并设置别名为 r
print(r.randint(1, 100))      #输出 1～100 的随机整数，结果可能为 20
```

2. 导入特定的函数

当只需用到模块中的某个函数时，可只导入特定的函数，其基本语法格式如下。

```
from 模块名 import 函数名 [as 别名]
```

使用这种方式仅导入明确指定的函数，并且可以为导入的函数设置别名。这种导入方式可以减少查询次数，提高访问速度，同时也可以减少代码量。在调用函数时，不需要使用模块名作为前缀。例如：

```
from math import sqrt                #只导入 math 中的指定函数 sqrt()
print(sqrt(9))                       #输出 9 的开方，结果为 3.0
from random import randint as r#导入 randint()函数并设置别名为 r
print(r(1, 10))                      #输出 1～10 的随机整数，结果可能为 7
```

3. 导入模块中所有内容

使用“*”符号可导入模块中的所有内容（包括函数和常量等），其基本语法格式如下。

```
from 模块名 import *
```

例如：

```
from math import *            #导入 math 模块中的所有内容
print(pi)                     #输出常数π，结果为 3.141592653589793
print(log2(8))                #计算并输出以 2 为底的对数值，结果为 3.0
print(sqrt(16))               #计算并输出 16 的开方，结果为 4.0
```

这种方式可以直接使用模块中的所有函数而不需要再使用模块名作为前缀。但一般并不推荐这样使用，因为这样做会降低代码的可读性，同时会导致命名空间的混乱。

二、模块的创建

每个 Python 文件都可以作为一个模块，模块名就是文件名。例如，现有一个文件“add.py”，其中定义了添加学生信息的函数 addStuInfo()，代码如下。

```
#添加一个学生信息
def addStuInfo(stuInfos):
    num = input('请输入新学生的学号: ')                #提示并获取学生的学号
```

```
    name = input('请输入新学生的姓名: ')                #提示并获取学生的姓名
    sex = input('请输入新学生的性别 ( 男/女): ')        #提示并获取学生的性别
    newInfo = {}                                        #定义字典
    #将学生信息保存在字典中
    newInfo['num'] = num
    newInfo['name'] = name
    newInfo['sex'] = sex
    stuInfos.append(newInfo)                            #将字典添加到列表中
```

【例 5-18】 调用上述 add 模块中的 addStuInfo()函数，添加 3 个学生信息并输出。

【参考代码】

```
import add                        #导入 add 模块
stuInfos = []                     #创建空列表
for i in range(3):                #循环 3 次
    add.addStuInfo(stuInfos)      #调用 addStuInfo()函数，添加学生信息
for info in stuInfos:             #遍历列表
    print(info)                   #输出列表的元素
```

【运行结果】 程序运行结果如图 5-26 所示。

```
请输入新学生的学号：20210101
请输入新学生的姓名：李明
请输入新学生的性别（男/女）：男
请输入新学生的学号：20210102
请输入新学生的姓名：唐果
请输入新学生的性别（男/女）：女
请输入新学生的学号：20210103
请输入新学生的姓名：林淡
请输入新学生的性别（男/女）：女
{'num': '20210101', 'name': '李明', 'sex': '男'}
{'num': '20210102', 'name': '唐果', 'sex': '女'}
{'num': '20210103', 'name': '林淡', 'sex': '女'}
```

图 5-26　例 5-18 程序运行结果

三、__name__属性

在实际开发过程中，开发人员为了测试模块的效果，会自行在模块中添加测试信息。例如，在“add.py”文件中添加测试代码如下。

```
#添加一个学生信息
def addStuInfo(stuInfos):
```

```
    num = input('请输入新学生的学号：')                  #提示并获取学生的学号
    name = input('请输入新学生的姓名：')                 #提示并获取学生的姓名
    sex = input('请输入新学生的性别（男/女）：')         #提示并获取学生的性别
    newInfo = {}                                        #定义字典
    #将学生信息保存在字典中
    newInfo['num'] = num
    newInfo['name'] = name
    newInfo['sex'] = sex
    stuInfos.append(newInfo)                        #将字典添加到列表中
#测试代码
stuInfos = []                                       #创建空列表
addStuInfo(stuInfos)                                #调用 addStuInfo()函数
print('测试信息', stuInfos)                          #输出测试信息
```

此时，如果在其他程序中导入此模块，测试代码会在导入时自动运行。重新运行例 5-18 程序，运行结果如图 5-27 所示。

```
请输入新学生的学号：1
请输入新学生的姓名：kk
请输入新学生的性别（男/女）：男
测试信息 [{'num': '1', 'name': 'kk', 'sex': '男'}]
请输入新学生的学号：20210101
请输入新学生的姓名：李明
请输入新学生的性别（男/女）：男
请输入新学生的学号：20210102
请输入新学生的姓名：唐果
请输入新学生的性别（男/女）：女
请输入新学生的学号：20210103
请输入新学生的姓名：林淡
请输入新学生的性别（男/女）：女
{'num': '20210101', 'name': '李明', 'sex': '男'}
{'num': '20210102', 'name': '唐果', 'sex': '女'}
{'num': '20210103', 'name': '林淡', 'sex': '女'}
```

图 5-27　“add.py”文件中添加测试代码后例 5-18 程序运行结果

【程序说明】　从上述结果可以看出，“add.py”中的测试代码也运行了。但这并不合理，测试代码应只在单独执行“add.py”文件时执行，而不应在其他文件中作为模块导入时执行。

为解决这个问题，Python 提供了一个__name__属性。通过__name__属性可以识别程序的使用方式：当作为模块导入时，则其__name__属性的值被自动设置为模块名；如果作

为程序直接运行，则其__name__属性被自动设置为字符串“__main__”。因此，如果想要在模块被导入时，模块中的某一代码块不执行，可以通过判断__name__属性的值来实现。

例如，如果将“add.py”作为程序直接运行时，执行测试代码，而“add.py”作为模块导入时，不执行测试代码，可将“add.py”文件中的测试代码修改如下。

```
#测试代码
if __name__ == '__main__':                  #识别当前的运行方式
    stuInfos = []                           #创建空列表
    addStuInfo(stuInfos)                    #调用 addStuInfo()函数
    print('测试信息', stuInfos)             #输出测试信息
```

再次运行例 5-18 程序，可以看到“add.py”文件中的测试代码没有执行，程序运行结果如图 5-28 所示。

```
请输入新学生的学号：20210101
请输入新学生的姓名：李明
请输入新学生的性别（男/女）：男
请输入新学生的学号：20210102
请输入新学生的姓名：唐果
请输入新学生的性别（男/女）：女
请输入新学生的学号：20210103
请输入新学生的姓名：林淡
请输入新学生的性别（男/女）：女
{'num': '20210101', 'name': '李明', 'sex': '男'}
{'num': '20210102', 'name': '唐果', 'sex': '女'}
{'num': '20210103', 'name': '林淡', 'sex': '女'}
```

图 5-28 “add.py”文件中添加__name__属性后例 5-18 程序运行结果

四、包

为了更好地组织模块，通常会将多个模块放在一个目录中，该目录称为包。且该目录下必须存在__init__.py 文件（文件内容可以为空）。例如，有下面包结构。

```
package_1
|—— __init__.py
|—— module_1.py
|—— module_2.py
|—— module_3.py
main.py
```

此时，如果“main.py”想要调用 package_1 包中模块 module_1 中的 fun()函数，可以用下面代码实现。

```
import package_1.module_1                    #导入模块
package_1.module_1.fun()                     #调用函数
```

也可以用下面代码实现。

```
from package_1 import module_1               #导入模块
module_1.fun()                               #调用函数
```

任务实施

【任务分析】 完成本任务，须使用 turtle 库绘制 5 个不同颜色的圆。首先导入 turtle 库，设置别名为 t，并设置画笔宽度为 3；然后定义函数 drawCircle(x,y,c)（x 和 y 表示画笔坐标，c 表示颜色），在其中先抬起画笔，移动到(x,y)位置后落下画笔，并设置画笔的颜色为 c，绘制一个半径为 30 像素的圆；接着 5 次调用 drawCircle()函数，分别在(0,0)、(65,0)、(130,0)、(97.5,−30)、(32.5,−30)位置绘制蓝色（Blue）、黑色（Black）、红色（Red）、绿色（Green）和黄色（Yellow）的圆。注意：按照奥运五环标志图形，须根据圆的半径计算绘制圆的位置。

小 提 示

turtle 库提供了多种函数用于绘制图形，常用的函数如下。

（1）forward(distance)/fd(distance)：画笔前进指定距离 distance，单位为像素，方向为画笔的朝向。

（2）goto(x,y)：画笔移动到绝对坐标(x,y)，y 可缺省。

（3）penup()/pu()/up()：画笔抬起，移动时不画线。

（4）pendown()/pd()/down()：画笔落下，移动时画线。

（5）pensize(width)：设置或返回线条粗细，如果未指定参数，则返回当前的粗细。

（6）pencolor(*args)：设置或返回画笔颜色，如果未指定参数，则返回当前的颜色。

（7）circle(radius)：绘制半径为 radius 的圆，单位为像素。

（8）hideturtle()/ht()：隐藏画笔。

（9）done()：停止画笔绘制，但不关闭绘图窗口。

【参考代码】

```
import turtle as t               #导入 turtle 库，设置别名为 t
t.pensize(3)                     #设置画笔宽度
def drawCircle(x, y, c):         #绘制一个圆，参数为 x、y 坐标和画笔颜色
    t.pu()                       #抬起画笔
    t.goto(x, y)                 #移动到圆的起始位置
    t.pd()                       #落下画笔
```

```
    t.pencolor(c)                          #设置画笔颜色
    t.circle(30)                           #绘制半径为 30 的圆
drawCircle(0, 0, 'Blue')                   #绘制蓝色圆
drawCircle(65, 0, 'Black')                 #绘制黑色圆
drawCircle(130, 0, 'Red')                  #绘制红色圆
drawCircle(97.5, -30, 'Green')             #绘制绿色圆
drawCircle(32.5, -30, 'Yellow')            #绘制黄色圆
t.ht()                                     #隐藏画笔
t.done()                                   #完成
```

【运行结果】 程序运行结果如图 5-29 所示。

图 5-29 “绘制奥运五环标志”程序运行结果

项目实训

一、动手纠错

（1）下面程序的功能是：验证四方定理，即所有自然数至多只需四个数的平方和就可以表示，请找出错误并修改验证。

```
def sum_squre(n):
    for i in range(1, n / 2 + 1):
        for j in range(1, i + 1):
            for k in range(1, i + 1):
                for l in range(1, i + 1):
                    if n = i * i + j * j + k * k + l * l:
```

```
                    print(n, '=', i, '*', i, '+', j, '*', j, '+',
                          k, '*', k, '+', l, '*', l)
sum_squre(20)
```

（2）下面程序的功能是：解决买水问题，输入钱数，输出可买水的瓶数。规则如下：1元钱可以买1瓶水，2个空瓶可以换1瓶水，3个瓶盖也可以换1瓶水。请找出错误并修改验证。

```
Water = int(input('请输入钱数: '))
#定义买水的函数，nW表示新水的数量，nB表示新瓶的数量，nL表示新盖的数量
def f(nW, nB, nL):
    global Water, bottle, lid                    #定义全局变量水、瓶子和瓶盖
    bottle = nB + nW
    lid = nL + nW
    nW = bottle // 2 + lid // 3
    Water += nW
    bottle = bottle % 2
    lid = lid % 3
    if (nB < 2 or nL < 3 or nW < 1):
        return
    else:
        f(nW, nB, nL)
f(Water, 0, 0)
print(Water)
```

二、程序填空

（1）下面程序的功能是：设计一个函数，判断传入的整数列表（要求元素个数大于2）中的元素能否构成等差数列（从第二项起，每一项与它的前一项的差等于同一个常数），如果能，返回“构成等差数列”，否则返回“不能构成等差数列”。请将正确答案写在横线处。

```
def Isf(list_number):
    d = ①_____________                    #求公差d
    for i in range(1, len(list_number) - 1):
        if d == ②_____________:
            return '构成等差数列'
        else:
```

```
        return '不能构成等差数列'
list = eval(input('请输入一个整数数列（元素个数大于 2）: '))
print('此数列', ③____________)
```

小提示

eval()函数用于执行一个字符串表达式，并返回表达式的值。例如，eval('[1,2,3,4]')的结果为列表[1,2,3,4]。

（2）一般来说，正常的邮件中不会出现太多类似于【、】、*、\、/、+、-这样的符号，如果一封邮件中包含的类似字符数量超过一定的比例，可以直接认为它是垃圾邮件。下面程序的功能是：根据给定的邮件内容进行分类，提示“垃圾邮件”或“正常邮件”。请将正确答案写在横线处。

```
def check(text, rate=0.2):
    characters = '【】*-/\\'
    num = 0
    for ch in characters:
        if ch in text:
            num = ①____________
    if ②____________:
        return '垃圾邮件'
    return '正常邮件'
text = '我公【司免【开发】票微-信同*号'
print(③____________)
```

三、编程训练

（1）编写函数，接收两个正整数作为参数，返回一个元组，其中第一个元素为两个正整数的最大公约数，第二个元素为其最小公倍数，输出最大公约数和最小公倍数。

（2）编写函数，求三个数中最大值。

（3）用递归方法计算 S=1+2+3+…+n。

（4）哥德巴赫猜想：每个不小于 6 的偶数都是两个奇素数之和。编写程序，验证哥德巴赫猜想对 20 以内的正偶数成立。

项目小结

本项目主要介绍了 Python 中函数的相关内容。通过本项目的学习，读者应重点掌握以下内容。

（1）Python 中使用 def 关键字定义函数，当函数的参数为零个时，也必须保留一对空的圆括号，且圆括号后面的冒号不能省略，而函数体相对于 def 关键字必须保持一定的空格缩进。

（2）函数使用 return 语句返回值，可以返回零个、一个或多个值。如果返回多个值，每个值之间使用逗号隔开，函数调用后，返回值以元组形式保存。

（3）Python 中参数的数据类型可分为不可变数据类型（如整数、浮点数、字符串、元组等）和可变数据类型（如列表、字典、集合等）。当参数数据类型为不可变数据类型时，在函数内直接修改形参的值不会影响实参。但当参数数据类型为可变数据类型时，在函数内使用下标或其他方式增加、删除或修改元素时，实参也会相应地修改。

（4）Python 函数有位置参数、默认值参数、关键字参数和不定长参数 4 种参数类型。

（5）Python 中可以嵌套定义函数，也可以嵌套调用函数，还允许函数递归。

（6）当内部作用域想要使用或修改外部作用域的变量时，可使用 global 或 nonlocal 关键字声明该变量，但声明时不能赋值。

（7）关键字 lambda 用于定义匿名函数，将函数名作为函数结果返回。

（8）Python 使用 import 关键字来导入模块，且每个 Python 文件都可以作为一个模块。

项目考核

一、选择题

（1）下面关于函数的说法，错误的是（　　）。

A．在不同函数中可以使用相同名字的变量

B．函数可以减少代码的重复，使程序更加模块化

C．调用函数时，传入参数的顺序和函数定义时的顺序必须不同

D．函数体中如果没有 return 语句，函数返回空值 None

（2）使用（　　）关键字创建自定义函数。

A．function　　B．func

C．def　　D．procedure

（3）使用（　　）关键字定义匿名函数。

A．lambda　　B．main　　C．function　　D．def

（4）在 Python 中，函数（　　）。

A．不可以嵌套定义　　B．不可以嵌套调用

C．不可以递归调用　　D．以上都不对

（5）下面说法正确的是（　　）。

A．函数的名称可以随意命名

B．带有默认值的参数一定位于参数列表的末尾

C．局部变量的作用域是整个程序

D．函数定义后，系统会自动执行其内的代码

（6）执行下面程序，输出结果为（　　）。

```
def f():
    print(x)
    x = 20+1
f()
```

A．0　　B．20　　C．21　　D．程序出现异常

（7）下面关键字中，用于导入模块的是（　　）。

A．include　　B．from　　C．import　　D．del

（8）关于__name__的说法，下面描述错误的是（　　）。

A．它是 Python 提供的一个方法

B．每个模块内部都有一个__name__属性

C．当它的值为“__main__”时，表示模块自身在运行

D．当它的值不为“__main__”时，表示模块被引用

二、填空题

（1）函数可以有多个参数，参数之间使用________隔开。

（2）使用________语句可以返回函数值并退出函数。

（3）函数能处理比定义时更多的参数，它们是________参数。

（4）在函数中调用另一个函数，这就是函数的________调用。

（5）在函数内定义的变量称为________变量。

（6）如果想在函数中修改全局变量，需要在变量前加上________关键字。

（7）下面程序的运行结果是________。

```
a = 3
b = 4
def fun(x, y):
```

```
    b = 5
    print(x + y, b)
fun(a, b)
```

（8）下面程序的运行结果是＿＿＿＿＿＿。

```
def fun(x):
    a = 3
    a += x
    return(a)
k = 2
m = 1
n = fun(k)
m = fun(m)
print(n, m)
```

（9）下面程序的运行结果是＿＿＿＿＿＿。

```
def fun(x, y):
    global b
    b = 3
    c = a + b
    return c
a = 1
b = 2
c = fun(a, b)
print(a, b, c)
```

（10）下面程序的运行结果是＿＿＿＿＿＿。

```
def outer():
    a = 1
    def inner():
        nonlocal a
        a = 2
    print(a)
outer()
```

三、编程题

（1）编写函数，实现将十进制数转换为二进制数。

（2）用二分法查找升序排序的 100 个随机整数（1～100）数列中某个数并输出其位置。

提示：二分法是一种快速查找的方法，时间复杂度低，逻辑简单易懂，就是不断地找出中间值，用中间值对比查找的值；若中间值大，则继续在左侧查找；若中间值小，则继续在右侧查找。

（3）根据输入的边数和边长，利用 turtle 库绘制正多边形。

（4）输入 a（$0<a\leqslant 9$）和 n 的值，计算 $s=a+aa+aaa+\cdots+\underbrace{aa\cdots a}_{n}$ 的值。

项目六

面向对象编程

项目导读

Python 是真正面向对象的高级动态编程语言，它以类和对象作为面向对象编程的基础，具有封装、继承和多态三大基本特性，能够很好地支持代码复用和设计复用，使得代码具有更好的可读性和可扩展性。本项目将详细介绍 Python 中面向对象编程的方法。

学习目标

- ✓ 理解面向对象程序设计思想。
- ✓ 掌握定义类和创建对象的方法，self 参数、构造方法和析构方法的使用方法。
- ✓ 理解类变量和实例变量、类方法和静态方法的区别。
- ✓ 掌握面向对象的三大特性（封装、继承和多态）及相关知识的使用方法。
- ✓ 能使用面向对象方法编写程序。

素质目标

- ✓ 提高对事物的观察和归纳能力。
- ✓ 增强使用抽象思维解决实际问题的能力。
- ✓ 了解生物多样性的重要性，增强保护生态环境意识。

任务一

开发“动物园里有什么”游戏

任务描述

“动物园里有什么”游戏想要实现的功能是轮流说出一种动物的种类及叫声，如果该动物在预先规定的范围中，则输出动物的种类及叫声，否则终止游戏。本任务将带领大家利用类和对象，开发“动物园里有什么”游戏。

知识链接

一、面向对象的程序设计

传统的程序设计方法被称为面向过程的程序设计。面向过程程序设计的核心是过程，即解决问题的步骤。面向过程的设计就好比设计一条流水线，需要考虑周全解决问题的每个步骤，如果中间有某个环节发生了变化，那么就得重新设计流水线。因此，使用这种方法开发的程序重用性差、难于维护。在这种情况下，面向对象程序设计诞生了。

面向对象程序设计（object oriented programming，OOP）是将所有预处理的问题抽象为对象，并将相应的属性和行为封装起来，以提高软件的重用性、灵活性和扩展性。

现实世界中，对象就是客观存在的某一事物，如一个人、一辆自行车等。而面向对象的编程世界中，对象具有属性和行为两个特征，每个对象都有各自的属性和行为。而类是对这些具有共同特征的对象的概括、归纳和抽象表达。例如，将人抽象为“人”类，它具有名字、性别等属性，行走、吃饭等行为，那么具体的名字为“小明”“小红”的个体就是“人”类的对象，具体关系如图 6-1 所示。

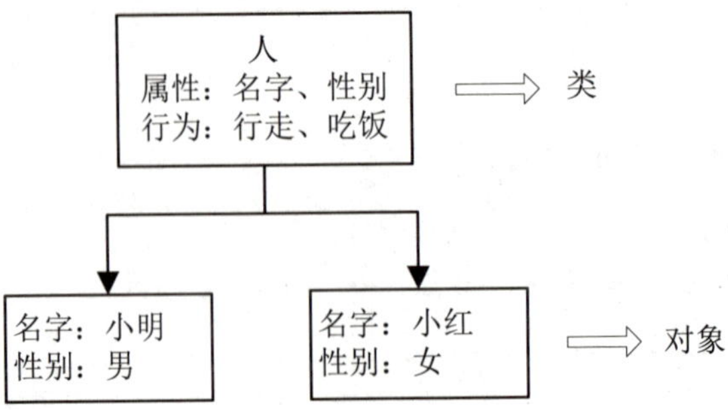

图 6-1　类和对象的关系

面向对象程序设计思想是把事物的属性和行为包含在类中。其中，事物的属性作为类的变量，事物的行为作为类的方法，而对象则是类的一个实例。因此，想要创建对象，需要先定义类。

二、类的定义

Python 中定义类的语法格式如下。

```
class 类名:
    类体
```

其中，class 是 Python 的关键字，用于声明类；类名必须是合法标识符，通常是一个有意义的名称；类体定义类的内部实现，一般包括变量和方法的定义。定义类时应注意以下几点。

（1）类名的首字母一般需要大写，如 Car。

（2）类名后必须紧跟冒号。

（3）类体相对于 class 关键字必须保持一定的空格缩进。

扫一扫

类的定义和使用

例如，定义一个 Person 类，包含姓名属性和说话行为，可以用下面代码实现。

```
class Person:                          #定义 Person 类
    name = '小蓝'                      #定义姓名变量
    def speak(self):                   #定义说方法
        print('大家好！')
```

在上述代码中，使用 class 定义了一个名为 Person 的类，类中有一个 name 变量和一个 speak()方法。从代码中可以看出，方法的定义格式和函数是一样的，主要区别在于，方法必须显式地声明一个 self 参数，且须位于参数列表的开头。

三、创建对象

Python 中创建对象的语法格式如下。

```
对象名 = 类名()
```

创建对象后，可以使用它来访问类中的变量和方法，其语法格式如下。

```
对象名.变量名
对象名.方法名([参数])
```

【例 6-1】 创建对象，访问类中的变量和方法。

【参考代码】

```
class Person:                          #定义 Person 类
    name = '小蓝'                      #定义姓名变量
```

```
    def speak(self):                        #定义说方法
        print('大家好！')
person = Person()                           #创建对象
person.speak()                              #调用类中的方法
print('我是{}'.format(person.name))         #访问类中的变量
```

【运行结果】 程序运行结果如图 6-2 所示。

```
大家好！
我是小蓝
```

图 6-2 例 6-1 程序运行结果

四、self 参数

在 Python 中，一个类可以生成无数个对象，当一个对象的方法被调用时，对象会将自身的引用作为第一个参数（即方法的 self 参数），传递给该方法。这样，Python 就知道需要操作哪个对象的方法了。

带 self 参数的方法也称作实例方法，在类的实例方法中访问实例变量时，须以 self 为前缀，但在外部通过对象名调用实例方法时不需要传递该参数。

【例 6-2】 self 参数的使用。

【参考代码】

```
class Person:                               #定义 Person 类
    def named(self, name):                  #定义命名的方法
        self.name = name                    #赋值
    def speak(self):                        #定义显示名字的方法
        print('我的名字是{}'.format(self.name))     #输出名字
xiaolan = Person()                          #创建对象 xiaolan
xiaolan.named('小蓝')                       #xiaolan 调用 named()方法
xiaowu = Person()                           #创建对象 xiaowu
xiaowu.named('小舞')                        #xiaowu 调用 named()方法
xiaolan.speak()                             #xiaolan 调用 speak()方法
xiaowu.speak()                              #xiaowu 调用 speak()方法
```

【运行结果】 程序运行结果如图 6-3 所示。

```
我的名字是小蓝
我的名字是小舞
```

图 6-3 例 6-2 程序运行结果

课外拓展

Python 在类中定义方法时将第一个参数命名为 self 只是一个习惯，而实际上名称是可以改变的。例如：

```
class A:
    def show(my):
        print('hello!')
a = A()
a.show()
```

上述代码中，将 show()方法的第一个参数命名为 my，程序运行结果为“hello!”。

五、构造方法

构造方法的固定名称为__init__()，当创建类的对象时，系统会自动调用构造方法，实现对象的初始化操作。

【例 6-3】 构造方法示例。

【参考代码】

```
class Person:                                  #定义 Person 类
    #构造方法，定义变量并赋初值
    def __init__(self):
        self.name = '小蓝'
        self.snack = '薯条'
    def eat(self):                             #定义方法，输出变量
        print('{}喜欢的零食是{}'.format(self.name, self.snack))
xiaolan = Person()                             #创建对象
xiaolan.eat()                                  #调用 eat()方法
```

【运行结果】 程序运行结果如图 6-4 所示。

```
小蓝喜欢的零食是薯条
```

图 6-4 例 6-3 程序运行结果

【程序说明】 在该程序中，第 3～5 行实现了__init__()方法，给 Person 类添加了 name 和 snack 属性并赋初值，在 eat()方法中访问了 name 和 snack 的值。

例 6-3 中，无论创建多少个 Person 类的对象，name 和 snack 变量的初始值都是默认值。如果想要为不同对象初始化不同的值，可使用有参构造方法，即在构造方法中设置形参。创建对象时，为不同对象传入不同的实参，并将每个对象的变量初始化为实参的值。

【例 6-4】 有参构造方法示例。

【参考代码】

```
class Person:                                #定义 Person 类
    #构造方法，定义变量并赋初值
    def __init__(self, name, snack):
        self.name = name
        self.snack = snack
    def eat(self):                           #定义方法，输出变量
        print('{}喜欢的零食是{}'.format(self.name, self.snack))
xiaolan = Person('小蓝', '薯条')             #创建对象 xiaolan
xiaolan.eat()                                #xiaolan 调用 eat()方法
xiaowu = Person('小舞', '冰激凌')            #创建对象 xiaowu
xiaowu.eat()                                 #xiaowu 调用 eat()方法
```

【运行结果】 程序运行结果如图 6-5 所示。

```
小蓝喜欢的零食是薯条
小舞喜欢的零食是冰激凌
```

图 6-5 例 6-4 程序运行结果

【程序说明】 在该程序中，第 3～5 行定义了带参数的构造方法，包含两个参数 name 和 snack，创建对象时，可为不同对象传入不同的参数值。

小提示

> Python 中每个类有且仅有一个构造方法，即便不手动为类添加任何构造方法，创建对象时，也会隐式地调用只包含 self 参数的构造方法。

六、析构方法

创建对象时，Python 解释器会默认调用构造方法；当需要删除一个对象来释放其所占的资源时，Python 解释器会调用析构方法。析构方法的固定名称为__del__()，程序结束时会自动调用该方法，也可以使用 del 语句手动调用该方法删除对象。

【例 6-5】 比较下面两个程序，分析输出结果。

【代码一】

```
class Person():
    def __init__(self):                  #构造方法
        print('---调用构造方法创建对象---')
```

```
    def __del__(self):                  #析构方法
        print('---调用析构方法删除对象---')
person = Person()                       #创建对象
print('---程序结束---')
```

【代码二】

```
class Person():
    def __init__(self):                 #构造方法
        print('---调用构造方法创建对象---')
    def __del__(self):                  #析构方法
        print('---调用析构方法删除对象---')
person = Person()                       #创建对象
del person                              #删除对象
print('---程序结束---')
```

【运行结果】 代码一运行结果如图 6-6 所示，代码二运行结果如图 6-7 所示。

```
---调用构造方法创建对象---
---程序结束---
---调用析构方法删除对象---
```

图 6-6 代码一运行结果

```
---调用构造方法创建对象---
---调用析构方法删除对象---
---程序结束---
```

图 6-7 代码二运行结果

【程序说明】 以上两段代码的区别在于：代码二在程序结束前使用 del 语句手动调用析构方法删除对象，因此，先输出“---调用析构方法删除对象---”；而代码一没有使用 del 语句，因此，在程序结束时才调用析构方法，后输出“---调用析构方法删除对象---”。

任务实施

【任务分析】 完成本任务，须首先定义动物类，然后循环输入动物的种类及叫声，判断是否在指定列表中，具体实现步骤如下。

（1）定义动物类 Animal，包含动物种类（species）和叫声（sound）等变量，以及构造方法和叫方法 speak()。其中，构造方法判断传入的动物种类参数是否在指定列表中，如果在列表中，species 和 sound 赋值为传入的参数，否则赋值为 None；speak()方法判断 species 是否为 None，如果是，提示游戏结束，并返回 False，否则输出 species 和 sound 的值，并返回 True。

（2）定义循环标志 flag，初始值为 True。在循环中，输入动物的种类和叫声（使用空格隔开），并分割输入的字符串，返回一个列表；然后以列表的元素作为参数创建对象；最后调用 speak()方法，将返回值赋给 flag。

【参考代码】

```
class Animal:                           #定义动物类
    #定义构造方法初始化动物种类和叫声变量
    def __init__(self, species, sound):
        #如果动物在列表中，变量赋值为传入的参数
        if species in ['猫', '狗', '羊', '猴子', '老虎', '大象']:
            self.species = species
            self.sound = sound
        else:                           #如果不在列表中，变量赋值为 None
            self.species = None
            self.sound = None
    def speak(self):                    #定义叫方法
        if self.species == None:        #如果 species 为 None
            print('动物园里没有该动物，游戏结束！')#输出没有该动物提示
            return False                #返回 False
        else:                           #如果 species 不为 None
            #输出 species 和 sound
            print(self.species, self.sound)
            return True              #返回 True
print('动物园里有什么？')
flag = True                          #定义循环标志 flag，赋初始值为 True
while flag:                          #循环
    #输入动物种类和叫声
    s = input('请输入动物种类和叫声（使用空格隔开）：')
    list1 = s.split(' ')             #以空格分割输入的字符串
    animal = Animal(list1[0], list1[1])     #创建对象
    flag = animal.speak()            #调用 speak()方法，将返回值赋给 flag
```

【运行结果】 程序运行结果如图 6-8 所示。

```
动物园里有什么？
请输入动物种类和叫声（使用空格隔开）：猫 喵喵喵
猫 喵喵喵
请输入动物种类和叫声（使用空格隔开）：羊 咩咩咩
羊 咩咩咩
请输入动物种类和叫声（使用空格隔开）：牛 哞哞哞
动物园里没有该动物，游戏结束！
```

图 6-8 “动物园里有什么”游戏运行结果

和谐共生

生物多样性是地球生命经过几十亿年发展进化的结果，是人类赖以生存和持续发展的物质基础。由于人类对自然资源的掠夺性开发利用，如今世界上的生物物种正在以每小时一种的速度消失。而物种一旦消失，就不会再生。消失的物种不仅会使人类失去一种自然资源，还会通过生物链引起连锁反应，影响其他物种的生存。

5 月 22 日是国际生物多样性日，2021 年的主题是“呵护自然，人人有责”。我国是世界上生物多样性最丰富的国家之一，生态系统类型多样，已记录陆生脊椎动物 2900 多种，占全球种类总数的 10%以上，有高等植物 3.6 万余种，居全球第三。近年来我国不断加大生物多样性保护力度，积极开展野生动植物保护及栖息地保护修复，有效保护了 90%的植被类型和陆地生态系统类型、65%的高等植物群落和 85%的重点保护野生动物种群，生物多样性保护成效显著。

大熊猫从二十世纪七八十年代的 1114 只增加到 1864 只；极度濒危的海南长臂猿，从低谷时的 7 至 9 只增长到了 33 只，第五个家族群正在形成；朱鹮从发现时的 7 只，恢复到 5000 余只；藏羚羊从几万只恢复到目前的 30 多万只；白头叶猴从二十世纪八十年代的 300 余只恢复到 1300 多只；白鹤由 210 只增加到 4500 余只……

野生植物保护工作有序推进。通过扩繁和迁地保护，已向野外回归了 206 种濒危植物，其中 112 种为中国特有种；建立了约 200 处植物园，系统地收集保存了兰科植物、苏铁、木兰等濒危植物种质资源；普陀鹅耳枥、华盖木、峨眉含笑等一些极小种群野生植物，初步摆脱了灭绝风险；开展了第二次野生动物和植物资源调查，以及兰科植物专项调查，全面准确摸清资源底数……

一组组数据、一个个行动背后，展现的是我国开展珍稀濒危物种和极小种群野生植物保护的丰硕成果。经过 60 多年的努力，我国许多濒危野生动植物种群稳中有升，生存状况不断改善。

资料来源：https://baijiahao.baidu.com/s?id=1700439719202099045

任务二

制作个人信息调查表

任务描述

个人信息调查表可根据调查目的统计个人的相关信息，如居住城市、姓名、年龄、爱好和常用的 App 等，用于人群数据分析。本任务将带领大家编写 Python 程序，使用类变量和实例变量，制作个人信息调查表。

扫一扫

类变量和实例变量

知识链接

一、类变量和实例变量

Python 类中定义的变量包括两种：类变量和实例变量，它们有以下两点区别。

（1）类变量是在类中所有方法外定义的；实例变量一般是指在构造方法__init__()中定义的，在类中定义和使用时必须以 self 作为前缀。

（2）类变量属于类，可以通过类名或对象名访问；而实例变量属于实例（即对象），在主程序中（或类的外部）只能通过对象名访问。

小提示

> 与很多面向对象程序设计语言不同，Python 允许在类外部动态地为类和对象增加变量，这是 Python 动态类型特点的重要体现。

【例 6-6】 类变量和实例变量示例。

【参考代码】

```
class Toy:                                  #定义 Toy 类
    type = '小车'                           #初始化类变量
    def __init__(self, color):
        self.color = color                  #初始化实例变量
toy = Toy('红色')                           #创建对象
#访问类变量和实例变量并输出
print(Toy.type, toy.type, toy.color)
Toy.wheelNum = 4                            #增加类变量
toy.price = 5                               #增加实例变量
#访问增加的类变量和实例变量并输出
print(Toy.wheelNum, toy.wheelNum, toy.price)
```

【运行结果】 程序运行结果如图 6-9 所示。

```
小车 小车 红色
4 4 5
```

图 6-9 例 6-6 程序运行结果

【程序说明】 Toy 类中定义的 type 和动态为类增加的 wheelNum 都为类变量，因此，它们都属于类，可以通过类名或对象名访问。但构造方法中定义的 color 和动态为对象 toy 增加的 price 都为实例变量，因此，它们只能通过对象名访问，如果用类名进行访问会提示错误信息。例如，在程序的末尾增加一条语句“print(Toy.color)”，程序运行出错，提示 Toy 对象没有 color 属性，运行结果如图 6-10 所示。

```
小车 小车 红色
4 4 5
Traceback (most recent call last):
  File "D:\PycharmProjects\项目六\例6-6.py", line 12, in <module>
    print(Toy.color)
AttributeError: type object 'Toy' has no attribute 'color'
```

图 6-10　错误提示

如果类中有相同名称的类变量和实例变量，通过对象名访问变量时获取的是实例变量的值，通过类名访问变量时获取的是类变量的值。

【例 6-7】　类中有相同名称的类变量和实例变量示例。

【参考代码】

```
class Toy:                                  #定义 Toy 类
    color = '白色'                          #初始化类变量
    def __init__(self):
        self.color = '红色'                 #初始化实例变量
toy = Toy()                                 #创建对象
print(Toy.color, toy.color)                 #访问类变量和实例变量并输出
```

【运行结果】　程序运行结果如图 6-11 所示。

```
白色 红色
```

图 6-11　例 6-7 程序运行结果

【程序说明】　从程序运行结果可以看出，类变量和实例变量的名称相同，都为 color，通过类名 Toy 访问 color（Toy.color）时获取的是类变量的值“白色”，而通过对象名 toy 访问 color（toy.color）时获取的是实例变量的值“红色”。

二、类方法和静态方法

1．类方法

类方法是类所拥有的方法，须用修饰器“@classmethod”来标识。对于类方法，第一个参数必须是类对象，一般以 cls 作为第一个参数（同 self 一样只是一个习惯），可以通过对象名调用类方法，也可以通过类名调用类方法。

【例 6-8】 类方法示例。

【参考代码】

```
class Book:                              #定义 Book 类
    type = '课外书'                       #定义类变量并赋值
    #类方法，用 classmethod 进行修饰
    @classmethod
    def getType(cls):
        return cls.type                  #返回类变量的值
book = Book()                            #创建对象
print(Book.getType())                    #通过类名调用类方法
print(book.getType())                    #通过对象名调用类方法
```

【运行结果】 程序运行结果如图 6-12 所示。

```
课外书
课外书
```

图 6-12 例 6-8 程序运行结果

【程序说明】 上述代码中定义了一个 Book 类，在其中添加了类变量 type，然后在类方法 getType()中返回 type 的值。从运行结果可以看出，用对象名调用类方法和用类名调用类方法的效果是一样的。

小提示

类方法可以访问类变量，但无法访问实例变量。

2．静态方法

要在类中定义静态方法，须在方法前加上“@staticmethod”标记符，以表示下面的方法是静态方法。使用静态方法的好处是，不需要实例化对象即可调用该方法。

静态方法没有 self 参数，所以它无法访问类的实例变量；静态方法也没有 cls 参数，所以它也无法访问类变量。静态方法既可以通过对象名调用，也可以通过类名调用。

【例 6-9】 静态方法示例。

【参考代码】

```
class Book:                              #定义 Book 类
    type = '课外书'                       #定义类变量并赋值
    #静态方法，用@staticmethod 进行修饰
    @staticmethod
    def printType():
```

```
        print('---书的类别---')
book = Book()                        #创建对象
book.printType()                     #通过对象名调用静态方法
Book.printType()                     #通过类名调用静态方法
print(book.type)                     #输出 type
```

【运行结果】 程序运行结果如图 6-13 所示。

```
---书的类别---
---书的类别---
课外书
```

图 6-13 例 6-9 程序运行结果

小技巧

通过类的对象名可以调用实例方法、类方法和静态方法，通过类名可以调用类方法和静态方法。一般情况下，如果要修改实例变量的值，可直接使用实例方法；如果要修改类变量的值，可直接使用类方法；如果是辅助功能，如打印菜单等，则可以考虑使用静态方法。

任务实施

【任务分析】 完成本任务，须首先定义人类 Person，包含居住城市（city）、姓名（name）、年龄（age）、爱好（hobby）和常用的 App（app）等变量，以及构造方法、printMenu()方法和 printInfo()方法。其中，city 为类变量，初始值为“北京”，其余为实例变量；构造方法初始化实例变量；printMenu()为静态方法，输出个人信息提示；printInfo()方法输出个人信息。然后创建两个对象 person1 和 person2，分别调用 printMenu()和 printInfo()方法，创建 person2 前将 city 重新赋值为“上海”。

【参考代码】

```
class Person:                        #定义人类
    city = '北京'                    #定义类变量 city，表示居住城市
    '''定义构造方法，初始化实例变量 name、age、hobby 和 app，
        分别表示姓名、年龄、爱好和常用的 App'''
    def __init__(self, name, age, hobby, app):
        self.name = name
        self.age = age
        self.hobby = hobby
```

```
        self.app = app
    @staticmethod
    def printMenu():                    #定义静态方法
        print('-------个人信息-------')
    def printInfo(self):                #定义方法输出变量的值
        print('居住城市: ', Person.city)
        print('姓名: ', self.name)
        print('年龄: ', self.age)
        print('爱好: ', self.hobby)
        print('常用的 App: ', self.app)
#创建对象 person1
person1 = Person('凌蓝', 30, '打羽毛球', '淘宝、爱奇艺')
person1.printMenu()                     #person1 调用 printMenu()方法
person1.printInfo()                     #person1 调用 printInfo()方法
Person.city = '上海'                    #给 city 赋值为 "上海"
#创建对象 person2
person2 = Person('唐果', 25, '跑步', '淘宝、微博')
person2.printMenu()                     #person2 调用 printMenu()方法
person2.printInfo()                     #person2 调用 printInfo()方法
```

【运行结果】 程序运行结果如图 6-14 所示。

```
-------个人信息-------
居住城市:  北京
姓名:  凌蓝
年龄:  30
爱好:  打羽毛球
常用的App:  淘宝、爱奇艺
-------个人信息-------
居住城市:  上海
姓名:  唐果
年龄:  25
爱好:  跑步
常用的App:  淘宝、微博
```

图 6-14 “个人信息调查表”程序运行结果

任务三

开发“猫狗大战”游戏

任务描述

“猫狗大战”游戏想要实现的功能是通过键盘控制猫和狗游戏角色进行 PK，可控制动物角色增加生命值，或者攻击对方，对方受到攻击会减少一定的生命值，直到一方的生命值为零结束比赛。本任务将带领大家利用类的继承，开发“猫狗大战”游戏。

知识链接

面向对象编程具有封装、继承和多态三大特征。

一、封装

封装是面向对象编程的核心思想，它将对象的属性和行为封装起来（其载体是类），隐藏其实现细节，用户只需通过接口来操作对象。好比用户使用计算机时，通过键盘就可以实现一些功能，无须知道计算机内部是如何工作的。

扫一扫

面向对象编程的三大特征

具体来说，封装有两个层面的含义。

（1）将客观事物封装成抽象的类，类中的变量和方法只能通过类名或对象名加“.”的方式来访问，前面介绍的例子其实都是这一层面的封装。

（2）将类的某些变量和方法隐藏在类内部，不允许用户直接访问，或者留下少量的方法供外部访问。下面重点介绍第二层面的封装。

为了更好地实现数据的封装和保密性，可以将类中的变量和方法设置成私有的，然后在类中定义一个方法（也称接口函数），在它内部访问被隐藏的变量和方法，而外部可以通过接口函数进行访问。

在 Python 中，私有化变量或方法时只需在名字前加两个下划线“__”即可。

【例 6-10】 私有化变量和方法。

【参考代码】

```
class People:                           #定义 People 类
    def __init__(self, name, age):
        self.name = name
```

```
        self.__age = age              #定义私有变量__age
    def __sayHello(self):             #定义私有方法
        print('Hello，大家好')
    def greeting(self):               #定义接口函数，调用私有方法
        self.__sayHello()
    def getAge(self):                 #定义接口函数，返回私有变量__age 的值
        return self.__age
xiaolan = People('小蓝', 10)          #创建对象
xiaolan.greeting()                    #调用接口函数
#访问实例变量和调用接口函数并输出
print('我叫{}，今年{}岁了。'.format(xiaolan.name, xiaolan.getAge()))
```

【运行结果】 程序运行结果如图 6-15 所示。

```
Hello，大家好
我叫小蓝，今年10岁了。
```

图 6-15 例 6-10 程序运行结果

如果在类外部调用私有方法或访问私有变量，就会提示错误信息。例如，在程序的末尾增加两条语句“xiaolan.__sayHello()”和“print(xiaolan.__age)”，程序运行出错，结果如图 6-16 所示。出现上述问题的原因是“__sayHello()”为私有方法，类的外部无法调用类的私有方法。同理，如果程序执行到“print(xiaolan.__age)”时，也会提示类似的错误信息。

```
Hello，大家好
我叫小蓝，今年10岁了。
Traceback (most recent call last):
  File "D:\PycharmProjects\项目六\例6-10.py", line 15, in <module>
    xiaolan.__sayHello()
AttributeError: 'People' object has no attribute '__sayHello'
```

图 6-16 错误提示

小 提 示

Python 目前的私有机制其实是伪私有，实际上，在外部可以通过“_类名__属性”访问私有变量和调用私有方法。例如，将例 6-10 代码中的最后两条语句改成以下形式，也可正常运行程序。

```
xiaolan._People__sayHello()                    #类外部调用私有方法
#类外部访问私有变量
print('我叫{}，今年{}岁了'.format(xiaolan.name,xiaolan._People__age))
```

二、继承

继承是面向对象程序设计中两个类之间的一种关系，是指从已有的类中派生出新的类。被继承的类称为基类或父类，继承父类的类称为子类或派生类。子类可以继承父类的属性和行为，还可以增加自己的属性和行为。例如，自行车类有品牌、外观等属性，刹车、加速等行为，而双人自行车继承了自行车类（父类）的属性和行为，还增加了后座这个属性。子类还可以改变从父类继承来的行为。例如，杂技演员使用的自行车不仅可以前进，还可以后退，这就改变了自行车类的行为。

继承使父类的代码得到重用，在继承父类提供的共同特性的基础上增加新的代码，可以大幅度减少开发工作量，并且可以很大程度地保证质量。继承分为单继承和多继承两种。

1. 单继承

在 Python 中，当一个子类只有一个父类时称为单继承。定义子类的语法格式如下。

```
class 子类名(父类名):
```

子类可以继承父类的所有公有变量和公有方法，但不能继承其私有变量和私有方法。

【例 6-11】 单继承示例。

【参考代码】

```
class Animal:                          #定义 Animal 类
    type = '动物'                      #定义变量 type
    food = '食物'                      #定义变量 food
    def eat(self):                     #定义方法输出 type 和 food
        print('{}吃{}'.format(self.type, self.food))
class Cat(Animal):                     #定义 Cat 类继承 Animal 类
    pass                               #空语句
cat = Cat()                            #创建对象
cat.eat()                              #调用父类方法
cat.type = '猫'                        #修改 type
cat.food = '鱼'                        #修改 food
cat.eat()                              #调用父类方法
```

【运行结果】 程序运行结果如图 6-17 所示。

```
动物吃食物
猫吃鱼
```

图 6-17 例 6-11 程序运行结果

【程序说明】 上述代码中定义了 Animal 类，包含 type 和 food 变量，以及 eat()方法；

然后定义了 Cat 子类继承 Animal 类，不执行任何操作；最后创建 Cat 类对象，修改父类中的变量，并调用父类中的方法。从程序的运行结果可以看出，子类继承了父类的变量和方法。

小提示

> Python 中 pass 表示空语句，即不执行任何操作，一般用作占位语句，保持程序结构的完整性。

2. 多继承

多继承指一个子类可以有多个父类，它继承了多个父类的特性。例如，沙发床是沙发和床的功能的组合，儿子喜欢做爸爸和妈妈喜欢做的事。

多继承可以看作是对单继承的扩展，其语法格式如下。

```
class 子类名(父类名 1, 父类名 2……):
```

【例 6-12】 多继承示例。

【参考代码】

```
class DadLikeDo:                              #定义 DadLikeDo 类
    def basketball(self):                     #定义打篮球方法
        print('打篮球')
class MomLikeDo:                              #定义 MomLikeDo 类
    def sing(self):                           #定义唱歌方法
        print('唱歌')
#定义 SonLikeDo 类，继承 DadLikeDo 类和 MomLikeDo 类
class SonLikeDo(DadLikeDo, MomLikeDo):
    def dance(self):                          #定义跳舞方法
        print('跳舞')
son = SonLikeDo()                             #创建对象
print('儿子喜欢做的事：')
son.basketball()                              #调用 DadLikeDo 类的方法
son.sing()                                    #调用 MomLikeDo 类的方法
son.dance()                                   #调用 SonLikeDo 类的方法
```

【运行结果】 程序运行结果如图 6-18 所示。

```
儿子喜欢做的事：
打篮球
唱歌
跳舞
```

图 6-18 例 6-12 程序运行结果

【程序说明】 上述代码中定义了 DadLikeDo 类，包含 basketball()方法，以及定义了 MomLikeDo 类，包含 sing()方法；然后定义了继承 DadLikeDo 类和 MomLikeDo 类的子类 SonLikeDo，包含 dance()方法；最后创建 SonLikeDo 类的对象，分别调用 basketball()、sing()和 dance()方法。从程序运行结果可以看出，子类同时继承了多个父类的方法。

小 提 示

在 Python 中，如果两个父类中有同名的方法，那么调用该同名方法时会调用先继承的类中的方法。例如，如果 DadLikeDo 类和 MomLikeDo 类中有同名的方法，用“class SonLikeDo(DadLikeDo, MomLikeDo):”语句定义子类时，子类会先继承 DadLikeDo 类。

3. 方法重写

当父类中的方法无法满足子类需求或子类具有特有功能时，可以在子类中重写父类的方法，即子类中的方法会覆盖父类中同名的方法，以实现不同于父类的功能。

【例 6-13】 重写父类的方法示例。

【参考代码】

```
class Student:                          #定义 Student 类
    name = 'xx'                         #定义变量 name
    def category(self):                 #定义方法 category()
        print(self.name + '是学生')
class Pupil(Student):                   #定义 Pupil 类继承 Student 类
    def category(self):                 #重写 category()方法
        print(self.name, '是小学生')
class Junior(Student):                  #定义 Junior 类继承 Student 类
    def category(self):                 #重写 category()方法
        print(self.name, '是初中生')
xiaolan = Pupil()                       #创建 Pupil 类对象
xiaolan.name = '小蓝'                   #修改 name
xiaolan.category()                      #调用 category()方法
xiaoming = Junior()                     #创建 Junior 类对象
xiaoming.name = '小明'                  #修改 name
xiaoming.category()                     #调用 category()方法
```

【运行结果】 程序运行结果如图 6-19 所示。

```
小蓝 是小学生
小明 是初中生
```

图 6-19 例 6-13 程序运行结果

【程序说明】 从程序运行结果可以看出，在调用 Pupil 类和 Junior 类对象的 category()方法时，只调用了子类中重写的方法，不会再调用父类的 category()方法。

如果需要在子类中调用父类的方法，可以使用内置函数 super()或通过“父类名.方法名()”来实现。

【例 6-14】 子类调用父类的方法示例。

【参考代码】

```
class Student:                              #定义 Student 类
    def __init__(self, name, age):          #构造方法，传递 name 和 age
        self.name = name
        self.age = age
    def showInfo(self):             #定义 showInfo()方法，输出 name 和 age
        print('姓名: {}; 年龄: {}'.format(self.name, self.age))
class Pupil(Student):                       #定义 Pupil 类继承 Student 类
    #构造方法，传递 name、age 和 sex
    def __init__(self, name, age, sex):
        super().__init__(name, age)         #调用父类构造方法
        self.sex = sex
    def showInfo(self):
        Student.showInfo(self)              #调用父类 showInfo()方法
        print('性别: {}'.format(self.sex))#输出 sex
xiaolan = Pupil('小蓝', 10, '女')             #创建对象
xiaolan.showInfo()                            #调用 showInfo()方法
```

【运行结果】 程序运行结果如图 6-20 所示。

```
姓名：小蓝；年龄：10
性别：女
```

图 6-20 例 6-14 程序运行结果

【程序说明】 以上代码中定义了 Student 类，在该类的__init__()方法中定义了 name 和 age 变量。然后定义了继承 Student 类的子类 Pupil，在该类中重写了构造方法__init__()，使用 super()函数调用父类的构造方法，并添加了自定义变量 sex，使 Pupil 类既拥有自定义的 sex，又拥有父类的 name 和 age；还重写了 showInfo()方法，使用父类名调用了父类的 showInfo()方法输出 name 和 age，又输出了 sex。

三、多态

在 Python 中，多态指的是一类事物有多种形态，如一个父类有多个子类，因而多态的概念依赖于继承。而多态性可以这样描述：向不同的对象发送同一条消息，不同的对象在接收时会产生不同的行为（即方法）。也就是说，每个对象可以用自己的方式去响应同一消息（调用函数）。

【例 6-15】 多态示例。

【参考代码】

```
class Person:                                  #定义 Person 类
    def __init__(self, name):                  #构造方法，定义 name
        self.name = name
    def who(self):                             #定义 who()方法
        print('我是一个人，我的名字是{}'.format(self.name))
class Student(Person):                     #定义 Student 类，继承 Person 类
    def __init__(self, name, score): #重写构造方法
        super().__init__(name)
        self.score = score
    def who(self):                             #重写 who()方法
        print('我是一个学生，我的名字是{}，我的语文成绩是{}'
              .format(self.name, self.score))
class Teacher(Person):                     #定义 Teacher 类，继承 Person 类
    def __init__(self, name, course):#重写构造方法
        super().__init__(name)
        self.course = course
    def who(self):                             #重写 who()方法
        print('我是一个老师，我的名字是{}，我教{}'
              .format(self.name, self.course))
def showInfo(x):                               #定义函数用于接收对象
    x.who()                                    #调用 who()方法
#创建对象
p = Person('小蓝')
s = Student('小明', 88)
t = Teacher('唐果', '语文')
#调用函数
```

```
showInfo(p)
showInfo(s)
showInfo(t)
```

【运行结果】 程序运行结果如图 6-21 所示。

```
我是一个人，我的名字是小蓝
我是一个学生，我的名字是小明，我的语文成绩是88
我是一个老师，我的名字是唐果，我教语文
```

图 6-21 例 6-15 程序运行结果

【程序说明】 上述代码中首先定义了 Person 类，包含 who()方法；然后定义了继承 Person 类的两个子类 Student 和 Teacher，分别在这两个类中重写了 who()方法；接着定义了带参数的 showInfo()函数，在该函数中调用了 who()方法；最后分别创建了 Person 类的对象 p、Student 类的对象 s 和 Teacher 类的对象 t，并将其作为参数调用了 showInfo()函数。从程序运行结果可以看出，通过向函数中传入不同的对象，who()方法输出不同的结果。

任务实施

【任务分析】 完成本任务，须首先定义动物父类，然后定义猫和狗子类继承父类，最后创建对象，并循环判断键盘按键，调用相应的方法。具体实现步骤如下。

（1）定义动物父类 Animal，包含昵称（name）、品种（breed）、攻击力（aggressivity）和生命值（life_value）等变量，以及构造方法、攻击方法 attack()、增长生命值方法 eat()和显示角色信息方法 roleInfo()。其中，构造方法初始化变量；attack()方法的参数为被攻击对象，计算被攻击对象的生命值，每次减少的值为攻击对象的攻击力，然后判断被攻击对象的生命值是否小于等于零，如果是，输出被杀死信息，并返回 True，否则输出当前的生命值；eat()方法不进行任何操作。

（2）定义猫子类 Cat 和狗子类 Dog，继承 Animal 类，分别在其中重写 eat()方法，实现不同的子类增加不同的生命值。

（3）创建两个子类的对象，并调用 roleInfo()方法输出角色信息。

（4）循环进行攻击或增加生命值。在循环中，判断输入的字符，根据定义的输入键的含义调用 attack()方法或 eat()方法。调用 attack()方法还须判断返回值，如果为 True（其中一方已被杀死）则退出循环。例如，“K”或“k”键表示猫攻击，“L”或“l”键表示猫增加生命值，“-”键表示狗攻击，“+”键表示狗增加生命值。

小提示

由于键盘输入须使用"Enter"键结束输入，所以可定义"Enter"键附近的键表示对应的指令，方便操作。

【参考代码】

```
class Animal:                                           #定义动物类
    #定义构造方法初始化动物
    def __init__(self, name, breed, aggressivity, life_value):
        self.name = name                                #昵称
        self.breed = breed                              #品种
        self.aggressivity = aggressivity                #攻击力
        self.life_value = life_value                    #生命值
    #定义攻击方法，判断是否死亡
    def attack(self, animal):
        #被攻击对象的生命值会根据攻击对象的攻击力而下降
        animal.life_value -= self.aggressivity
        #如果被攻击对象生命值小于等于 0 表示已被杀死
        if animal.life_value <= 0:
            print('{}攻击{}一次，{}被杀死！'
                 .format(self.name, animal.name, animal.name))
            return True                                 #返回 True
        else:
            print('{}攻击{}一次，{}的生命值还有{}'
                 .format(self.name, animal.name, animal.name,
                        animal.life_value))
    #定义增长生命值的方法
    def eat(self):
        pass
    #定义显示角色信息的方法
    def roleInfo(self):
        print('昵称：{}，品种：{}，攻击力：{}，生命值{}'
             .format(self.name, self.breed, self.aggressivity,
                    self.life_value))
```

```
#定义猫类
class Cat(Animal):
    #重写增长生命值的方法
    def eat(self):
        self.life_value += 50
        print('{}增加一次生命值，还有生命值{}'
              .format(self.name, self.life_value))
#定义狗类
class Dog(Animal):
    #重写增长生命值的方法
    def eat(self):
        self.life_value += 30
        print('{}增加一次生命值，还有生命值{}'
              .format(self.name, self.life_value))
print('---------角色信息------------')
cat = Cat('Mily', '波斯猫', 30, 200)      #创建猫类对象cat
cat.roleInfo()                            #显示cat角色信息
dog = Dog('Lucky', '哈士奇', 50, 200)     #创造狗类对象dog
dog.roleInfo()                            #显示dog角色信息
print('******************开始战斗*******************\n'
    '***** K或k键控制猫攻击，L或l键控制猫增加生命力 *****\n'
    '******* -键控制狗攻击，+键控制狗增加生命力 ********')
while True:                               #循环
    order = input()                       #输入指令
    if order == 'K' or order == 'k':      #如果输入为K或k键
        if cat.attack(dog):     #猫攻击狗一次，如果狗被杀死，退出循环
            break
    elif order == '-':                    #如果输入为-键
        if dog.attack(cat):     #狗攻击猫一次，如果猫被杀死，退出循环
            break
    if order == 'L' or order == 'l':      #如果输入为L或l键
        cat.eat()                         #猫增加生命值一次
    elif order == '+':                    #如果输入为+键
        dog.eat()                         #狗增加生命值一次
```

【运行结果】 程序运行结果如图 6-22 所示。

```
*******************角色信息********************
昵称：Mily，品种：波斯猫，攻击力：30，生命值200
昵称：Lucky，品种：哈士奇，攻击力：50，生命值200
*******************开始战斗********************
***** K或k键控制猫攻击，L或l键控制猫增加生命力 *****
******* -键控制狗攻击，+键控制狗增加生命力 ********
k
Mily攻击Lucky一次，Lucky的生命值还有170
-
Lucky攻击Mily一次，Mily的生命值还有150
k
Mily攻击Lucky一次，Lucky的生命值还有140
k
Mily攻击Lucky一次，Lucky的生命值还有110
-
Lucky攻击Mily一次，Mily的生命值还有100
l
Mily增加一次生命值，还有生命值150
-
Lucky攻击Mily一次，Mily的生命值还有100
-
Lucky攻击Mily一次，Mily的生命值还有50
k
Mily攻击Lucky一次，Lucky的生命值还有80
-
Lucky攻击Mily一次，Mily被杀死！
```

图 6-22 “猫狗大战”游戏运行结果

项目实训

一、动手纠错

（1）下面程序的功能是：输入半径，计算并输出圆的周长和面积，请找出错误并修改验证。

```
import math
class Circle:
    def __init__(self, r):
        self.r = r
```

```
    def perimeter(self):
        self.P = self.r * math.pi
        print('圆的周长 P = %.2f' % self.P)
    def area():
        self.A = self.r ** 2 * math.pi
        print('圆的面积 A = %.2f' % self.A)
r = input('请输入圆的半径: ')
circle = Circle(r)
circle.perimeter()
circle.area()
```

（2）下面程序的功能是：使用继承分别实现在实体店购买商品和网购商品，请找出错误并修改验证。

```
class Market:
    def __init__(self, name, goods):
        self.name = name
        self.goods = goods
    def shop(self):
        pass
class WuMeiMarket:
    def shop(self):
        print(self.name, '实体店购买', self.goods)
class JDMarket:
    def shop(self):
        print(name, '网购', goods)
market = WuMeiMarket('物美', '牙膏')
market.shop()
market = JDMarket('京东', '手机');
market.shop()
```

二、程序填空

（1）下面程序的功能是：模拟课堂，首先师生相互问好，然后老师开始上课，学生开始记笔记，请将正确答案写在横线处。

```
class Teacher:
    def __init__(self, name):
```

```
        self.name = name
    def work(self):
        print(self.name, ': 开始上课')
    def talk(self):
        print(self.name, ': 同学们好')
class Student:
    def __init__(self, name):
        self.name = name
    def work(self):
        print(self.name, ': 开始记笔记')
    def talk(self):
        print(self.name,': 老师好')
t = Teacher('老师')
s = Student('同学')
①____________                      #同学问好
②____________                      #老师问好
③____________                      #老师上课
④____________                      #同学记笔记
```

（2）某游乐场平时成人票价为 100 元/人，周末成人票价为 120 元/人，无论何时儿童票价均为成人票价的一半。下面程序的功能是：定义游乐场门票类，然后分别输入时间及成人和儿童的人数，计算票价，请将正确答案写在横线处。

```
class Ticket:
    def __init__(self, time, adult_number, child_number):
        ①____________
        self.adult_number = adult_number
        self.child_number = child_number
    def get_price(self):
        if ②____________:
            adult_price = 120
            child_price = 60
        if self.time == '平时':
            adult_price = 100
            child_price = 50
        ③____________
```

```
        print('当%s去公园时，%d个成人和%d个儿童的总票价是：%d'
              % (self.time, self.adult_number,
                 self.child_number, total_price))
time = input('请输入去公园的时间：')
adult_number = int(input('请输入成人数：'))
child_number = int(input('请输入儿童数：'))
t = ④____________
t.get_price()
```

三、编程训练

（1）定义水果类 Fruit，包含水果名、产地和单价 3 个变量，定义 setXxx()方法和 getXxx()方法读写变量的值。然后创建 3 个水果类的对象，设置和输出 3 种不同水果的信息。

（2）设计学生信息管理系统，实现学生注册和注销，具体要求如下。

① 定义学生类 Student，包含学号、姓名和班级 3 个变量，以及构造方法、学生注册方法 logIn()和注销方法 clearOut()。其中，构造方法初始化变量，logIn()方法和 clearOut()方法不执行任何操作。

② 定义本科生类 UnderGraduate，继承 Student 类，新增辅导员变量。在构造方法中调用父类的构造方法给学号、姓名和班级变量赋值，并给辅导员变量赋值；然后重写 logIn()方法（输出本科生注册成功提示和学生信息）和 clearOut()方法（输出本科生注销成功提示）。

③ 定义研究生类 Graduate，继承 Student 类，新增导师和研究方向变量。在构造方法中调用父类的构造方法给学号、姓名和班级变量赋值，并给导师和研究方向变量赋值；然后重写 logIn()方法（输出研究生注册成功提示和学生信息）和 clearOut()方法（输出研究生注销成功提示）。

（3）饲养员投喂动物，具体要求如下。

① 定义动物类 Animal，包含种类变量和吃方法 eat()，在方法中输出某种动物吃什么。

② 定义食物类 Food，包含食物名称变量，以及 setFood()方法和 getFood()方法。其中，setFood()方法不执行任何操作，getFood()方法返回食物名称变量。

③ 定义食物鱼类 Fish，继承 Food 类，重写 setFood()方法，给食物名称变量赋值，并输出饲养员给猫喂什么。

④ 定义食物骨头类 Bone，继承 Food 类，重写 setFood()方法，给食物名称变量赋值，并输出饲养员给狗喂什么。

⑤ 创建对象，实现给某种动物投喂某种食物。

项目小结

本项目主要介绍了 Python 中面向对象编程的相关内容。通过本项目的学习，读者应重点掌握以下内容。

（1）面向对象程序设计思想是把事物的属性和行为包含在类中。其中，事物的属性作为类的变量，事物的行为作为类的方法，而对象则是类的一个实例。因此，想要创建对象，需要先定义类。

（2）Python 中使用 class 关键字声明类；类名必须是合法标识符，类名的首字母一般大写；类名后必须紧跟冒号；类体相对于 class 关键字必须保持一定的空格缩进。

（3）带 self 参数的方法称作实例方法，在类的实例方法中访问实例变量时，须以 self 为前缀，但在外部通过对象名调用实例方法时不需要传递该参数。

（4）构造方法的固定名称为__init__()，当创建类的对象时，系统会自动调用构造方法，实现对象的初始化操作。

（5）类变量属于类，可以通过类名或对象名访问；而实例变量属于实例（即对象），在主程序中（或类的外部）只能通过对象名访问。

（6）面向对象编程具有封装、继承和多态三大特征。

（7）通过类的对象名可以访问实例方法、类方法和静态方法，通过类名可以访问类方法和静态方法。

项目考核

一、选择题

（1）下面选项中哪个不是面向对象编程的特征？（　　）

A．多态　　B．继承　　C．抽象　　D．封装

（2）关于类和对象的关系，下面描述中正确的是（　　）。

A．对象描述的是现实中真实存在的个体，它是类的实例

B．对象是根据类创建的，并且一个类只能对应一个对象

C．类是现实中真实存在的个体

D．类是面向对象的核心

（3）构造方法是类的一个特殊方法，其名称为（　　）。

A．与类同名　　B．__init__　　C．init　　D．__del__

（4）构造方法的作用是（　　）。

A．一般成员方法　　B．类的初始化

C．对象的初始化　　D．对象的建立

（5）Python 中用于释放对象占用的资源的方法是（　　）。

A．__del__　　B．__init__　　C．del　　D．__delete__

（6）下面说法正确的是（　　）。

A．方法和函数的格式是完全一样的

B．创建类的对象时，系统会自动调用构造方法进行初始化

C．创建完对象后，其属性的初始值是固定的，外界无法进行修改

D．在主程序中（或类的外部），实例变量可以通过类名访问

（7）Python 中定义私有属性的方法是（　　）。

A．使用__X 定义属性名　　B．使用__X__定义属性名

C．使用 private 关键字　　D．使用 public 关键字

（8）下面表示 C 类继承 A 类和 B 类的语句中，正确的是（　　）。

A．class C A,B:　　B．class C(A,B)

C．class C(A,B):　　D．class C A and B:

（9）下面方法中，不能使用类名访问的是（　　）。

A．静态方法　　B．类方法　　C．实例方法　　D．以上 3 项都是

（10）下面选项中，用于标识静态方法的是（　　）。

A．@classmethod　　B．@staticmethod

C．$staticmethod　　D．@privatemethod

二、填空题

（1）在 Python 中，可以用________关键字来声明一个类。

（2）类的实例方法中必须有一个______参数，位于参数列表的开头。

（3）在主程序中（或类的外部），实例变量属于实例（即对象），只能通过_______访问；而类变量属于类，可以通过_______或_________访问。

（4）在继承关系中，已有的、设计好的类称为___________，新设计的类称为_______。

（5）父类的________属性和方法是不能被子类继承的，更不能被子类访问。

（6）如果需要在子类中调用父类的方法，可以使用内置函数________________或通过_____________的方式来实现。

（7）类方法是类所拥有的方法，需要用修饰器______________来标识。

（8）子类想按照自己的方式实现方法，需要______________从父类继承的方法。

三、编程题

（1）定义汽车类 Car，包含品牌、颜色和产地 3 个变量。定义构造方法用于初始化上述 3 个变量的值，然后再定义一个方法，输出汽车的相关信息。

（2）定义平面图形父类 PlaneGraphics，包含形状变量，以及计算面积方法、显示形状和面积方法。然后定义长方形子类 Rectangle 和椭圆形子类 Eclipse，分别重写父类计算面积方法，使程序能够使用一种方法计算不同类型图形的面积。

（3）编写程序输出下面信息，要求通过面向对象程序设计方法进行设计。

```
----------------丽丽，10 岁，女，喜欢上语文课----------------
----------------丽丽，10 岁，女，喜欢看电影------------------
----------------丽丽，10 岁，女，喜欢打篮球------------------
----------------强强，12 岁，男，喜欢上语文课----------------
----------------强强，12 岁，男，喜欢看电影------------------
----------------强强，12 岁，男，喜欢打篮球------------------
```

（4）创建 3 个游戏人物，初始化如下。

① 小 A，女，18，初始战斗力 1000。

② 小 B，男，20，初始战斗力 1800。

③ 小 C，女，19，初始战斗力 2500。

游戏场景如下。

① 草丛战斗，消耗 200 战斗力。

② 自我修炼，增长 100 战斗力。

③ 多人游戏，消耗 500 战斗力。

请编写程序模拟游戏场景。

项目七 文件操作

项目导读

如前所述，程序中数据可通过键盘输入，但当数据量较大时，用户工作量将会很大，而且每次运行时都需要重复输入。此外，程序的运行结果可直接输出到屏幕上，但程序每次运行完毕后，程序运行结果就会被“清空”。因此，如果将数据保存在文件中，每次程序运行时对文件进行读取，并且将程序运行结果保存在另一个文件中，这样可大大减轻工作量，也可长期保存数据。本项目将详细介绍 Python 中文件操作的方法。

学习目标

- ✓ 掌握打开和关闭文件的方法。
- ✓ 掌握写入和读取文件的方法。
- ✓ 掌握定位文件的方法。
- ✓ 熟悉操作文件和文件夹的方法。
- ✓ 能通过编程实现读写文件。

素质目标

- ✓ 提高利用计算机技术处理问题的能力。
- ✓ 关心国家大事，了解国家最新政策，抓住机遇，展现新作为，增强爱党、爱国情感。

任务一

《2021 年国务院政府工作报告》词频统计

任务描述

《2021 年国务院政府工作报告》词频统计需要实现的功能是统计报告全文出现次数前 15 的词语，从而了解政府工作的侧重点。本任务将带领大家编写 Python 程序，通过操作文件内容，对《2021 年国务院政府工作报告》进行词频统计。

旗帜引领

政府工作报告是中华人民共和国政府的一种公文形式，各级政府都必须在每年召开的当地人民代表大会会议和政治协商会议（俗称“两会”）上向大会主席团、与会人大代表和政协委员发布这一报告。

政府工作报告的主要内容包括：回顾并总结前一年的政府工作情况，归纳当年政府各项工作、汇报当年政府的工作计划和目标，详细阐述对当年政府内部的政府职能、民主化建设、依法行政、政风建设等方面将要施行的工作举措和工作计划。国务院总理所作的政府工作报告一般还包括外交和国际形势方面的内容。

通过学习政府工作报告，我们可以了解各级政府的最新政策，为加强自身建设指明方向，从而能够更好地投身社会建设，助力强国伟业。

知识链接

一、打开和关闭文件

扫一扫

打开和关闭文件

文件指存储在外部介质（如磁盘等）上有序的数据集合，常见的文件有记事本文件、日志文件、各种配置文件、数据库文件、图像文件、音频和视频文件等。按数据的组织形式不同，可将文件分为文本文件和二进制文件两大类。

文本文件一般由单一特定编码的字符组成（如 UTF-8 编码），阅读方便。大部分文本文件都可以通过文本编辑软件或文字处理软件创建、阅读和修改。由于文本文件存在编码，因此，它可以看作存储在磁盘上的长字符串。例如，在 Windows 平台中，扩展名为 txt、log、ini 的文件都属于文本文件，可以使用记事本编辑。

二进制文件直接由 0 和 1 组成，没有统一的字符编码，文件内部数据的组织格式与文件用途有关，如图形图像文件、音频视频文件、可执行文件、各种数据库文件、各类 Office 文件等。二进制文件将信息以字节流形式存储，无法用记事本或其他普通文字处理软件直接阅读和修改，需要使用对应的软件进行解码或反序列化后才能正确地阅读、修改或执行。

1. 打开文件

Python 使用内置函数 open()即可按照指定模式打开指定文件，并创建文件对象，其语法格式如下。

```
open(filename[, mode])
```

其中，filename 表示文件名称；mode 表示文件的读写模式，缺省时为只读模式。该函数返回一个文件对象。例如，以只读模式打开一个名为“1.txt”的文件，可以用下面代码实现。

```
file = open('1.txt')
```

其中，file 为打开的文件对象，通过它可以对文件进行读写操作。

小提示

文件名不包含路径时，表示相对路径，指的是当前工作路径；包含路径时，表示绝对路径。例如，打开“D:\PycharmProjects\项目七”路径下的“1.txt”文件，可以用下面代码实现。

file = open('D:\\PycharmProjects\\项目七\\1.txt')

这里要注意的是，程序中须使用“/”或“\\”（即“\”的转义字符）分隔文件夹。

如果想要写入文件，就需要在打开文件时指明文件的打开模式。Python 中文件的打开模式有多种，具体表示方式如表 7-1 所示。

表 7-1 文件打开模式

文件打开模式	说明	指定的文件不存在时
r（只读）	打开一个文本文件，只允许读数据	抛出异常
w（只写）	打开或新建一个文本文件，只允许写数据	新建文件
a（追加）	打开或新建一个文本文件，并在文件末尾追加数据	新建文件
rb（只读）	以二进制格式打开一个文件，只允许读数据	抛出异常
wb（只写）	以二进制格式打开或新建一个文件，只允许写数据	新建文件
ab（追加）	以二进制格式打开或新建一个文件，并在文件末尾追加数据	新建文件

表 7-1（续）

文件打开模式	说 明	指定的文件不存在时
r+（读写）	打开一个文本文件，允许读和写数据	抛出异常
w+（读写）	打开或新建一个文本文件，允许读和写数据	新建文件
a+（读写）	打开或新建一个文本文件，允许读或在文件末尾追加数据	新建文件
rb+（读写）	以二进制格式打开一个文件，允许读和写数据	抛出异常
wb+（读写）	以二进制格式打开或新建一个文件，允许读和写数据	新建文件
ab+（读写）	以二进制格式打开或新建一个文件，允许读或在文件末尾追加数据	新建文件

（1）以只读模式“r”打开文件时，该文件必须已经存在，否则抛出异常，且只能进行读取操作，打开时文件位置指针在文件的开头。

（2）以只写模式“w”打开文件时，如文件不存在，则以指定的文件名新建文件。若打开的文件已经存在，则新数据覆盖原文件中的已有数据，且只能进行写操作。

（3）以追加模式“a”打开文件时，如果文件已经存在，打开时文件位置指针在文件的末尾，也就是说，新数据将写入到已有数据之后，如果文件不存在，则新建文件进行写入。

（4）“r+”“w+”“a+”模式都是既可读也可写，只是“r+”与“r”一样，文件必须已经存在。

（5）打开模式带上“b”表示以二进制文件格式进行操作。

2．关闭文件

在 Python 中，虽然文件会在程序退出后自动关闭，但考虑到数据的安全性，每次使用完文件后，都应使用 close()方法关闭文件，其语法格式如下。

```
file.close()
```

其中，file 为文件对象。例如，以只写模式打开一个名为“test.txt”的文件，然后关闭文件，可以用下面代码实现。

```
file = open('test.txt', 'w')#以只写方式打开名为“test.txt”的文件
file.close()                #关闭文件
```

3．with 语句

Python 中的 with 语句（上下文管理语句）用于对资源进行访问，保证不管处理过程中是否发生错误或异常，都会调用__exit__()方法，执行规定的清理操作，释放访问的资源。它常用于文件操作、数据库连接、网络通信连接、多线程与多进程同步时的锁对象管理等场合，其语法格式如下。

```
with context_expression [as target(s)]:
```

```
    with_body                          #执行代码
```

其中，context_expression 是一个需要执行的表达式，返回一个对象；target(s)用于保存 context_expression 返回的对象，可以是一个或多个。例如，读写文件时，with 语句的用法如下。

```
with open(filename[, mode]) as file:
    with_body                          #通过文件对象读写文件的语句
```

小提示

在实际开发中，读写文件应优先考虑使用 with 语句。

二、读写文件

1. 写入文件

Python 提供了两个写入文件的常用方法，分别为 write()方法和 writelines()方法。

扫一扫

读写文件

1）write()方法

write()方法用于向文件中写入指定字符串，其语法格式如下。

```
file.write(str)
```

其中，file 表示文件对象，str 表示要写入文件的字符串。

【例 7-1】 生日备忘录。

【问题分析】 首先以只写模式打开文件（当文件不存在时会新建文件）；然后向文件中写入数据，这里需要注意的是 write()方法不会自动在字符串的末尾添加换行符，因此，当输入多行时，需要在 write()语句中包含换行符；最后关闭文件。

【参考代码】

```
#以只写模式打开名为“birthday.txt”的文件
file = open('birthday.txt', 'w')
#向文件中写入字符串
file.write('小蓝 2011.01.01\n')
file.write('小舞 2010.08.15\n')
file.write('小明 2011.05.01\n')
file.write('小红 2010.12.24\n')
file.close()                           #关闭文件
```

【运行结果】 程序运行后，会在当前工作目录下生成一个名为“birthday.txt”的文件，打开该文件，可以看到数据成功写入了文件，如图 7-1 所示。

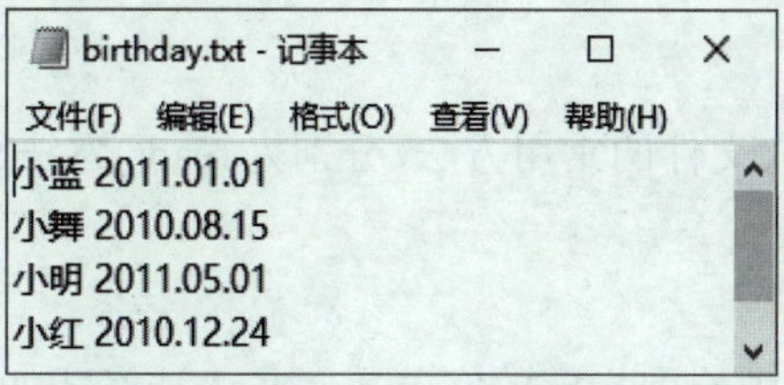

图 7-1 “birthday.txt”文件的内容

小提示

如果以带“b”模式打开文件，当写入数据时，须使用 encode()方法将字符串转换为字节流形式，否则会抛出异常。例如:

file = open('birthday.txt', 'wb')

file.write('小蓝 2011.01.01'.encode())

2）writelines()方法

writelines()方法用于向文件中写入字符串序列，如一个字符串列表，其语法格式如下。

```
file.writelines(sequence)
```

其中，file 表示文件对象，sequence 表示写入文件的字符串序列。

【例 7-2】 向生日备忘录中追加生日信息。

【问题分析】 要向文件中追加数据，须使用追加模式“a”打开文件。使用 writelines()方法写入数据时，同样不会自动在列表后添加换行符，须手动加入。这里使用 with 语句进行文件操作。

【参考代码】

```
#定义列表并赋值
birthday = ['小果 2010.10.01\n', '小玉 2010.09.09']
#以追加模式打开“birthday.txt”的文件
with open('birthday.txt', 'a') as file:
    file.writelines(birthday)                    #向文件中追加字符串列表
```

【运行结果】 程序运行后，会将数据追加到“birthday.txt”文件中，打开该文件，可以看到数据成功追加到了文件中，如图 7-2 所示。

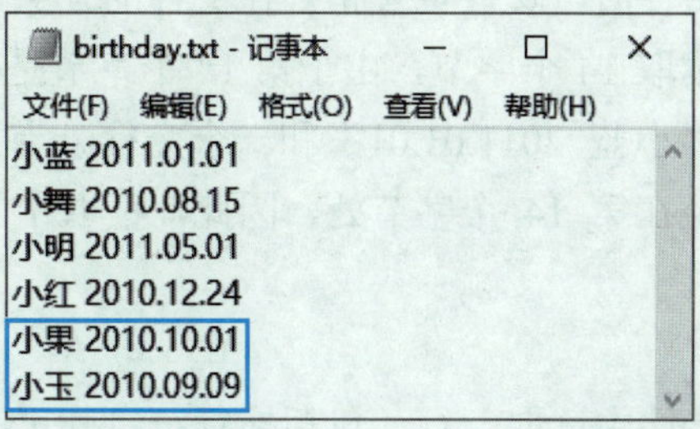

图 7-2 追加数据后“birthday.txt”文件的内容

2. 读取文件

Python 提供了 3 个读取文件的常用方法，分别为 read()方法、readline()方法和 readlines()方法。

1）read()方法

read()方法用于从文件中读取指定的字节数，其语法格式如下。

```
file.read([size])
```

其中，file 表示文件对象；size 表示从文件中读取的字节数，如果缺省或为负，则读取整个文件内容。该方法以字符串形式返回从文件中读取的内容。

【例 7-3】 按字节读取生日备忘录。

【参考代码】

```
#以只读模式打开“birthday.txt”文件
with open('birthday.txt', 'r') as file:
    line = file.read(14)                    #读取前 14 个字节
    print(line)                             #输出前 14 个字节
    print('*' * 20)                         #输出 20 个*用于分隔
    content = file.read()                   #读取文件中剩余的所有内容
    print(content)                          #输出文件中剩余的所有内容
```

【运行结果】 程序运行结果如图 7-3 所示。

```
小蓝 2011.01.01

********************
小舞 2010.08.15
小明 2011.05.01
小红 2010.12.24
小果 2010.10.01
小玉 2010.09.09
```

图 7-3 例 7-3 程序运行结果

【程序说明】 打开文件时，文件位置指针在文件的开头，运行“line = file.read(14)”语句，就会从文件的开头读取 14 个字节，由于第 14 个字节是一个换行符，而 print()函数也会默认换行，所以输出“小蓝 2011.01.01”和一个空行。当执行“content = file.read()”语句时，文件位置指针已经在第 14 个字节处，因此，读取了文件中剩余的所有内容（不包括前 14 个字节）。

2）readline()方法

readline()方法用于从文件中读取一行，包括换行符，其语法格式如下。

```
file.readline([size])
```

其中，file 表示文件对象，size 表示从文件中读取的字节数，如果缺省，则读取整行。

【例 7-4】 按行读取生日备忘录。

【参考代码】

```
#以只读模式打开“birthday.txt”文件
with open('birthday.txt', 'r') as file:
    while True:
        line = file.readline()                  #读取一行
        if line:                                #如果读取的内容不为空
            print(line, end='')                 #输出一行
        else:                                   #如果读取的内容为空
            break                               #退出循环
```

【运行结果】 程序运行结果如图 7-4 所示。

```
小蓝 2011.01.01
小舞 2010.08.15
小明 2011.05.01
小红 2010.12.24
小果 2010.10.01
小玉 2010.09.09
```

图 7-4 例 7-4 程序运行结果

【程序说明】 上述代码中，循环按行读取文件中的内容，如果读取的内容为空，则说明文件位置指针已经在文件的末尾了，此时退出循环。

3）readlines()方法

readlines()方法用于读取所有行（直到结束符 EOF）并返回列表，列表中每个元素为文件中的一行数据，其语法格式如下。

```
file.readlines()
```

【例 7-5】 一次性读取生日备忘录。

【参考代码】

```
#以只读模式打开“birthday.txt”文件
with open('birthday.txt', 'r') as file:
    content = file.readlines()              #读取所有行并返回列表
    print(content)                          #输出列表
    for line in content:                    #遍历列表
        print(line, end='')                 #输出列表中的每个元素
```

【运行结果】 程序运行结果如图 7-5 所示。

```
['小蓝 2011.01.01\n', '小舞 2010.08.15\n', '小明 2011.05.01\n',
 '小红 2010.12.24\n', '小果 2010.10.01\n', '小玉 2010.09.09']
小蓝 2011.01.01
小舞 2010.08.15
小明 2011.05.01
小红 2010.12.24
小果 2010.10.01
小玉 2010.09.09
```

图 7-5 例 7-5 程序运行结果

当读取的文件非常大时，一次性将内容读取到列表中会占用很大内存，影响程序执行速度。因此，可以将文件本身作为一个行序列进行读取，遍历文件的所有行可直接用下面代码实现。

```
#以只读模式打开“birthday.txt”文件
with open('birthday.txt', 'r') as file:
    for line in file:                    #遍历文件的所有行
        print(line, end='')              #输出每行
```

3. 定位文件

文件位置指针是系统设置的用于指向文件当前读写位置的指针，会随着文件的读写操作而移动。因此，在对文件进行操作前，须先清楚当前文件位置指针的位置，如果需要在不同位置进行操作，也须先将文件位置指针定位在相应位置。

1）获取当前读写位置

在读写文件的过程中，如果想知道当前文件位置指针的位置，可通过 tell()方法来获取，其语法格式如下。

```
file.tell()
```

该方法返回文件的当前位置，即文件位置指针当前位置，它是从文件头开始的字节数。

2）定位到指定位置

如果在读写文件的过程中，需要从指定位置开始读写操作，就可以使用 seek()方法移动文件位置指针到指定位置，其语法格式如下。

```
file.seek(offset[, from])
```

其中，file 表示文件对象；offset 表示偏移量，即偏移的字节数；from 表示起始点，即偏移的参考点。from 有 3 种取值：0 代表“文件开始位置”，1 代表“当前位置”，2 代表“文件末尾位置”。缺省时取 0，当取 2 时，offset 为负值，表示文件位置指针从文件末尾向前移动。

小 提 示

当 offset 和 from 值都非 0 时，Python 要求文件必须以二进制模式打开，否则会抛出异常。

【例 7-6】 读取文件，统计并输出文件内容。

【问题分析】 首先打开指定的文件，文件名由键盘输入；接着使用 seek()方法定位到文件末尾；然后使用 tell()方法返回文件位置指针当前位置，即文件包含的字节数；最后使用 seek()方法定位到文件开头后，使用 read()方法读取文件内容，并输出字节数和文件内容。

【参考代码】

```
filename = input('请输入文件名: ')                  #输入文件名
#以只读模式打开文件，并设置编码方式为 UTF-8
with open(filename, 'r', encoding='UTF-8') as file:
    file.seek(0, 2)                                #指针移到文件末尾
    pos = file.tell()                              #获取指针位置并赋给 pos
    file.seek(0, 0)                                #指针移到文件开头
    content = file.read(pos)                       #读取 pos 个字节的内容
    #输出字节数和内容
    print('共{}个字节，内容如下。\n{}'.format(pos, content))
```

【运行结果】 程序运行结果如图 7-6 所示。

```
请输入文件名：记事本.txt
共115个字节，内容如下。
(1) 2021.05.30 天舟二号与天和核心舱对接
(2) 2021.06.17 神州十二号载人飞船发射成功
```

图 7-6 例 7-6 程序运行结果

小 提 示

读取文件时，可能会出现错误，提示信息为“UnicodeDecodeError: 'gbk' codec can't decode byte 0x88 in position 2: illegal multibyte sequence”。这是由于编码不一致导致的（PyCharm 默认是 GBK 编码，而读取的文件是 UTF-8 编码）。解决方法为：使用 open()函数打开文件时，设置解码方式为 UTF-8，如 open(filename, 'r', encoding='UTF-8')。

任务实施

【任务分析】 词语出现次数统计涉及对词汇的统计（即词频统计），从思路上看，词频统计只是累加问题，即对文档中每个词语设计一个计数器，每出现一次，相关计数器加 1。可以采用字典来解决词频统计问题，以“词语”为键，“计数器”为值。

中文字符之间没有天然的分隔符，在进行词频统计前，须对中文文本进行分词，此时，可使用 jieba 库解决这个问题。

课外拓展

jieba 库是 Python 中一个重要的第三方中文分词函数库，可使用库中的 lcut()函数进行分词。例如：

```
import jieba                                    #导入 jieba 库
#结果为['我们', '正在', '努力学习', 'Python', '语言']
print(jieba.lcut('我们正在努力学习 Python 语言'))
```

由于 jieba 库是第三方库，所以，使用前须安装，简便安装步骤如下。

（1）在 PyCharm 中打开“项目七”项目，新建名为“任务一.py”的 Python 文件，在代码编辑区输入“import jieba”语句，将鼠标放到“jieba”位置，弹出“没有名称为‘jieba’的模块”提示框，选择“安装包 jieba”选项，如图 7-7 所示。

（2）安装 jieba 包，安装完成后，提示安装成功信息，如图 7-8 所示。

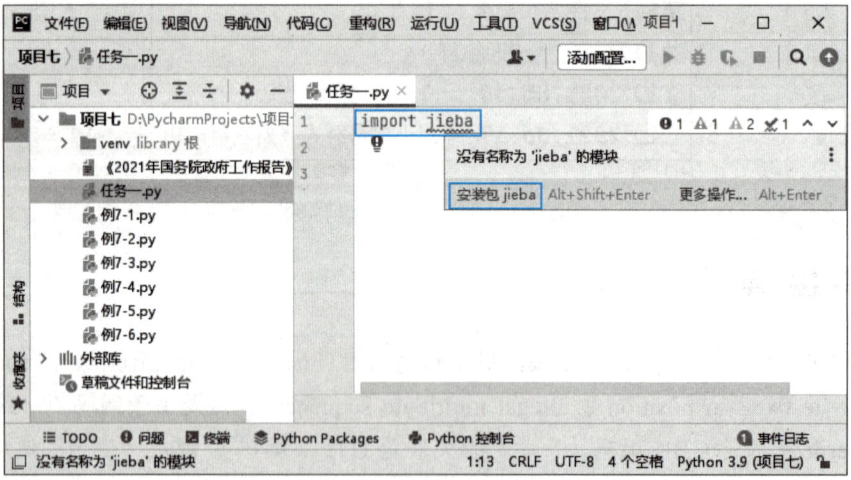

图 7-7 选择安装 jieba 包

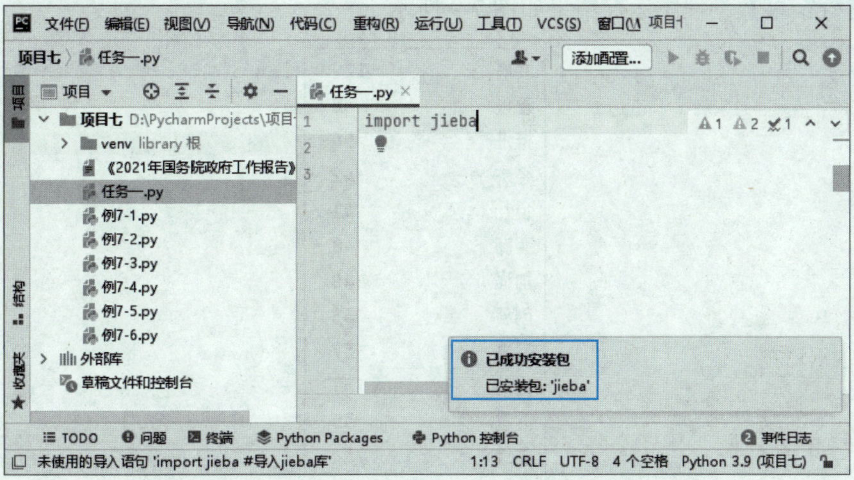

图 7-8　成功安装 jieba 包

完成本任务，须首先打开文件，读取文件的全部内容，并使用 jieba 库的 lcut()函数对其进行分词，返回列表 words；然后遍历 words，排除单个字符的分词结果，将多个字符的分词结果及其计数添加到字典中，将字典转换为列表 items 后，根据计数对 items 进行降序排序；最后循环输出 items 中的前 15 个元素。

【参考代码】

```
import jieba                                    #导入jieba库
#以只读模式打开文件并读取文件内容
with open('《2021年国务院政府工作报告》全文.txt', 'r') as file:
    content = file.read()
words = jieba.lcut(content)                     #进行分词，将结果放入words列表中
counts = {}                                     #定义字典用于存储词语和计数器
for word in words:                              #遍历words
    if len(word) == 1:                          #排除单个字符的分词结果
        continue
    else:
        counts[word] = counts.get(word, 0) + 1  #计数器累加
items = list(counts.items())                    #将字典元素转换为列表
items.sort(key=lambda x:x[1], reverse=True)     #根据计数降序排序
for i in range(15):                             #输出前15项
    word, count = items[i]
    print('{0:<10}{1:>5}'.format(word, count))
```

【运行结果】 程序运行结果如图 7-9 所示。

```
发展        129
建设         68
推进         54
经济         42
企业         41
实施         40
加强         40
创新         38
完善         37
推动         37
促进         35
支持         34
改革         33
坚持         32
就业         32
```

图 7-9 “《2021 年国务院政府工作报告》词频统计”程序运行结果

任务二 批量生成和重命名文件

任务描述

批量生成和重命名文件可以减少重复烦琐的文件操作，提高工作效率。本任务将带领大家编写 Python 程序，使用 Python 标准库中的文件和文件夹操作模块，批量生成和重命名文件。

知识链接

前面主要介绍了对文件内容进行操作的方法，接下来介绍文件和文件夹操作，如重命名文件、删除文件、创建文件夹、删除文件夹等。

一、os 模块

Python 标准库的 os 模块除了提供使用操作系统功能和访问文件系统的简便方法外，还提供了大量文件操作的方法，常用的方法如表 7-2 所示。

表 7-2 os 模块的常用方法

方 法	说 明
os.rename(src, dst)	重命名（从 src 到 dst）文件或文件夹，如果目录发生改变，即为移动并重命名文件，若目标文件已存在则抛出异常
os.remove(path)	删除目录为 path 的文件，如果 path 是一个文件夹，则抛出异常
os.mkdir(path,mode)	创建文件夹，要求上级目录必须存在，mode 参数为创建文件夹的权限，缺省时创建的文件夹权限为可读可写可执行，如果文件夹已经存在，则抛出异常
os.getcwd()	返回当前工作目录
os.chdir(path)	将 path 设为当前工作目录
os.listdir(path)	返回 path 目录下的文件和文件夹列表
os.rmdir(path)	删除 path 指定的空文件夹，如果文件夹非空，则抛出异常
os.removedirs(path)	删除多级目录，目录中不能有文件

例如：

```
import os                       #导入 os 模块
#获取当前工作目录，结果为“D:\PycharmProjects\项目七”
print(os.getcwd())
os.mkdir('os_test')             #创建目录“os_test”
os.chdir('os_test')             #将“os_test”目录设为当前目录
os.mkdir('mk_test')             #在“os_test”目录中创建目录“mk_test”
f = open('1.txt','w')           #在当前工作目录中新建并打开“1.txt”文件
f.close()                       #关闭文件
os.rename('1.txt','2.txt') #重命名文件
#将“D:\\PycharmProjects\\项目七”目录设为当前目录
os.chdir('D:\\PycharmProjects\\项目七')
#查看文件和目录列表，结果为['2.txt', 'mk_test']
print(os.listdir('os_test'))
os.rmdir('os_test\\mk_test')        #删除“mk_test”目录
#再次查看文件和目录列表，结果为['2.txt']
print(os.listdir('os_test'))
os.remove('os_test\\2.txt')         #删除“2.txt”文件
#再次查看文件和目录列表，结果为[]
print(os.listdir('os_test'))
```

二、os.path 模块

os.path 模块提供了大量用于判断路径、获取文件属性的方法，常用的方法如表 7-3 所示。

表 7-3　os.path 模块的常用方法

方　法	说　明
os.path.abspath(path)	返回指定文件的绝对路径
os.path.split(path)	将 path 分割成目录和文件名，返回一个元组
os.path.splitext(path)	将 path 分割成文件名与扩展名，返回一个元组
os.path.exists(path)	如果指定文件存在，返回 True，否则返回 False
os.path.getsize(path)	返回指定文件的大小（字节）
os.path.getatime(path)	返回指定文件最后一次的访问时间
os.path.getctime(path)	返回指定文件的创建时间
os.path.getmtime(path)	返回指定文件最后一次的修改时间

例如：

```
import os.path                          #导入 os.path 模块
#获取绝对路径，结果为“D:\PycharmProjects\项目七\os_test”
print(os.path.abspath('os_test'))
#查看文件是否存在，结果为 True
print(os.path.exists('os_test'))
#分割目录和文件名，结果为('D:\\PycharmProjects\\项目七', 'os_test')
print(os.path.split('D:\\PycharmProjects\\项目七\\os_test'))
#分割文件名和扩展名，结果为('例 7-6', '.py')
print(os.path.splitext('例 7-6.py'))
#查看文件大小，结果为 508
print(os.path.getsize('例 7-6.py'))
```

课外拓展

getatime()、getctime()和 getmtime()方法分别用于获取文件的最近访问时间，创建时间和修改时间。但返回值是浮点型秒数，可用 time 模块的 gmtime()或 localtime()方法换算。例如：

```
import os.path                  #导入 os.path 模块
import time                     #导入 time 模块
```

```
temp = os.path.getctime('os_test')        #获取“os_test”文件夹创建时间
print(temp)                               #输出创建时间，结果为 1631253166.227453
#输出换算时间，结果为“os_test”文件夹的创建时间 2021-09-10 13:52:46
print('“os_test”文件夹的创建时间',
        time.strftime('%Y-%m-%d %H:%M:%S', time.localtime(temp)))
```

三、shutil 模块

shutil 模块也提供了大量支持文件和文件夹操作的方法，常用的方法如表 7-4 所示。

表 7-4 shutil 模块的常用方法

方 法	说 明
shutil.copy(src,dst)	复制文件内容及权限
shutil.copy2(src,dst)	复制文件内容及文件的所有状态信息
shutil.copyfile(src,dst)	复制文件，不复制文件属性，如果目标文件已存在则直接覆盖
shutil.copytree(src,dst)	递归复制文件夹内容及状态信息，如果目标文件夹已存在则抛出异常
shutil.rmtree(path)	递归删除文件夹
shutil.move(src, dst)	移动文件或递归移动文件夹，也可重命名文件和文件夹

【例 7-7】 备份生日备忘录。

【问题分析】 使用 copy()方法将生日备忘录“birthday.txt”中的内容复制到另一个文件“birthday_copy.txt”中。

【参考代码】

```
import shutil                                #导入 shutil 模块
#复制文件内容及权限
shutil.copy('birthday.txt', 'birthday_copy.txt')
```

【运行结果】 程序运行后，会在当前工作目录中生成“birthday_copy.txt”文件，其内容如图 7-10 所示。

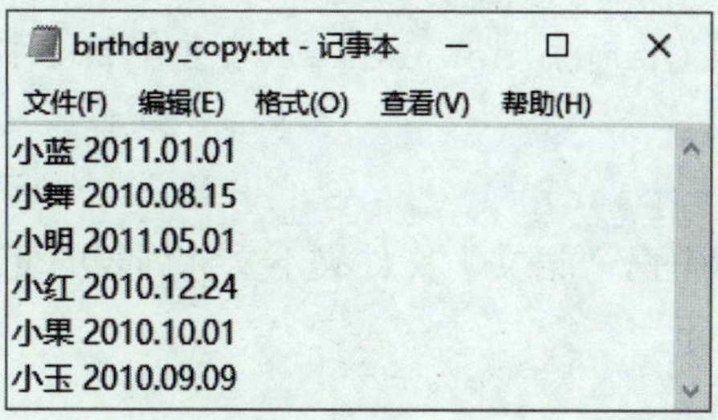

图 7-10 “birthday_copy.txt”文件的内容

任务实施

【任务分析】 完成本任务，首先须使用 mkdir()方法在当前工作目录下创建文件夹，如“语文”，并使用 chdir()方法将工作目录切换到“语文”文件夹中；接着在该目录下使用 for 循环以只写模式新建并打开文件的方式批量生成文件；然后删除其中一个文件后，生成一个同名文件夹；最后使用 listdir()方法返回“语文”文件夹下的文件列表，并使用 for 循环遍历文件列表，使用 rename()方法重命名每个文件，如在原文件名前加上数字进行编号。

其中，每次操作“语文”文件夹时，可通过输出该文件夹下文件列表查看是否操作成功。

【参考代码】

```
import os                                   #导入 os 模块
os.mkdir('语文')                            #创建“语文”文件夹
os.chdir('语文')                            #将当前目录切换到“语文”文件夹中
#创建文件名列表
data_list = ['语法', '诗词', '古文', '写作', '外国文学']
for data in data_list:                      #遍历文件名列表
    filename = data + '.txt'                #设置文件为 txt 文件
    file = open(filename, 'w')              #新建文件
    file.close()                            #关闭文件
path = os.getcwd()                          #获取当前目录
print(os.listdir(path))                     #输出文件列表
os.remove('外国文学.txt')                   #删除“外国文学”文件
os.mkdir('外国文学')                        #创建“外国文学”文件夹
file_name = os.listdir(path)                #获取当前目录下的文件和文件夹列表
print(file_name)                            #输出文件和文件夹列表
i = 1
for name in file_name:                      #遍历列表
    if '.txt' in name:                      #如果为 txt 文件
        new_name = str(i) + name            #在原文件名前加上数字进行编号
        os.rename(name, new_name)           #重命名文件
        i += 1                              #i 加 1
print(os.listdir(path))                     #输出文件和文件夹列表
```

【运行结果】 运行程序，“语文”文件夹下文件列表的变化如图 7-11 所示。重命名后的文件视图如图 7-12 所示。

```
['写作.txt', '古文.txt', '外国文学.txt', '诗词.txt', '语法.txt']
['写作.txt', '古文.txt', '外国文学', '诗词.txt', '语法.txt']
['1写作.txt', '2古文.txt', '3诗词.txt', '4语法.txt', '外国文学']
```

图 7-11 “语文”文件夹下文件列表的变化

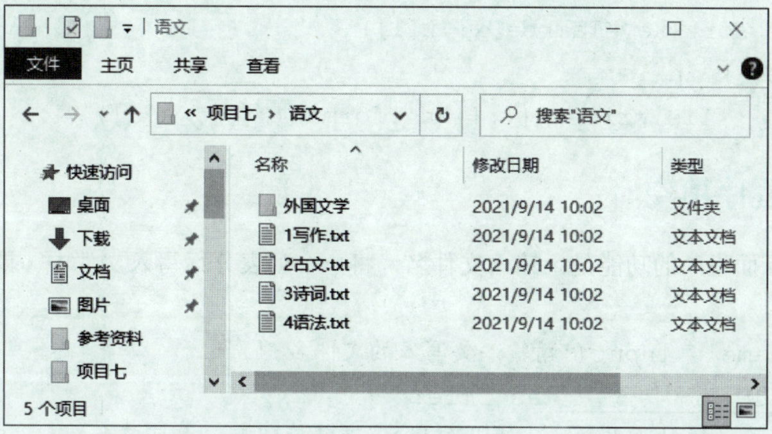

图 7-12 重命名后的文件视图

项目实训

一、动手纠错

（1）下面程序的功能是：输入文件名，将输入的字符串（字节数大于 7）写入文件中，然后读取第 8～12 个字节的字符并输出。请找出错误并修改验证。

```
filename = input('请输入新建的文件名：')
s = input('请输入要写入的字符串：')
with open(filename, 'w') as file:
    file.write(s)
    file.seek(8)
    content = file.read(4)
    print(content)
```

（2）下面程序的功能是：输入水果序列（使用空格隔开），将水果种类及其数量按降序排序写入文件中。请找出错误并修改验证。

```
with open('fruit.txt') as file:
    s = input('请输入水果序列：')
```

```
fruits = s.split(' ')
fruit_dict = {}
for fruit in fruits:
    fruit_dict[fruit] = fruit_dict.get(fruit) + 1
ls = list(fruit_dict.items())
ls.sort(key=lambda x: x[1])
for k in ls:
    file.write('{}:{}\n'.format(k[0], k[1]))
```

二、程序填空

（1）下面程序的功能是：输入文件名，将一个列表分行写入文件中。请将正确答案写在横线处。

```
filename = input('请输入要写入的文件名:')
with ①____________ as file:
    ls = ['对酒当歌，人生几何！', '譬如朝露，去日苦多。', '慨当以慷，忧思难忘。', '何以解忧？唯有杜康。']
    for line in ls:
        ②____________
```

（2）《园丁集》是印度诗人泰戈尔创作的诗集，是一部“关于爱情和人生的”英文抒情诗集。若在当前目录下存在一个名为“园丁集.txt”的文件，其内容采用逐句“原文”与逐句“译文”相结合的形式组织，通过【原文】标记《园丁集》中的英文内容，通过【译文】标记每一句诗歌的中文内容。下面程序的功能是：提取“园丁集.txt”文件中的原文内容，输出并保存到程序所在目录下文件名为“园丁集-原文.txt”的文件中。请将正确答案写在横线处。

```
file_write = ①____________
file_read = ②____________
for ③____________:
    if '【原文】' in line:
        print(line)
        file_write.write(line)
file_read.close()
file_write.close()
```

三、编程训练

（1）有两个文件“a.txt”和“b.txt”，各存放一行字母，要求把这两个文件中的内容合并，输出到一个新文件“c.txt”中。

（2）输入某位同学的课程及成绩，使用空格隔开，每个课程一行，输出得分最高和最低的课程及成绩，以及平均分，并将输出结果保存在“course.txt”文件中。

（3）设计一个学生管理系统，完成学生基本信息（包括学号、姓名和性别）的添加、删除、查询、显示、保存（将数据保存到文件）、读取（从文件读取数据）和退出系统功能。

项目小结

本项目主要介绍了Python中文件操作的相关内容。通过本项目的学习，读者应重点掌握以下内容。

（1）文件的一般操作流程为：首先打开文件，创建文件对象；然后通过该对象提供的方法对文件内容进行读取、写入、删除、修改等操作；最后关闭并保存文件。

（2）文件打开的模式有多种，包括只读模式“r”“rb”、只写模式“w”“wb”、追加模式“a”“ab”、既可读也可写模式“r+”“w+”“a+”“rb+”“wb+”“ab+”，其中，带“b”的模式表示以二进制文件格式进行操作。

（3）进行文件内容的读写操作时推荐使用上下文管理语句with。

（4）Python提供了两个写入文件的方法：write()方法用于写入字符串，writelines()方法用于写入字符串序列。

（5）Python提供了3个读取文件的方法：read()方法用于读取指定的字节数或全部内容，readline()方法用于读取一行，readlines()方法用于读取所有行。

（6）使用tell()方法可获取当前读写位置，使用seek()方法可定位到指定位置。

（7）Python标准库os、os.path和shutil是文件与文件夹操作常用的模块。

项目考核

一、选择题

（1）下面选项中，哪个不是Python读取文件的方法？（　　）

A．read()　　　　B．readline()

C．readlines()　　　　D．readtext()

（2）在 Python 中对文件操作的一般步骤是（　　）。

A．读文件→写文件→关闭文件

B．打开文件→读/写文件→关闭文件

C．打开文件→操作文件

D．修改文件→关闭文件

（3）在 Python 中，下面对文件打开模式的描述正确的是（　　）。

A．用“r”模式打开的文件只能向文件写数据

B．用“R”模式也可以打开文件

C．用“w”模式打开的文件只能用于向文件写数据，且该文件可以不存在

D．用“r”模式可以打开不存在的文件

（4）打开一个已有文件，在文件末尾追加数据，正确的打开模式为（　　）。

A．'a'　　B．'r'　　C．'w'　　D．'w+'

（5）下面方法中，可用于向文件中写入数据的是（　　）。

A．open()　　B．write()

C．read()　　D．close()

（6）下面选项中，用于读取一行数据的语句是（　　）。

A．file.read()　　B．file.readline()

C．file.readlines()　　D．file.read(10)

（7）下面方法中，用于创建目录的是（　　）。

A．os.rename()　　B．os.remove()

C．os.mkdir()　　D．os.listdir()

（8）阅读下面程序：

```
f = open('file.txt','a+')
f.write('abc')
f.seek(0,0)
s = f.read()
print(s)
f.close()
```

若文本文件“file.txt”中原有内容为“hello”，则运行以上程序后，输出为（　　）。

A．helloabc　　B．abclo　　C．abc　　D．abchello

二、填空题

（1）打开文件进行读写后，应使用__________方法关闭文件。

（2）readlines()方法用于读取所有行并返回____________。

（3）__________方法返回文件的当前位置，即文件位置指针当前位置。

（4）已知文件对象为 file，将文件位置指针移到文件开始位置的第 10 个字节处，正确的语句为____________________。

（5）________________方法用于返回当前工作目录。

三、编程题

（1）已知“1.txt”文件中存放若干个用空格隔开的整数，请编写程序读取所有数字，升序排序后输出。

（2）从键盘输入一个字符串，将小写字母全部转换成大写字母，然后写入“2.txt”文件中。

（3）批量创建文件夹。在程序当前工作目录的 Test 文件夹下创建 10 个子文件夹，然后输出当前工作目录下所有文件及文件夹（包括隐藏的文件夹）。

提示：首先判断 Test 文件夹是否存在，如果不存在，则先创建 Test 文件夹。

（4）制作电子便签，实现添加便签、查询便签和浏览便签功能。其中，添加便签时须携带时间信息。

提示：使用 time 模块的 localtime()方法获取当地时间，然后使用 strftime()方法格式化时间。

项目八

异常处理

项目导读

程序运行过程中，由于程序本身设计问题或外界环境改变而引发的错误称为异常（即 bug）。如果这些异常得不到正确处理就会导致程序终止运行，而合理地使用异常处理可以使得程序更加健壮，并具有更强的容错性。本项目将详细介绍 Python 中异常的捕获和处理方法。

学习目标

✓ 了解异常的概念及 Python 中常见的异常。

✓ 掌握处理异常的 try-except 语句、多重 except 语句、try-except-else 语句和 try-except-finally 语句的使用方法。

✓ 掌握 raise 语句和 assert 语句的使用方法。

✓ 掌握用户自定义异常的方法。

✓ 能根据实际问题捕获和处理异常，具备基本的调试和测试程序的能力。

素质目标

✓ 锻炼从全局视角看问题、客观辩证地思考和处理问题的科学思维方式。

✓ 发扬精益求精的工匠精神，养成严谨的科学作风。

✓ 强化身体健康安全意识，敬畏生命、珍惜生命。

任务一

认识 bug

任务描述

程序运行过程中的异常为什么称为 bug？它会造成什么危害？我们可以从哪些方面预防 bug？本任务将带领大家认识 bug。

知识链接

在编写和运行 Python 程序时，经常会遇到一些错误。Python 中有两种常见的错误：语法错误和异常。

一、语法错误

语法错误也称为解析错误，在使用 PyCharm 编写代码时，如果出现语法错误，会通过红色波浪线提示。常见的语法错误包括拼写错误、缩进错误等不符合 Python 语法规范的错误。例如，变量名使用数字开头，if 语句后没有冒号，错误提示如图 8-1 所示。

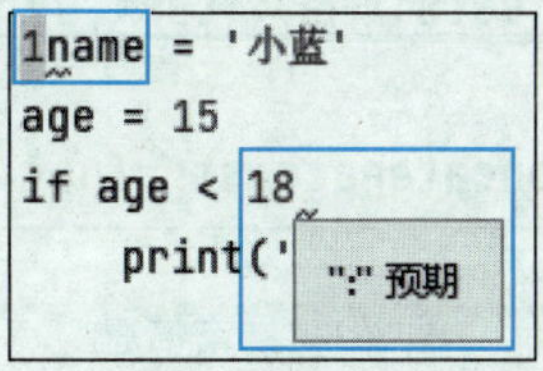

图 8-1　语法错误提示

从图 8-1 可以看出，“1name = '小蓝'”语句由于变量名使用数字开头，所以出现错误提示。“if age < 18”语句由于最后缺少冒号，也出现错误提示，此时，将鼠标放到错误提示位置，会给出错误原因或解决方法。

二、异常

即使 Python 程序的语法是正确的，在运行时也有可能发生错误，这种在运行期间检测到的错误称为异常。Python 的异常分为两种：一种是内置异常，在某些错误出现时会自动触发；另一种是用户自定义异常（详见任务三），就是用户根据自己的需求设置的异常。

常见的内置异常如表 8-1 所示。

表 8-1　Python 中常见的内置异常

内置异常	原　因
TypeError	不同类型的数据进行运算操作
ZeroDivisionError	除数为 0
NameError	尝试访问一个未声明的变量
IndentationError	缩进错误
IndexError	索引超出序列的范围
KeyError	使用字典中不存在的键
ValueError	传给函数的参数类型不正确
FileNotFoundError	试图以只读模式打开一个不存在的文件
AttributeError	尝试访问未知的对象属性
SyntaxError	语法错误

大多数异常不会被程序自动处理，会以异常信息的形式进行显示。例如，执行“a = '2' + 3”语句，出现的异常信息如图 8-2 所示。

```
Traceback (most recent call last):
  File "D:\PycharmProjects\项目八\test.py", line 1, in <module>
    a = '2' + 3
TypeError: can only concatenate str (not "int") to str
```

图 8-2　异常信息

从图 8-2 可以看出，该语句抛出了 TypeError 异常，如果没有对该异常进行处理，程序就会使用所谓的回溯（Traceback，一种异常信息）终止执行，这些信息包括异常发生的行号、异常的名称（如 TypeError）和原因等。

任务实施

想要解决任务描述中提出的问题，可以从书本、网络或实践中获取答案。大家可以浏览下面的参考答案，也可以自行查阅资料，获取更多的信息。

一、程序运行过程中的异常为什么称为 bug

早在 1878 年，大发明家爱迪生就在给朋友的信中用 bug 一词代指过电子电路中的故障（可能导致故障的原因），但直到 1947 年才在计算机行业中载入史册。

1947 年 9 月 9 日，Mark II 计算机突然发生了故障。经过几个小时的检查后，工作人员发现一只飞蛾被打死在了面板 F 的第 70 号继电器中。当把这个飞蛾取出后，机器便恢复了正常。当时为 Mark II 计算机工作的著名女科学家 Grace Hopper 将这只飞蛾粘帖到当天的工作手册中，并在上面加了一行注释“First actual case of bug being found”（第一个实际发现的 bug 案例）。从此以后，人们将计算机错误称为“bug”，而把找寻错误的工作称为“debug”。

二、bug 会造成什么危害

一些软件中的 bug 或许只会引发小问题，但有些软件中的 bug 可能会引发生命财产安全问题，如飞行控制系统、医疗设备等软件中的 bug。下面介绍几个由软件 bug 引发事故的案例。

1996 年 6 月 4 日，阿丽亚娜 5 型运载火箭的首航原计划将 4 颗太阳风观察卫星运送到预定轨道，但因阿 5 型直接重用了阿 4 型的发射系统代码，而它们的飞行条件截然不同，导致火箭在发射 39 秒后偏轨，从而激活了火箭的自我摧毁装置。阿丽亚娜 5 型火箭和其他卫星在瞬间灰飞烟灭，此次事故损失 3.7 亿美元。

1999 年，NASA 的火星气候轨道探测器从距离火星表面 130 英尺的高度垂直坠毁，这是因为 NASA 的工程小组使用的是英制单位，而不是预定的公制单位，导致探测器的推进器无法正常运作。此项工程成本耗费 3.27 亿美元，这还不包括损失的时间（该探测器从发射到抵达火星将近一年时间）。

2000 年，巴拿马城（巴拿马首都）从美国 Multidata 公司引入了治疗规划软件，由于辐射剂量的预设值有误，超标剂量的治疗造成了至少 5 人死亡。

2018 年，优步一款自动驾驶汽车的传感器检测到了行人，但由于软件计算失误，认定他是“假阳性”（就像马路上的空汽水瓶一样无关紧要），于是继续行驶，导致该行人死亡。

三、我们可以从哪些方面预防 bug

编写程序前，确定项目需求，确保在软件设计时考虑全面，满足项目的功能需求；编写程序时，在可能产生 bug 的位置进行处理，生成错误报告；程序完成后，进行软件测试，检查软件功能是否按照系统需求进行设计，以最少的时间和人力找出软件中潜在的 bug。

任务二

根据身份证号码判断省区、生日和性别

任务描述

身份证号码是唯一的，是每个公民个人身份的唯一标识。二代身份证号码为 18 位，前 6 位为籍贯，其中，前 2 位为省区编号；7～10 位、11～12 位及 13～14 位分别为出生年、月、日；第 17 位为性别，偶数为女性，奇数为男性。本任务将带领大家编写 Python 程序，根据身份证号码判断省区、生日和性别，当输入有误时捕获异常。

知识链接

在程序运行的过程中，会出现很多猝不及防的异常，如果这些异常得不到正确处理就会导致程序终止运行。因此，编写代码时，在可能出现异常的位置进行处理，可以使得程序更加健壮，并具有更强的容错性。同时，由于异常的类型很多，须尽量对所有可能出现的异常进行处理。所以，需要用户全面地考虑问题，进行多次测试和调试。

扫一扫

捕获和处理 bug

Python 提供了多种不同形式的异常处理结构，它们的基本思路一致：运行代码，如果没有异常就正常执行，如果出现异常就捕获和处理。

一、try-except 语句

try-except 语句用于捕获和处理异常，其语法格式如下。

```
try:
    #可能会引发异常的代码块
except exception [as e]:
    #出现异常后执行的代码块
```

其中，exception 为异常类名，[ ]为可选项，“as e” 表示将异常类的实例对象命名为 e。如果 try 子句中的代码块引发异常并被 except 子句捕获，就执行 except 子句中的代码块；如果 try 子句中的代码块没有引发异常，就继续执行 try-except 语句后面的代码；如果引发的异常没有被 except 子句捕获，程序将终止运行并输出异常信息。

【例 8-1】 捕获除数为 0 的异常。

【问题分析】 在 try 子句中输入被除数和除数，然后进行除法运算，并输出商；except 子句捕获 ZeroDivisionError 异常，并输出异常信息。

【参考代码】

```
try:
    a = float(input('请输入被除数: '))
    b = float(input('请输入除数: '))
    c = a / b
    print('商为:', c)
except ZeroDivisionError:
    print('除数不能为 0! ')
```

【运行结果】 运行程序，输入被除数为 2，除数为 1，结果如图 8-3 所示；再次运行程序，输入被除数为 2，除数为 0，结果如图 8-4 所示。

```
请输入被除数: 2
请输入除数: 1
商为: 2.0
```

图 8-3 例 8-1 程序运行结果 1

```
请输入被除数: 2
请输入除数: 0
除数不能为0!
```

图 8-4 例 8-1 程序运行结果 2

【程序说明】 从运行结果可以看出，当除数为 0 时，程序引发 ZeroDivisionError 异常，此时，except 子句捕获了这个异常并输出“除数不能为 0!”。由于程序对异常进行了处理，所以没有出现终止运行并抛出异常的情况。

也可通过异常类的实例对象直接输出异常信息。例如，将例 8-1 的 except 子句做如下修改。

```
except ZeroDivisionError as e:
    print(e)
```

再次运行例 8-1，结果如图 8-5 所示。

```
请输入被除数: 2
请输入除数: 0
float division by zero
```

图 8-5 例 8-1 程序修改后的运行结果

小提示

运行程序时，只要捕获到异常，程序就会执行 except 子句，不会再执行 try 子句中未执行的语句。

二、多重 except 语句

在某些情况下，一个代码块可能引发多种异常，此时，可定义多个 except 子句，每个 except 子句捕获一种类型的异常，其语法格式如下。

```
try:
    #可能会引发异常的代码块
except exception1 [as e]:
    #处理异常类型 1 的代码块
except exception2 [as e]:
    #处理异常类型 2 的代码块
except exception3 [as e]:
    #处理异常类型 3 的代码块
……
```

当异常发生时，依次检查每一个 except 子句，并执行第一个异常类型匹配的代码块，其他的 except 子句将不再捕获，程序继续执行 try-except 语句后面的代码。

【例 8-2】 在例 8-1 的基础上，捕获参数类型不正确异常。

【参考代码】

```
try:
    a = float(input('请输入被除数: '))
    b = float(input('请输入除数: '))
    c = a / b
    print('商为:', c)
except ZeroDivisionError:
    print('除数不能为 0! ')
except ValueError:
    print('被除数和除数应为数字类型! ')
```

【运行结果】 运行程序，输入被除数为 2，除数为 x，结果如图 8-6 所示。

```
请输入被除数：2
请输入除数：x
被除数和除数应为数字类型！
```

图 8-6 例 8-2 程序运行结果

【程序说明】 上述代码中，输入的除数为非数字类型，导致程序出现 ValueError 异常，并被第二个 except 子句捕获，所以输出“被除数和除数应为数字类型！”。如果没有第二个 except 子句，程序将由于没有处理新异常的语句而导致终止运行并抛出异常。

小提示

也可使用一个 except 子句捕获多种异常。例如，同时捕获除数为 0 和参数类型不正确异常，可以用下面代码实现。

```
except (ZeroDivisionError, ValueError):
    print('出现异常')
```

当无法确定要对哪一种异常进行处理时，可在 except 子句中不指定异常类型，此时程序将捕获所有异常。例如:

```
except:
    print('出现异常')
```

三、try-except-else 语句

try-except 语句还有一个可选的 else 子句，如要使用该子句，须将其放在所有 except 子句后。else 子句将在 try 子句没有发生任何异常时执行，其语法格式如下。

```
try:
    #可能会引发异常的代码块
except exception [as e]:
    #出现异常后执行的代码块
else:
    #如果 try 子句中的代码没有引发异常，则执行该代码块
```

【例 8-3】 以只读方式打开文件，并统计文件中文本的行数，如果文件不存在则给出提示信息。

【参考代码】

```
fileName = 'birthday.txt'
try:
    file = open(fileName, 'r')
except FileNotFoundError:
    print(fileName, '文件不存在')
else:
    print(fileName, '文件有', len(file.readlines()), '行')
    file.close()
```

【运行结果】 运行程序，如果文件“birthday.txt”不存在，结果如图 8-7 所示；如果文件“birthday.txt”存在，且有 6 行文本，结果如图 8-8 所示。

```
birthday.txt 文件不存在
```

图 8-7　例 8-3 程序运行结果 1

```
birthday.txt 文件有 6 行
```

图 8-8　例 8-3 程序运行结果 2

小提示

建议在 try 子句中只添加真的可能引发异常的代码，将其余代码添加到 else 子句中。

四、try-except-finally 语句

finally 子句用于为异常处理提供一个统一的出口，无论 try 子句中的代码是否引发异常，都会执行该子句。通常，finally 子句用于资源清理工作，如释放内存、关闭打开的文件、断开网络连接等，其语法格式如下。

```
try:
    #可能会引发异常的代码块
except exception [as e]:
    #出现异常后执行的代码块
finally:
    #无论 try 子句中的代码是否引发异常，都会执行的代码块
```

【例 8-4】　将输入的整数写入文件，要求无论是否捕获到异常，都会执行关闭文件的操作。

【参考代码】

```
fileName = 'integer.txt'
try:
    file = open(fileName, 'a')
    data = int(input('请输入一个整数: '))
    file.write(str(data))
except Exception as e:
    print(e)
finally:
    print('关闭文件')
    file.close()
```

【运行结果】　运行程序，输入 5，结果如图 8-9 所示；再次运行程序，输入 9.6，结果如图 8-10 所示。

```
请输入一个整数: 5
关闭文件
```

图 8-9　例 8-4 程序运行结果 1

```
请输入一个整数: 9.6
invalid literal for int() with base 10: '9.6'
关闭文件
```

图 8-10　例 8-4 程序运行结果 2

【程序说明】 从运行结果可以看出，输入整数 5 时，try 子句中代码没有引发异常，会跳过 except 子句执行 finally 子句中的代码。输入浮点数 9.6 时，try 子句中代码引发异常，则会先执行 except 子句中的代码，再执行 finally 子句中的代码。总之，无论如何 finally 子句中的代码都要执行。

小提示

> except 子句中设置的异常类型为 Exception 时，由于 Exception 类是 Python 内置异常类的基类，所以在不确定异常的类型时可以这样使用。使用多重 except 语句时，except 子句中的异常类型应先子类后父类，否则捕获了父类的异常后就不会再捕获子类的异常了。
>
> Python 异常处理中可以同时包含多个 except 子句、else 子句和 finally 子句。所有的 except 子句必须在 else 子句和 finally 子句之前，else 子句必须在 finally 子句之前，否则会出现语法错误。

任务实施

【任务分析】 完成本任务，须首先定义字典保存身份证号码前 2 位对应的省区编号，并输入身份证号码；然后使用 if 语句判断其长度是否等于 18，如果是，在 try 子句中解析身份证号码，获取省区、生日和性别信息，并使用 except 子句捕获 KeyError 异常（身份证号码前两位有误，字典中不存在该键），否则输出长度有误提示。

【参考代码】

```
#定义字典，保存身份证号码前 2 位对应的省区编号
province_dict = {'11': '北京市', '12': '天津市', '13': '河北省',
                 '14': '山西省', '15': '内蒙古自治区', '21': '辽宁省',
                 '22': '吉林省', '23': '黑龙江省', '31': '上海市',
                 '32': '江苏省', '33': '浙江省', '34': '安徽省',
                 '35': '福建省', '36': '江西省', '37': '山东省',
                 '41': '河南省', '42': '湖北省', '43': '湖南省',
                 '44': '广东省', '45': '广西壮族自治区', '46': '海南省',
                 '50': '重庆市', '51': '四川省', '52': '贵州省',
                 '53': '云南省', '54': '西藏自治区', '61': '陕西省',
                 '62': '甘肃省', '63': '青海省', '64': '宁夏回族自治区',
                 '65': '新疆维吾尔自治区', '71': '台湾地区',
                 '81': '香港特别行政区', '82': '澳门特别行政区'}
instr = input('请输入你的身份证号:\n')                 #输入身份证号码
if len(instr) == 18:
```

```
    try:
        province = province_dict[instr[0:2]]                 #获取省区编号
        birthday = instr[6:10] + '年' + instr[10:12] + '月' \
                   + instr[12:14] + '日'                     #获取生日
        if int(instr[16]) % 2 == 0:                           #获取性别
            gender = '女'
        else:
            gender = '男'
        print('你来自:', province)                            #输出省区
        print('你的生日是:', birthday)                        #输出生日
        print('你的性别是:', gender)                          #输出性别
    except KeyError:
        print('你输入的身份证号码前 2 位有误，该省区编号不存在！')
else:
    print('你输入的身份证号码长度有误！')
```

【运行结果】 当输入正确、前 2 位有误、16 位长度的身份证号码时，程序运行结果如图 8-11 所示。

```
请输入你的身份证号:
110000199001010047
你来自: 北京市
你的生日是: 1990年01月01日
你的性别是: 女
```

```
请输入你的身份证号:
170000199001010047
你输入的身份证号码前2位有误，该省区编号不存在！
```

```
请输入你的身份证号:
1100001990010147
你输入的身份证号码长度有误！
```

图 8-11 “根据身份证号码判断省区、生日和性别”程序运行结果

任务三

开发用户账号注册系统

任务描述

用户账号一般包括用户名和密码，而它们通常都有长度要求，密码还会有组成要求，如同时包含数字和字母等。用户注册账号时，系统须判断设置的用户名和密码是否符合要求。本任务将带领大家通过主动抛出 bug，开发用户账号注册系统。

知识链接

一、主动抛出 bug

如果想要在程序中主动抛出异常，可以使用 raise 语句和 assert 语句。

扫一扫

主动抛出 bug

1. raise 语句

raise 语句可抛出一个指定的异常，其语法格式如下。

```
raise [exception[(message)]]
```

其中，exception 表示异常类名，message 表示异常对象的描述信息，[ ]表示参数可选。

使用 raise 语句抛出指定异常时，须使用 try-except 语句捕获抛出的异常，否则程序会终止，并显示异常信息。raise 语句根据参数的不同有下面 3 种用法。

（1）exception 和 message 都存在，在指定异常类型的同时，设置异常对象的描述信息。

【例 8-5】 创建通讯录。

【问题分析】 try-except 语句包含在循环中，try 子句中使用 len()函数检测号码是否为 11 位，使用 isdigit()函数检测号码是否只包含数字，并分别使用 raise 语句抛出 Exception 异常，设置相应的异常信息，如果号码格式正确，则写入文件；except 子句捕获异常并输出异常信息。

【参考代码】

```
while True:
    try:
        name = input('请输入姓名：')
        phone = input('请输入手机号码：')
        if len(phone) != 11:
            raise Exception('手机号必须为 11 位。')
        if not phone.isdigit():
            raise Exception('手机号必须为数字。')
        with open('PhoneBook.txt', 'a') as file:
            file.write(name + '\t' + phone + '\n')
    except Exception as e:
        print('异常信息：', e)
```

【运行结果】 程序运行结果如图 8-12 所示。

```
请输入姓名：小蓝
请输入手机号码：12345678911
请输入姓名：小舞
请输入手机号码：123456789
异常信息： 手机号必须为11位。
请输入姓名：小舞
请输入手机号码：123456789hj
异常信息： 手机号必须为数字。
请输入姓名：
```

图 8-12 例 8-5 程序运行结果

【程序说明】 从运行结果可以看出，程序捕获了异常并输出了设置的异常信息，且程序没有终止运行，继续循环。

（2）message 缺省，只指定异常类型。此时，捕获异常后无法输出异常信息。例如，基于例 8-5，删除异常的描述信息，修改代码如下。

```
if len(phone) != 11:
    raise Exception()
if not phone.isdigit():
    raise Exception()
```

再次运行例 8-5，程序运行结果如图 8-13 所示。

```
请输入姓名：小蓝
请输入手机号码：123456
异常信息：
请输入姓名：小蓝
请输入手机号码：12356gdl
异常信息：
请输入姓名：
```

图 8-13 message 缺省时例 8-5 程序运行结果

从图 8-13 可以看出，输入的手机号码格式不对时，程序虽然捕获到异常，但是无法输出异常信息。

（3）exception 和 message 都缺省，只有一个单独的 raise。此时，捕获到异常后，将重新引发它（传递异常）。例如，基于例 8-5，在 except 子句的末尾添加 raise 语句，修改代码如下。

```
except Exception as e:
    print('异常信息：', e)
    raise
```

再次运行例 8-5，程序运行结果如图 8-14 所示。

```
请输入姓名：小蓝
请输入手机号码：12536klj
异常信息： 手机号必须为11位。
Traceback (most recent call last):
  File "D:\PycharmProjects\项目八\例8-5.py", line 6, in <module>
    raise Exception('手机号必须为11位。')
Exception: 手机号必须为11位。
```

图 8-14 重新引发异常的运行结果

从图 8-14 可以看出，输入的手机号码格式不对时，程序捕获到异常并输出了异常信息。由于在 except 子句中使用单独的 raise 语句重新引发了该异常，且没有捕获，所以程序终止运行并输出了异常信息。

2. assert 语句

assert 语句又称为断言，它是对一个逻辑表达式进行检查，如果为 False，就会触发 AssertionError 异常，其语法格式如下。

```
assert expression [,message]
```

assert 后面紧跟逻辑表达式，message 为一个字符串，当表达式的值为 False 时，作为异常类的描述信息使用。逻辑上等同于：

```
if not expression:
    raise AssertionError(message)
```

assert 语句用于收集用户定义的约束条件，而不是捕获内在的程序设计错误。

【例 8-6】 将百分制成绩转换成五级制成绩输出，使用 assert 语句判断输入的百分制成绩是否处于 0～100。

【参考代码】

```
while True:
    try:
        score = int(input('请输入百分制成绩: '))
        #断言 score 处在 0~100，如果不是抛出异常
        assert score >= 0 and score <= 100, '分数必须处于 1~100'
        if score >= 90:
            print('优')
        elif score >= 80:
            print('良')
        elif score >= 70:
            print('中')
```

```
        elif score >= 60:
            print('及格')
        else:
            print('不及格')
    except Exception as e:
        print('异常信息: ', e)
        break                                          #跳出循环
```

【运行结果】 程序运行结果如图 8-15 所示。

```
请输入百分制成绩：95
优
请输入百分制成绩：74
中
请输入百分制成绩：59
不及格
请输入百分制成绩：110
异常信息：  分数必须处于1~100
```

图 8-15 例 8-6 程序运行结果

【程序说明】 整个程序位于 while 循环内部，循环中通过 try-except 语句进行异常处理。在 try 子句中，通过键盘获取了 int 类型的数据 score，然后断言 score 的值必须处于 0～100。如果输入的数据不处于 0～100，则会抛出 AssertionError 异常，从而执行 except 子句，输出异常信息并跳出循环，结束程序。

二、自定义 bug

Python 提供的内置异常可以描述大部分异常情况，但有时程序会有特殊的要求，系统可能无法识别该异常。此时，需要用户创建自定义异常类，使系统能够识别异常并进行处理。

自定义异常类必须继承 Exception 类，通过__init__()方法初始化异常类对象，然后通过__str__()方法返回异常类对象说明信息。自定义异常类通过 raise 语句抛出，捕获异常后可直接通过异常对象输出说明信息。

扫一扫

自定义 bug

小 提 示

__str__()方法返回一个字符串，用于描述对象。如果类中定义了__str__()方法，当使用 print()函数输出类的对象时，会直接输出该方法中返回的字符串。

【例 8-7】 体质指数（BMI）的计算公式为：BMI=体重/身高 ^{2}，其中体重的单位为 kg，身高的单位为 m。编写程序，输入一个人的身高和体重，如果 BMI 小于 18.5 则输出“消瘦”，处于 18.5～24（不含）则输出“正常”，处于 24～28（不含）则输出“超重”，28 及以上则输出“肥胖”。要求自定义异常类处理身高小于 0.3 m、大于 2.5 m 的异常情况。

【参考代码】

```
import math                                    #导入 math 模块
class HeightException(Exception):
    def __init__(self, value):
        self.value = value
    def __str__(self):
        return '异常信息:身高应处于 0.3~2.5，输入的身高是：{}'\
          .format(self.value)
def computeBMI():
    height = float(input('请输入身高（m）：'))
    if height < 0.3 or height > 2.5:
        raise HeightException(height)          #抛出异常
    weight = float(input('请输入体重（kg）：'))
    BMI = weight / math.pow(height, 2)         #计算 BMI 指数
    if BMI < 18.5:          #如果 BMI 小于 18.5，输出“消瘦”
        print('消瘦')
    elif BMI < 24:          #如果 BMI 小于 24 且大于等于 18.5，输出“正常”
        print('正常')
    elif BMI < 28:          #如果 BMI 小于 28 且大于等于 24，输出“超重”
        print('超重')
    else:                   #如果 BMI 大于等于 28，输出“肥胖”
        print('肥胖')
#异常处理
try:
    computeBMI()
except HeightException as e:
    print(e)
except ValueError:
    print('输入的数据异常，请输入浮点数或整数！')
```

【运行结果】 运行程序，当输入身高为 1.8 时，程序正常运行，结果如图 8-16 所示；当输入身高为 3 时，抛出异常，结果如图 8-17 所示。

```
请输入身高（m）：1.8
请输入体重（kg）：80
正常
```

图 8-16　例 8-7 程序运行结果 1

```
请输入身高（m）：3
异常信息:身高应处于0.3~2.5，输入的身高是：3.0
```

图 8-17　例 8-7 程序运行结果 2

【程序说明】　第 2～6 行定义了 HeightException 异常类继承 Exception 类，value 表示实际输入的值。若用户输入的身高不符合规范时，就会抛出 HeightException 异常。

小 提 示

体质指数（body mass index，BMI）是国际上常用的衡量人体胖瘦程度及是否健康的标准。研究表明，大多数个体的体质指数与身体脂肪的百分含量有明显的相关性，能较好地反映机体的肥胖程度；同时，BMI 的计算方法简单，能消除不同身高对体重的影响，以便于人群或个体间比较。

旗帜引领

为纪念北京奥运会成功举办，国务院批准从 2009 年起，将每年 8 月 8 日设置为“全民健身日”。2014 年 10 月，我国将全民健身上升为国家战略，把全民健身作为全面建成小康社会的重要组成部分，更好地发挥全民健身在实现中华民族伟大复兴中国梦中的积极作用。

2021 年 8 月 8 日是我国第 13 个全民健身日。全民健身是全体人民增强体魄、健康生活的基础和保障，人民身体健康是全面建成小康社会的重要内涵，是每一个人成长和实现幸福生活的重要基础。

从应运而生的健康愿景到深入人心的国家战略，全民健身的发展与普及，让更多中国人身体壮起来、精神强起来。从个人来说，想要更好地投身到中华民族的伟大复兴中，必须要有一个健康的体魄。因此，我们应该响应号召，积极参与到全民健身中。

任务实施

【任务分析】　完成本任务，须首先设置用户注册要求（用户名长度为 6～10 位，密码须同时包含数字和字母，且长度为 8～16 位）；然后定义函数检查用户名和密码；最后循环输入和检查，直到输入的用户名和密码符合注册要求，具体实现步骤如下。

（1）定义 usernameCheck(userName)函数检查用户名。如果用户名的长度不处于

6～10 位，则使用 raise 语句抛出 Exception 异常，并设置异常信息为“用户名长度必须为 6～10 位！”。

（2）定义 passwordCheck(password)函数检查密码。如果密码的长度处于 8～16 位，则检查是否由数字和字母组成，否则使用 raise 语句抛出 Exception 异常，并设置异常信息为“密码长度必须为 8～16 位！”。

检查密码的组成时，先使用 isalnum()方法判断密码是否只包含数字和字母，如果不是则抛出异常，设置异常信息为“密码只能包含数字和字母！”；再使用 isdigit()方法（检测密码是否只包含数字）和 isalpha()方法（检测密码是否只包含字母）判断密码是否同时包含数字和字母，如果不是，抛出异常并设置异常信息为“密码须同时包含数字和字母！”。

（3）循环中包含 try-except 语句，在 try 子句中输入用户名和密码，并分别调用 usernameCheck()函数和 passwordCheck()函数检查输入的数据是否符合注册要求，最后输出注册成功提示，并跳出循环；except 子句捕获上述函数中抛出的 Exception 异常。

【参考代码】

```
def usernameCheck(userName):          #定义检查用户名函数
    length = len(userName)            #获取用户名的长度
    #如果用户名的长度小于 6 或大于 10
    if length < 6 or length > 10:
        #抛出异常，并设置异常信息
        raise Exception('用户名长度必须为 6~10 位！')
def passwordCheck(password):          #定义检查密码函数
    length = len(password)            #获取密码的长度
    #如果密码的长度大于等于 8 且小于等于 16
    if length >= 8 and length <= 16:
        if password.isalnum():        #如果密码只包含数字和字母
            #如果密码只包含数字或字母
            if password.isdigit() or password.isalpha():
                raise Exception('密码须同时包含数字和字母！')
        else:
            raise Exception('密码只能包含数字和字母！')
    else:                             #如果密码的长度小于 8 或大于 16
        #抛出异常，并设置异常信息
        raise Exception('密码长度必须为 8~16 位！')
while True:                                      #循环
    try:
        userName = input('请输入用户名：')         #输入用户名
```

```
        usernameCheck(userName)                       #检查用户名
        password = input('请输入密码: ')               #输入密码
        passwordCheck(password)                       #检查密码
        print('注册成功! ')                            #输出注册成功提示
        break                                         #跳出循环
    except Exception as e:                            #捕获异常
        print(e)
```

【运行结果】　程序运行结果如图 8-18 所示。

```
请输入用户名：小蓝
用户名长度必须为6～10位！
请输入用户名：xiaolan
请输入密码：123456
密码长度必须为8～16位！
请输入用户名：xiaolan
请输入密码：12569856742
密码须同时包含数字和字母！
请输入用户名：xiaolan
请输入密码：xiaolan15968745
注册成功！
```

图 8-18　“用户账号注册系统”运行结果

项目实训

一、动手纠错

下面程序的功能是：自定义异常，检查输入商品的重量是否超过 3kg，如果不超过，则输出付款金额，否则输出异常信息。请找出错误并修改验证。

```
class OverloadException:
    def __init__(self, value):
        self.value = value
    def __str__(self):
        return '异常信息:商品的重量为: {}kg, 超过 3kg 了, 超重了!!! '\
            .format(self.value)
def buyGoods():
    weight = float(input('请输入商品的重量(kg): '))
```

```
    if weight > 3.0:
        raise OverloadException()
    else:
        money = weight * 3.98
        print('应付款{}元'.format(money))
try:
    buyGoods()
except OverloadException as e:
    print(e)
```

二、程序填空

（1）下面程序的功能是：循环判断输入的字符是否为一个1~9的数字，如果是，则输出该数字，并退出循环，否则抛出异常；捕获异常后，输出异常提示。请将正确答案写在横线处。

```
while True:
    try:
        num = int(input('请输入一个1~9的数字:'))
        if ①__________:
            print(num)
            break
        else:
            ②__________
    ③__________:
        print('输入有误，请输入一个1~9的数字！')
```

（2）下面程序的功能是：输入分子和分母，判断此分数为真分数还是假分数，当捕获到不同类型的异常时，输出不同的错误提示；当没有任何异常时，输出没有错误提示；最后输出运行结束提示。请将正确答案写在横线处。

```
try:
    a = float(input('请输入分子：'))
    b = float(input('请输入分母：'))
    c = a / b
    if abs(c) > 1:
        print('此分数为假分数')
    else:
        print('此分数为真分数')
```

```
except ①____________:
    print('分母不能为 0！')
except ②____________:
    print('分子和分母应为数字类型！')
③____________:
    print('运行没有错误！')
finally:
    print('运行结束！')
```

三、编程训练

（1）输入三角形的 3 条边，计算三角形的面积。要求：断言两边之和大于第三边，否则抛出 AssertionError 异常；当输入的数据不为数字类型时，抛出 ValueError 异常。

提示：三角形面积 $Area=\sqrt{s(s-a)(s-b)(s-c)}$，其中 $s=1/2(a+b+c)$。

（2）下面为某公司员工佩戴的位置传感器采集到的数据，这些数据存放在文件“sensor.txt”中，其内容如下：

8：30，vawelon，001.1.1

9：20，earpa，001.1.1

18：30，vawelon，001.1.5

12：30，vawelon，001.1.3

其中，第一列为传感器获取数据的时间，第二列为传感器的编号，第三列为传感器所在的区域位置编号。

编程实现，从“sensor.txt”文件读取传感器的数据，统计“earpa”在各区域出现的情况，并将结果保存到“earpa.txt”文件中。要求：当文件不存在或出现其他错误时，分别抛出 FileNotFoundError 和 Exception 异常，并为异常处理提供一个统一的出口，关闭文件。

项目小结

本项目主要介绍了 Python 中异常的相关内容。通过本项目的学习，读者应重点掌握以下内容。

（1）异常一般是指程序运行时发生的错误，合理使用异常处理可以提高程序的容错性和健壮性。

（2）try-except 语句用于捕获异常，当 try 子句中的代码块引发异常并被 except 子句捕获时，就执行 except 子句中的代码块。

（3）针对不同异常可设置多个 except 子句，也可对多个异常进行统一处理。

（4）在异常处理结构中，else 子句中的代码在 try 子句中的代码没有引发异常时执行，而 finally 子句中的代码总会执行。

（5）使用 raise 语句和 assert 语句可主动抛出异常。断言语句 assert 一般用于对程序某个时刻必须满足的条件进行验证。

（6）自定义异常类必须继承 Exception 类，它在程序中通过 raise 语句抛出。

项目考核

一、选择题

（1）下面哪个选项表示除数为 0 异常？（　　）

A．TypeError　　B．ZeroDivisionError

C．NameError　　D．ValueError

（2）下面哪个选项不是 Python 异常处理可能用到的关键字？（　　）

A．try　　B．else　　C．if　　D．finally

（3）Python 中所有的异常类都是（　　）的子类。

A．Throwable　　B．Error　　C．Exception　　D．BaseException

（4）运行下面程序，输出结果为（　　）。

```
try:
    a = 'hello'
    print(b)
except SyntaxError:
    print('出错啦！')
```

A．hello　　B．出错啦！

C．b　　D．程序运行中断，抛出异常

（5）在完整的异常语句中，子句出现的顺序正确的是（　　）。

A．try → except → else → finally

B．try → else → except → finally

C．try → except → finally → else

D．try → else → finally → except

（6）下面可以抛出异常的语句是（　　）。

A．finally　　B．raise　　C．try　　D．except

（7）断言通过下面哪个语句实现？（　　）

A．finally　　B．assert　　C．try　　D．catch

（8）下面描述中错误的是（　　）。

A．使用 raise 抛出异常时无法指定描述信息

B．无论程序是否捕获到异常，一定会执行 finally 子句

C．所有的 except 子句一定在 else 和 finally 子句的前面

D．如果 except 子句没有指明任何异常类型，则表示捕获所有异常

二、填空题

（1）当使用序列中不存在的索引时，会引发__________异常。

（2）当约束条件不满足时，__________语句会触发 AssertionError 异常。

（3）同一段程序可能产生不止一种异常，可以放置多个__________子句，一旦代码抛出异常，第一个与之匹配的就会被执行。

（4）抛出异常可通过__________语句实现。

（5）运行下面程序，当“1.txt”文件不存在时，输出结果为__________。

```
try:
    f = open('1.txt')
    line = f.read()
    print(line)
    f.close()
except:
    print('出错啦！')
finally:
    print('文件已经关闭！')
```

三、编程题

（1）编程实现，循环判断输入的字符是否为一个小写字母，如果不是，则重新输入，否则输出字母，并退出循环。要求：当输入的字符不是一个字符或不是小写字母时，分别抛出异常。

（2）假设北京市居民生活用电电价标准如下：240 度（含）以下，以每度 0.50 元计算；241～400 度（含）以每度 0.53 元计算；超过 400 度，则以每度 0.78 元计算。输入本月用电度数，输出本月电费及其与用电量的比值。

编写程序实现该功能，考虑程序中可能出现的输入数据类型和数值大小异常，必要时自定义异常。

（3）模拟猜拳游戏，循环输入两个玩家的手型，判断输赢后输出并退出循环。要求：断言输入的数据为 0、1、2，否则抛出异常；当输入的数据不为整数时，抛出异常。

实践篇

项目九 游戏开发

项目导读

使用 Python 实现游戏开发，首选必然是 Pygame。Pygame 是一组功能强大且有趣的模块，可用于管理图形、图像、动画及声音等。利用它用户能够更轻松地开发复杂的游戏。本项目将详细介绍使用 Pygame 开发游戏的方法。

学习目标

✓ 了解 Pygame 和安装 Pygame 第三方库的方法。
✓ 掌握创建窗口和加载图片的方法。
✓ 掌握绘制图形、设置动画效果、播放声音和显示文字的方法。
✓ 掌握事件处理的方法。
✓ 能使用 Pygame 开发游戏。

素质目标

✓ 锻炼想象力、创造力、逻辑思维能力。
✓ 提高解决问题的能力和自信心。
✓ 感受中国文明的源远流长，增强民族自信心。

任务一

安装 Pygame 第三方库

任务描述

在使用 Pygame 前，应先了解 Pygame 的模块组成及其功能。而使用 Python 开发游戏，须安装 Pygame 第三方库。本任务将带领大家安装 Pygame 第三方库。

知识链接

Pygame 是一个用于开发游戏的 Python 库，它是在 SDL 库的基础上开发的。通过 Pygame，用户可以开发功能丰富的游戏和多媒体程序。此外，Pygame 是一个可移植性很高的模块，可支持多个操作系统，非常适合小游戏的开发。

课外拓展

SDL（simple directmedia layer）是一套开放源代码的跨平台多媒体开发库，使用 C 语言编写而成。SDL 提供了多种控制图形、图像、声音、输入和输出的函数，使用户只要用相同或相似的代码就可以开发跨多个平台（Linux、Windows、Mac OS 等）的应用软件。目前 SDL 多用于游戏开发、模拟器、媒体播放器等多媒体应用领域。

Pygame 是一个由一系列模块组成的集合包，不同的模块可以实现游戏中不同的功能，Pygame 的所有模块如表 9-1 所示。

表 9-1　Pygame 的所有模块

模块名	说　明	模块名	说　明
pygame.cdrom	访问光驱	pygame.movie	播放视频
pygame.cursors	加载光标	pygame.music	播放音频
pygame.display	访问显示设备	pygame.overlay	访问高级视频叠加
pygame.draw	绘制形状、线和点	pygame	模块主程序
pygame.event	管理事件	pygame.rect	管理矩形区域

表 9-1（续）

模块名	说　明	模块名	说　明
pygame.font	使用字体	pygame.sndarray	操作声音数据
pygame.image	加载和存储图片	pygame.sprite	操作移动图像
pygame.joystick	使用游戏手柄或类似设备	pygame.surface	管理图像和屏幕
pygame.key	读取键盘按键	pygame.surfarray	管理点阵图像数据
pygame.mixer	声音	pygame.time	管理时间和帧信息
pygame.mouse	鼠标	pygame.transform	缩放和移动图像

任务实施

由于 Pygame 是 Python 的第三方库，使用前须安装，具体步骤（也可参考项目七任务一中 jieba 库的安装方法）如下。

步骤 1 启动 PyCharm，新建“项目九”项目，然后在菜单栏中选择“文件”→“设置”选项，如图 9-1 所示。

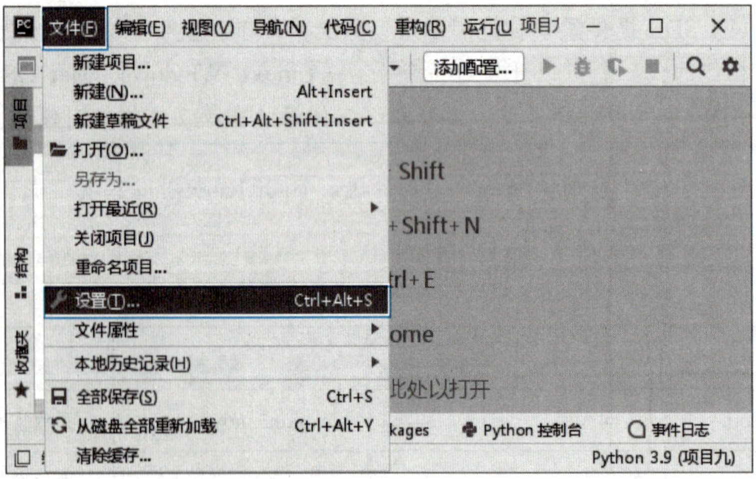

图 9-1　设置项目

步骤 2 打开“设置”对话框，选择“项目:项目九”→“Python 解释器”选项，然后在显示的列表框上方单击“+”按钮，如图 9-2 所示。

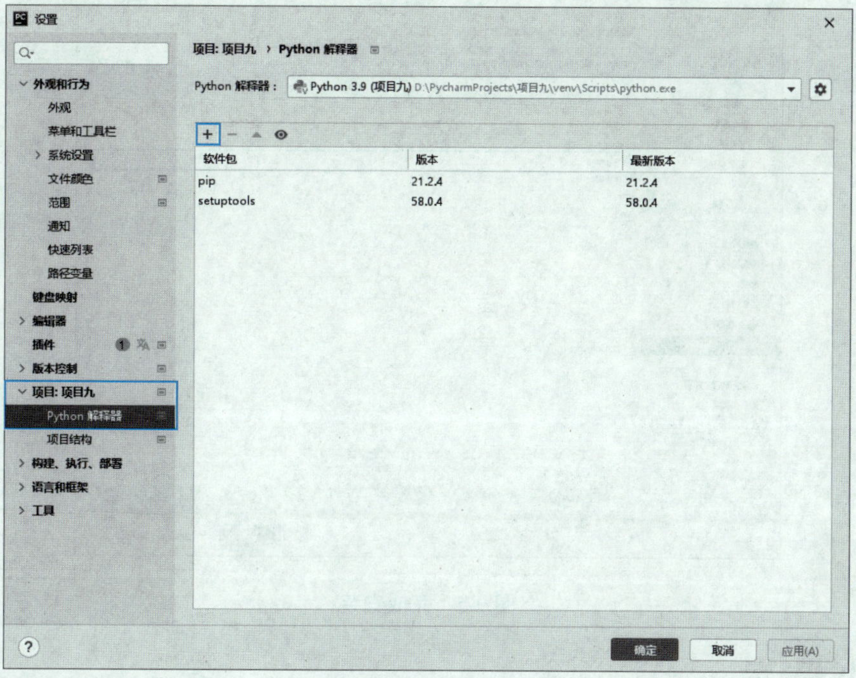

图 9-2　选择安装项目

步骤 3 打开“可用包”对话框，在搜索栏中输入“pygame”，然后在显示的列表中选择“pygame”选项，单击“安装包”按钮，如图 9-3 所示。

步骤 4 等待安装，安装成功后，“可用包”对话框中将显示“已成功安装包 ‘pygame’”，如图 9-4 所示。

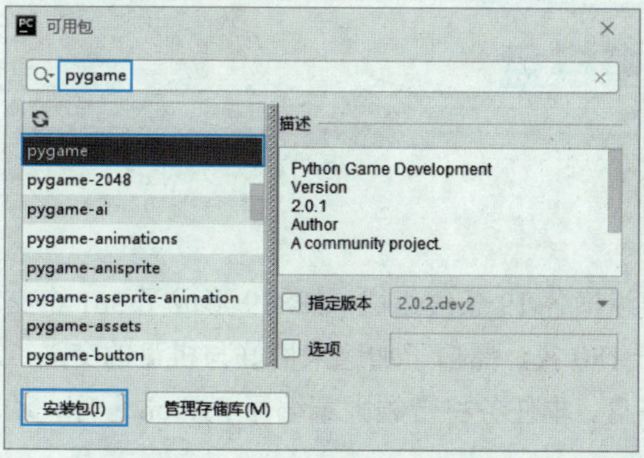

图 9-3　选择安装库

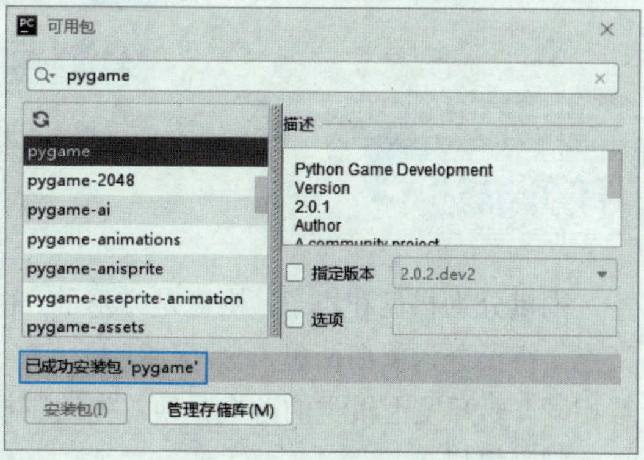

图 9-4　成功安装

步骤 5 关闭“可用包”对话框，返回“设置”对话框，在已安装库列表中可看到“pygame”，单击“确定”按钮即可完成安装，如图 9-5 所示。

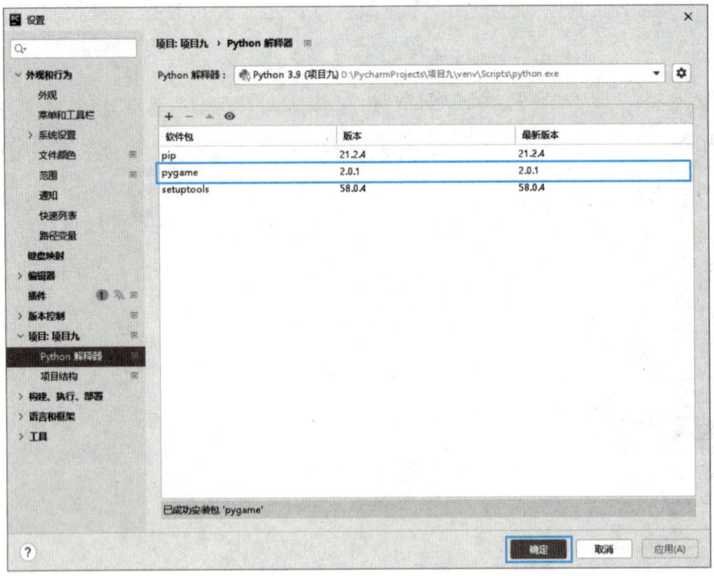

图 9-5　完成安装

小 提 示

如果需要卸载库，可在“设置”对话框的已安装库列表中选择该库，然后单击上方的“-”按钮进行卸载。

任务二
绘制围棋棋盘

任务描述

围棋分为棋盘和棋子，棋盘是方形的，由纵横各 19 条线组成，19×19 形成了 361 个交叉点。棋子分为黑白两色，黑子 181 枚，白子 180 枚，黑白子加起来恰好与棋盘的交叉点数相同。要开发围棋类的游戏，须首先绘制棋盘。本任务将带领大家编写 Python 程序，动态绘制围棋棋盘。

源远流长

围棋，起源于中国，在古代称为“弈”，它可以说是棋类之鼻祖，至今已有 4000 多年的历史。据先秦典籍《世本》记载：“尧造围棋，丹朱善之。”晋张华在《博物志》中继承并发展了这种说法："尧造围棋，以教子丹朱。若白：舜以子商均愚，故作围棋以教之。"

围棋的每个棋子，棋盘中的每个细节，都与中国传统文化有着不可分割的联系。棋盘为方，其子为圆，子覆盘上，寓意"天圆地方"；子分黑白，寓意阴阳；棋盘共361个点，360暗合一年天数的约数，天元一点寓意万物自一而始；9个星位暗合九宫之数，星位将棋盘分为四个象限，寓意一年四季，每个象限约为90个落子点，寓意每季天数；棋盘周边共72点，寓意一年72候。

围棋的魅力，不仅在于智力的较量，也在于其丰富的文化内涵。围棋，是中国文化和中华文明的体现。如今，围棋已经走出国门，走向世界。

知识链接

扫一扫

创建窗口、加载图片和绘制图形

一、创建窗口

所有游戏都在一个固定的窗口（或屏幕）进行操作，故开发游戏的第一步就是创建窗口。pygame.display 模块提供了 set_mode() 方法用于初始化一个窗口，其方法原型如下。

```
set_mode(resolution=(0,0)[, flags=0, depth=0])
```

其中，resolution 是一个二元组，表示宽和高，单位为像素；flags 用于指定扩展选项，可同时指定多个选项（使用"|"操作符隔开），具体选项如表 9-2 所示；depth 表示颜色深度，如果缺省，系统会自动选择一个最优值。该方法返回一个 Surface 对象（即 Pygame 用来表示图像的对象）。

表 9-2　flags 可用的选项

选　项	说　明
FULLSCREEN	全屏模式
DOUBLEBUF	双缓冲模式（推荐与 HWSURFACE 或 OPENGL 一起使用）
HWSURFACE	在全屏模式中使用硬件加速模式
OPENGL	使用 OPENGL 方式渲染画面
RESIZABLE	窗口可调整尺寸
NOFRAME	窗口无边框和控制按钮

二、加载图片

pygame.image 模块提供了 load()方法用于加载图片，其方法原型如下。

```
load(filename)
```

其中，filename 为加载图片的名称（可包含路径）。该方法返回一个 Surface 对象。

图片加载完成后，并不是显示在窗口中，而是转换成一个 Surface 对象，想要将其在窗口上显示，须使用 pygame.surface 模块中的 blit()方法将一个图像绘制到另一个图像上，其方法原型如下。

```
blit(source, dest[, area=None, special_flags = 0])
```

其中，source 为 Surface 对象（即显示的图片）；dest 为坐标值，一般为 source 的左上角坐标；area 为图片绘制的区域；special_flags 用于指定混合模式。

【例 9-1】 创建一个窗口，并加载一张图片作为背景。

【问题分析】 首先，使用 import 语句导入所需模块（如 pygame、sys）；接着，初始化 pygame；然后，创建窗口、设置窗口标题、加载背景图片、绘制图形及刷新绘图；最后，程序进入无限循环，判断是否获取退出事件，如果是，则退出程序。

小 提 示

> 使用 Pygame 前，必须使用 pygame 模块的 init()方法初始化，Pygame 会在系统中找到合适的屏幕、声音和控制设备。使用 pygame.display 模块的 set_caption()方法可设置窗口标题。绘制图形后，必须使用 pygame.display 模块中的 update()方法刷新绘图。

【参考代码】

```
import pygame, sys                                  #导入模块
pygame.init()                                       #初始化 pygame
screen = pygame.display.set_mode((400, 200))        #设置窗口大小
pygame.display.set_caption('贪吃蛇')                 #设置窗口标题
#加载背景图片
background = pygame.image.load('images\\贪吃蛇.jpg')
screen.blit(background, (0, 0))        #将背景绘制到窗口的(0,0)位置
pygame.display.update()                #刷新绘图
while True:                            #循环
    for event in pygame.event.get():   #获取事件并遍历
        if event.type == pygame.QUIT:  #如果为退出事件
            pygame.quit()              #退出 pygame
            sys.exit()                 #退出系统
```

【运行结果】 程序运行结果如图 9-6 所示。

图 9-6 例 9-1 程序运行结果

小 提 示

如果想要全屏显示游戏界面，可在调用 pygame.display.set_mode()方法时设置第二个参数为 FULLSCREEN，同时加上硬件加速 HWSURFACE，即：

```
screen = pygame.display.set_mode((400, 200), FULLSCREEN | HWSURFACE)
```

三、绘制图形

pygame.draw 模块中常用的方法如表 9-3 所示。

表 9-3 pygame.draw 模块中常用的方法

方 法	说 明
line(surface, color, start_pos, end_pos, width)	绘制一条线段
aaline(surface, color, start_pos, end_pos, blend)	绘制一条抗锯齿的线
lines(surface, color, closed, pointlist, width)	绘制一条折线
rect(surface, color, Rect, width)	绘制一个矩形，width 缺省时填充矩形颜色
ellipse(surface, color, Rect, width)	绘制一个椭圆，width 缺省时填充椭圆颜色
polygon(surface, color, pointlist, width)	绘制一个多边形，width 缺省时填充多边形颜色
arc(surface, color, Rect, start_angle, stop_angle, width)	绘制一条弧线
circle(surface, color, Rect, radius, width)	绘制一个圆，width 缺省时填充圆颜色

其中，surface 表示 Surface 对象；color 表示颜色；start_pos 和 end_pos 表示开始坐标和结束坐标，为(x,y)坐标，原点位于左上角，x 轴自左向右，y 轴自上向下，单位为像素；width 表示线条宽度；blend 表示是否启用抗锯齿功能；pointlist 表示坐标列表；Rect 表示绘图区域，使用(left,top,width,height)表示；closed 表示折线是否首尾相接；start_angle 和

stop_angle 表示弧线的起始角度和结束角度，单位是弧度；radius 表示圆的半径。

小提示

> color 可为指定的 Tk 标准颜色字符串，如“Red”（红色）、“Yellow”（黄色）、“#ff0000”（红色）等，也可为 r、g、b 元组表示的 RGB 颜色，取值范围为 0～255，如(255,255,255)（白色）、(0,0,0)（黑色）、(255,0,0)（红色）等。

【例 9-2】 绘制多种图形。

【参考代码】

```
#导入模块和常量
import pygame, sys
from math import pi
pygame.init()                                          #初始化 pygame
screen = pygame.display.set_mode((520, 250))           #设置窗口大小
pygame.display.set_caption('绘制图形')                  #设置窗口标题
screen.fill('White')                                   #设置背景颜色
#绘制一条线
pygame.draw.line(screen, 'Red', [10, 10], [50, 10], 2)
#绘制一条抗锯齿的线
pygame.draw.aaline(screen, 'Green', [10, 50], [50, 50], True)
#绘制一条折线
pygame.draw.lines(screen,'Black',False,[[75,10],[125,10],[125,50]],5)
#绘制一条闭环折线
pygame.draw.lines(screen,'Black',True,[[150,10],[200,10],[200,50]],5)
#绘制一个矩形框
pygame.draw.rect(screen, 'Blue', [225, 10, 50, 40], 2)
#绘制一个矩形
pygame.draw.rect(screen, 'Blue', [300, 10, 50, 40])
#绘制一个椭圆框
pygame.draw.ellipse(screen, 'Red', [375, 10, 50, 40], 2)
#绘制一个椭圆
pygame.draw.ellipse(screen, 'Red', [450, 10, 50, 40])
#绘制多边形（三角形）
pygame.draw.polygon(screen,'Black',[[10,200],[120,100],[150,200]],5)
#绘制多条弧线
pygame.draw.arc(screen, 'Black', [200, 90, 150, 125],0,pi/2,2)
```

```
pygame.draw.arc(screen, 'Green', [200, 90, 150, 125],pi/2,pi,2)
pygame.draw.arc(screen, 'Blue', [200, 90, 150, 125],pi,3*pi/2,2)
pygame.draw.arc(screen, 'Red', [200, 90, 150, 125],3*pi/2,2*pi,2)
#绘制一个圆
pygame.draw.circle(screen, 'Blue', [450, 150], 60, 2)
pygame.display.update()                 #刷新绘图
while True:                             #循环
    for event in pygame.event.get():    #获取事件并遍历
        if event.type == pygame.QUIT:   #如果为退出事件
            pygame.quit()               #退出 pygame
            sys.exit()                  #退出系统
```

【运行结果】 程序运行结果如图 9-7 所示。

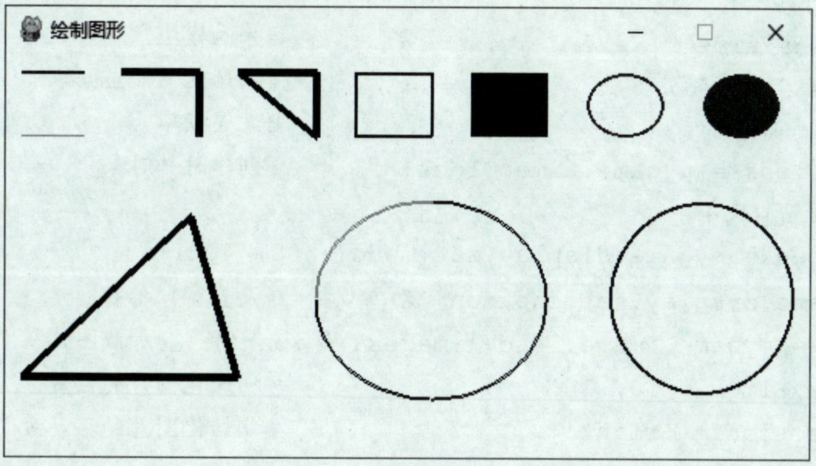

图 9-7 例 9-2 程序运行结果

小提示

fill()方法用于填充 Surface 对象。

四、设置动画效果

设置动画效果、播放声音和显示文字

物体移动的原理很简单，即在原有坐标的基础上增加偏移量，再重新绘制图片，依次一张一张地循环绘制下去，就可以得到物体移动的效果。

此外，需要考虑两个画面之间的时间间隔，即经过多长时间绘制下一张图片。pygame.time 模块提供了一个 Clock 对象，使用其 tick()方法可解决上述问题。

（1）通过 pygame.time.Clock()方法创建对象获得 pygame 的时钟。

（2）使用 pygame.time.Clock.tick(FPS)方法设置 pygame 时钟的时间间隔。

课外拓展

由于人类眼睛的特殊构造，当所看画面的帧率高于 24 时（即每秒 24 帧），就会认为画面是连贯的，此现象称为视觉暂留。

帧率（frames per second，FPS）为每秒钟显示的帧数，一般的电视画面是 24 FPS，30 FPS 基本可以提供流畅的体验了，将性能提升至 60 FPS 则可以明显提升交互感和逼真感。一般来说，超过 75 FPS 人们就不容易察觉到流畅度有明显的提升了。

【例 9-3】 设置动画效果示例。

【参考代码】

```
import pygame, sys                              #导入模块
pygame.init()                                   #初始化 pygame
FPS = 30                                        #设置帧率
fpsClock = pygame.time.Clock()                  #创建时钟对象
#设置窗口大小
screen = pygame.display.set_mode((500, 400))
pygame.display.set_caption('动画')              #设置窗口标题
img = pygame.image.load('images\\球.png')   #加载图片
imgx, imgy = 10, 10                             #初始化图片的位置
direction = 'right'                             #初始化图片的移动方向
while True:                                     #循环
    screen.fill('White')                        #背景填充为白色
    if direction == 'right':                    #如果图片向右移动
        imgx += 5                               #图片 x 坐标加 5
        if imgx == 420:                         #如果图片 x 坐标等于 420
            direction = 'down'                  #设置方向为向下
    elif direction == 'down':                   #如果图片向下移动
        imgy += 5                               #图片 y 坐标加 5
        if imgy == 320:                         #如果图片 y 坐标等于 320
            direction = 'left'                  #设置方向为向左
    elif direction == 'left':                   #如果图片向左移动
        imgx -= 5                               #图片 x 坐标减 5
        if imgx == 0:                           #如果图片 x 坐标等于 0
```

```
            direction = 'up'                #设置方向为向上
    elif direction == 'up':                 #如果图片向上移动
        imgy -= 5                           #图片 y 坐标减 5
        if imgy == 0:                       #如果图片 y 坐标等于 0
            direction = 'right'             #设置方向为向右
    screen.blit(img, (imgx, imgy))          #绘制图片
    for event in pygame.event.get():        #获取事件并遍历
        if event.type == pygame.QUIT:       #如果为退出事件
            pygame.quit()                   #退出 pygame
            sys.exit()                      #退出系统
    pygame.display.update()                 #刷新绘图
    fpsClock.tick(FPS)                      #设置时钟的时间间隔
```

【运行结果】 运行程序，可以看到小球自左往右、自上往下、自右往左、自下往上循环移动，部分显示结果如图 9-8 所示。

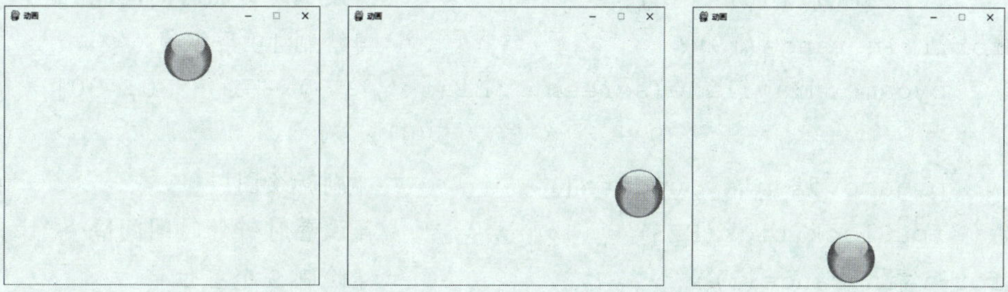

图 9-8 例 9-3 程序运行结果

任务实施

【任务分析】 完成本任务，须首先进行初始化设置，包括导入模块、初始化 pygame、设置窗口大小和标题、加载和绘制背景图片、设置帧率及创建时钟对象；然后循环绘制围棋棋盘，包括 19 条横线、19 条纵线及 9 个星位；接着循环绘制 5 个随机位置的黑白棋子；最后循环获取、遍历并判断事件，如果为退出事件，则关闭程序。

小 提 示

> 由于要动态显示绘制过程，故每绘制一步都要调用 pygame.display.update()方法刷新绘图，以及 fpsClock.tick()方法设置两个画面的时间间隔。

【参考代码】

```
import pygame, sys, random                              #导入模块
pygame.init()                                           #初始化 pygame
screen = pygame.display.set_mode((600, 600))            #设置窗口大小
pygame.display.set_caption('围棋')                      #设置窗口标题
#加载背景图片
background = pygame.image.load('images\\围棋棋盘背景.jpg')
screen.blit(background, (0, 0))            #将背景绘制到窗口的(0,0)位置
FPS = 30                                   #设置帧率
fpsClock = pygame.time.Clock()             #创建时钟对象
for i in range(19):                        #绘制 19 条横线
    pygame.draw.line(screen, 'Black', [30, 30 + i * 30],
                     [570, 30 + i * 30], 2)
    pygame.display.update()                #刷新绘图
    fpsClock.tick(FPS)                     #设置时钟的时间间隔
for i in range(19):                        #绘制 19 条纵线
    pygame.draw.line(screen, 'Black', [30 + i * 30, 30],
                     [30 + i * 30, 570], 2)
    pygame.display.update()                #刷新绘图
    fpsClock.tick(FPS)                     #设置时钟的时间间隔
for i in range(3):                         #绘制 9 个星位
    for j in range(3):
        pygame.draw.circle(screen, 'Black',
                           [120 + 180 * i, 120 + 180 * j], 5)
        pygame.display.update()            #刷新绘图
        fpsClock.tick(FPS)                 #设置时钟的时间间隔
for i in range(5):                         #绘制 5 个随机位置的黑白棋子
    pos = [random.randint(1, 19) * 30, random.randint(1, 19) * 30]
    pygame.draw.circle(screen, random.choice(['Black', 'White']),
                       pos, 15)
    pygame.display.update()                #刷新绘图
    fpsClock.tick(FPS)                     #设置时钟的时间间隔
while True:                                #循环
    for event in pygame.event.get():       #获取事件并遍历
        if event.type == pygame.QUIT:      #如果为退出事件
```

```
pygame.quit()                          #退出 pygame
sys.exit()                             #退出系统
```

【运行结果】 程序运行结果如图 9-9 所示。

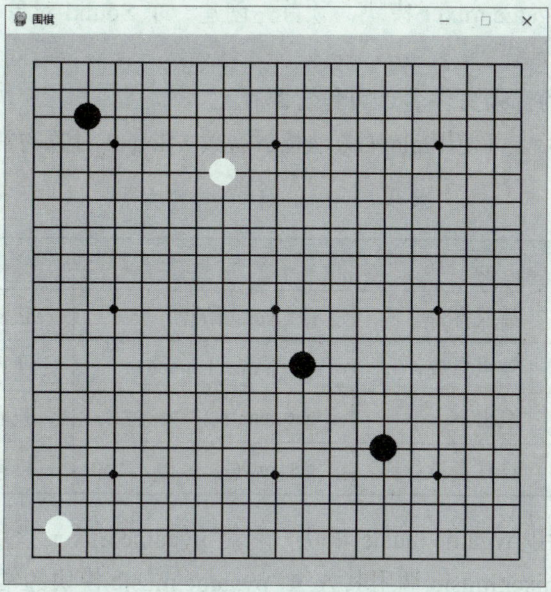

图 9-9 “绘制围棋棋盘”程序运行结果

任务三

开发弹球游戏

任务描述

弹球游戏想要实现的功能是从窗口上方随机位置生成随机颜色的球（个数可设置），使用左右方向键控制挡板拦截球，如果球碰撞挡板或窗口边缘则反弹；如果球全部掉落到挡板下方，则游戏结束，统计游戏时间。本任务将带领大家开发弹球游戏。

知识链接

一、播放声音

对于一般游戏来说，声音分为音效和背景音乐两种。音效是在触发某种条件下播放的声音，如两个小球碰撞时发出的声音；而背景音乐则是伴随着游戏存在的，往往是重复播放的一首曲子。Pygame 支持的声音格式十分有限，一般情况下，音效可采用无压缩的 wav 格式，背景音乐可采用 ogg 格式或 mp3 格式。

播放音效使用 pygame.mixer 模块，须首先创建一个 Sound 对象，其语法格式如下。

```
Sound(filename)
```

其中，filename 为音频文件名（可包含路径）。

创建 Sound 对象后，可使用 play()方法播放音效。Sound 对象的常用方法如表 9-4 所示。

表 9-4　Sound 对象的常用方法

方　法	说　明	方　法	说　明
play()	播放音效	get_volume()	获取音量
stop()	停止播放	get_num_channels()	计算该音效播放的次数
fadeout()	淡出	get_length()	获取音效的长度
set_volume()	设置音量	get_raw()	将音效以二进制格式返回

播放背景音乐使用 pygame.music 模块，它是 pygame.mixer 模块的一个特殊实现，使用时须通过 pygame.mixer.music 调用其方法。pygame.music 模块的常用方法如表 9-5 所示。

表 9-5　pygame.music 模块的常用方法

方　法	含　义	方　法	含　义
load()	载入音乐	get_volume()	获取音量
play()	播放音乐	get_busy()	检查是否正在播放音乐
rewind()	重新播放音乐	set_pos()	设置播放的位置
stop()	结束播放音乐	get_pos()	获取播放的位置
pause()	暂停播放音乐	queue()	将一个音乐文件放入待播放队列中
unpause()	恢复播放音乐	set_endevent()	当播放结束时发送一个事件
fadeout()	淡出	get_endevent()	获取播放结束时发送的事件
set_volume()	设置音量		

播放背景音乐时，首先须使用 load()方法加载音乐，然后使用 play()方法播放音乐，最后退出游戏前须使用 stop()方法停止播放音乐。

【例 9-4】　播放声音示例。

【参考代码】

```
import pygame, sys                                    #导入模块
```

```
pygame.init()                                         #初始化 pygame
screen = pygame.display.set_mode((400, 300))          #设置窗口大小
pygame.display.set_caption('播放声音')                 #设置窗口标题
#加载背景图片
background = pygame.image.load('images\\烟花.jpg')
screen.blit(background, (0, 0))                       #绘制背景
#创建音效对象
sound = pygame.mixer.Sound('sounds\\燃放烟花.wav')
pygame.display.update()                               #刷新绘图
#加载背景音乐文件
pygame.mixer.music.load('sounds\\新年好.mp3')
#播放背景音乐，第一个参数为播放的次数（-1 表示无限循环），第二个参数是设置播放的起点（单位为秒）
pygame.mixer.music.play(-1, 0.0)
while True:                                           #循环
    sound.play()                                      #播放音效
    for event in pygame.event.get():                  #获取事件并遍历
        if event.type == pygame.QUIT:                 #如果为退出事件
            pygame.mixer.music.stop()                 #停止播放背景音乐
            pygame.quit()                             #退出 pygame
            sys.exit()                                #退出系统
```

【运行结果】 运行程序，出现主界面（见图 9-10），然后直接播放音效和背景音乐。

图 9-10　例 9-4 程序运行结果

二、显示文字

如果想要将文字显示到屏幕上，须首先使用 pygame.font 模块中的 Font()方法创建一个 Font 对象，其语法格式如下。

```
Font(filename, size)
```

其中，filename 为字体文件名称（一般为“.ttf”格式）；size 为字体的大小，单位为像素。

创建 Font 对象后，须使用 render()方法返回一个 Surface 对象绘制文本，其语法格式如下。

```
render(text, antialias, color[, background=None])
```

其中，text 为要显示的文字；antialias 是个布尔值，表示是否开启抗锯齿，当为 True 时字体比较平滑；color 为文字颜色；background 为背景颜色。

最后还须使用 blit()方法显示文字。

【例 9-5】 显示文字示例。

【参考代码】

```
import pygame, sys                                  #导入模块
pygame.init()                                       #初始化 pygame
screen = pygame.display.set_mode((260, 100))        #设置窗口大小
pygame.display.set_caption('显示文字')               #设置窗口标题
#创建字体对象
font = pygame.font.Font('fonts\\simkai.ttf', 30)
#设置显示的文字，创建文字对象
textSurface = font.render('恭喜你，你赢了！', True, 'Green', 'Red')
screen.fill('White')                           #背景填充为白色
textRect = textSurface.get_rect()              #获取文字对象的 rect
textRect.center = (130, 50)                    #设置文字对象的中心坐标
screen.blit(textSurface, textRect)             #绘制文字
pygame.display.update()                        #刷新绘图
while True:                                    #循环
    for event in pygame.event.get():           #获取事件并遍历
        if event.type == pygame.QUIT:          #如果为退出事件
            pygame.quit()                      #退出 pygame
            sys.exit()                         #退出系统
```

【运行结果】 运行程序，窗口中显示绿色的“恭喜你，你赢了！”文字，其背景色为红色，如图 9-11 所示。

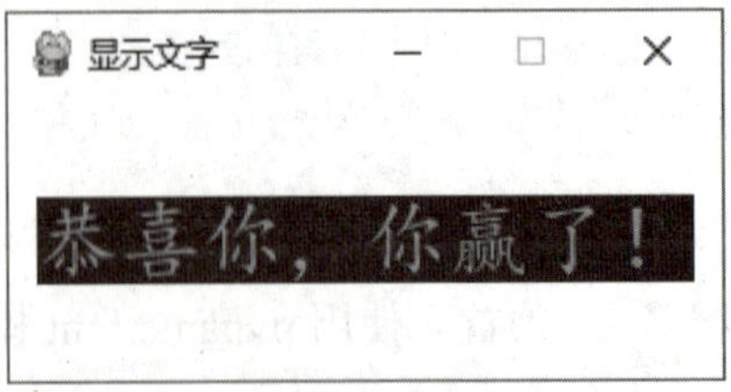

图 9-11 例 9-5 程序运行结果

小提示

可使用 Surface 对象的 get_rect()方法获得一个图形的 Rect 对象，然后使用其 center()方法设置该图形的中心位置。

三、事件处理

Pygame 会接收用户各种操作（如按下或释放按键、移动鼠标、按下或释放鼠标等）产生的事件。事件随时可能发生，Pygame 将一系列事件存放在一个事件队列里，然后通过 for 循环取出每一个事件与产生的事件进行比较，如果相等则处理产生的事件。

扫一扫

事件处理

一般可使用 pygame.event 模块中的 get()方法来获取所有事件，Pygame 中常用的事件如表 9-6 所示。

表 9-6 Pygame 中常用的事件

事 件	说 明	属 性
QUIT	用户按下窗口关闭按钮	none
ACTIVEEVENT	Pygame 被激活或隐藏	gain、state
KEYDOWN	按下按键	unicode、key、mod
KEYUP	释放按键	key、mod
MOUSEMOTION	移动鼠标	pos、rel、buttons
MOUSEBUTTONDOWN	按下鼠标	pos、button
MOUSEBUTTONUP	释放鼠标	pos、button
VIDEORESIZE	缩放窗口	size、w、h

【例 9-6】 事件处理示例。

【参考代码】

```
import pygame, sys                                   #导入模块
pygame.init()                                        #初始化 pygame
screen = pygame.display.set_mode((400, 300))         #设置窗口大小
pygame.display.set_caption('事件处理')                #设置窗口标题
```

```
image = pygame.image.load('images\\蝴蝶.png')       #加载图片
x, y = 200, 150                                     #初始化图片位置
while True:                                         #循环
    for event in pygame.event.get():                #获取事件并遍历
        #如果移动鼠标，获得鼠标当前位置
        if event.type == pygame.MOUSEMOTION:
            x = event.pos[0]
            y = event.pos[1]
        #如果按下鼠标，输出鼠标按下位置
        if event.type == pygame.MOUSEBUTTONDOWN:
            print('按下鼠标：', event.pos)
        #如果释放鼠标，输出鼠标释放的位置
        if event.type == pygame.MOUSEBUTTONUP:
            print('释放鼠标：', event.pos)
        #如果按下按键
        if event.type == pygame.KEYDOWN:
            #如果按键为方向键，输出对应的方向
            if event.key == pygame.K_UP:
                print('上')
            if event.key == pygame.K_DOWN:
                print('下')
            if event.key == pygame.K_LEFT:
                print('左')
            if event.key == pygame.K_RIGHT:
                print('右')
            #如果按键为 Esc 键
            if event.key == pygame.K_ESCAPE:
                pygame.quit()                       #退出 pygame
                sys.exit()                          #退出系统
    screen.fill('White')                            #背景填充为白色
    screen.blit(image, (x, y))                      #绘制图片
    pygame.display.update()                         #刷新绘图
```

【运行结果】 运行程序，出现加载图片的窗口，当鼠标在窗口上移动时，图片随着鼠标移动，如图 9-12 所示。单击窗口上的任意位置，输出鼠标按下和释放时的坐标；按下

“上”“下”“左”“右”方向键，输出相应的“上”“下”“左”“右”信息；按下“Esc”键，退出程序，如图 9-13 所示。

图 9-12　窗口界面

```
按下鼠标： (304, 176)
释放鼠标： (241, 107)
按下鼠标： (191, 112)
释放鼠标： (120, 149)
上
下
左
右
```

图 9-13　输出信息

任务实施

【任务分析】　完成本任务，须首先进行初始化设置，然后定义球类，接着定义函数计算球的新位置、生成球和显示文字，最后循环执行运行游戏操作。具体实现步骤如下。

（1）导入模块，并进行初始化设置，包括初始化 pygame，设置帧率、窗口大小和标题、颜色列表、球的个数和速度、保存球的列表、挡板的初始位置和移动速度，加载挡板图片及获取其宽和高，定义字典保存左右方向键状态，获取游戏开始时间，掉落到挡板下球的个数，游戏标志和循环次数，具体代码如下。

```
import random, pygame, sys                         #导入模块
pygame.init()                                      #初始化 pygame
FPS = 60                                           #设置帧率
screen = pygame.display.set_mode((400, 600))       #设置窗口大小
pygame.display.set_caption('弹球游戏')               #设置窗口标题
#定义颜色列表
color = ['Black', 'Red', 'Green', 'Blue', 'Purple']
#定义球的个数、速度和保存球的列表
ball_num = 5
ball_speed = 5
ball_list = []
#定义挡板初始位置和移动速度
baffle_x = 150
baffle_y = 550
```

```
baffle_speed = 5
#加载挡板图片，获取挡板宽和高
baffle = pygame.image.load('images\\挡板.png')
baffle_rect = baffle.get_rect()
baffle_w = baffle_rect.w
baffle_h = baffle_rect.h
#创建音效对象
sound = pygame.mixer.Sound('sounds\\peng.wav')
#定义字典保存左方向键和右方向键状态，1 表示按下，0 表示释放
key_state = {pygame.K_LEFT: 0, pygame.K_RIGHT: 0}
fpsClock = pygame.time.Clock()                  #创建时钟
start_time = pygame.time.get_ticks()            #获取游戏开始时间
drop_num = 0                                    #定义掉落到挡板下球的个数
flag = True                                     #定义游戏标志
count = 0                                       #定义循环次数
```

（2）定义球类 Ball，在其中定义构造方法初始化球的 x、y 坐标，颜色，半径，x 方向、y 方向速度，并定义 display()方法绘制球，具体代码如下。

```
class Ball():                                   #定义球类 Ball
    #初始化球的位置、颜色、半径和速度
    def __init__(self, screen, x, y, color, radius, speed):
        self.screen = screen
        self.x = x
        self.y = y
        self.color = color
        self.radius = radius
        self.xspeed = 0
        self.yspeed = speed
    def display(self):                          #绘制球
        pygame.draw.circle(self.screen, self.color, [self.x,
self.y], self.radius)
```

（3）定义 judge()函数计算球的新位置，并判断球是否碰撞挡板和窗口边缘，参数为球类对象。

① 计算球的新位置方法为球的 x 和 y 坐标分别加上球在该方向的速度。

② 判断球是否碰撞挡板，如果球的 x 和 y 坐标在挡板的图形区域内，则发生碰撞，并播放碰撞音效。如果球碰撞挡板左半部分，则 x 和 y 方向速度设为负（即向左上方移动），如果球碰撞挡板右半部分，则 x 方向速度设为正，y 方向速度设为负（即向右上方移动）。

③ 判断球是否碰撞窗口边缘，如果球的 x 坐标小于 0 或大于窗口的宽，则碰撞窗口左右边缘，x 方向速度取反，并播放碰撞音效；如果球的 y 坐标小于 0，则碰撞窗口上边缘，y 方向速度设为正，并播放碰撞音效；如果球的 y 坐标大于窗口的高，则挡板没有拦截到，球掉落，返回 True。

具体代码如下。

```
def judge(ball):      #计算球的新位置，并判断球是否碰到挡板和窗口边缘
    #计算球的新位置
    ball.x += ball.xspeed
    ball.y += ball.yspeed
    #碰撞挡板判断
    if ball.x >= baffle_x and ball.y >= baffle_y \
            and ball.y <= baffle_y + baffle_h:
        if ball.x <= baffle_x + baffle_w / 2:
            ball.xspeed = -ball_speed
            ball.yspeed = -ball_speed
            sound.play()
        elif ball.x <= baffle_x + baffle_w:
            ball.xspeed = ball_speed
            ball.yspeed = -ball_speed
            sound.play()
    #碰撞窗口边缘判断
    if ball.x < 0 or ball.x > 400:      #左右边缘判断
        ball.xspeed = -ball.xspeed
        sound.play()
    if ball.y <= 0:                     #上边缘判断
        ball.yspeed = ball_speed
        sound.play()
    elif ball.y > 600:                  #下边缘判断
        return True                     #返回 True，表示球掉落
```

（4）定义 create_ball()函数生成球，参数为循环次数。随机生成球的初始 x 坐标和颜色列表索引，然后在循环次数为 100 的整数倍且生成的球的个数小于设置的球的个数时，

创建一个随机位置和颜色的 Ball 对象，并将其添加到球列表中，具体代码如下。

```
def create_ball(count):                  #生成球
    x = random.randint(50, 350)          #随机生成球的初始 x 坐标
    index = random.randint(0, 4)         #随机生成颜色列表索引
    #如果循环次数为 100 的整数倍，且生成的球的个数小于设置的球的个数
    if count % 100 == 0 and count / 100 < ball_num:
        #生成一个球，并添加到球列表
        ball = Ball(screen, x, 30, color[index], 10, ball_speed)
        ball_list.append(ball)
```

（5）定义 showText()函数显示文字，参数为显示的文字、字体大小和显示的位置，具体代码如下。

```
def showText(text, size, pos):                        #显示文字
    #创建字体对象
    font = pygame.font.Font('fonts/simkai.ttf', size)
    #设置显示的文字
    textSurface = font.render(text, True, color[1])
    screen.blit(textSurface, pos)                     #绘制文字
```

（6）使用无限循环，循环中执行如下操作。

① 获取和遍历所有事件，通过判断是否按下或释放按键，以及按键是否在字典中，设置左右方向键状态。然后判断事件为退出事件时，退出 pygame 和系统。

② 当游戏标志为 True 时，首先，设置窗口背景为白色，调用 showText()函数显示球个数和速度，以及调用 create_ball()函数；接着，遍历球列表，通过 Ball 对象调用 diapaly()方法和 judge()方法，如果 judge()方法的返回结果为 True，表示球掉落到挡板下，则掉落球的个数加 1，如果掉落球的个数等于设置球的个数，则计算和显示游戏时间，并设置游戏标志为 False；然后绘制挡板并计算挡板的 x 坐标（如果按下左方向键则 x 坐标减 5，如果按下右方向键则 x 坐标加 5）；最后循环次数加 1。

③ 刷新绘图，并设置时钟的间隔时间。

具体代码如下。

```
while True:                                  #循环
    for event in pygame.event.get():         #获取事件并遍历
        if event.type == pygame.KEYDOWN:     #如果按下按键
            #如果按下键在字典中，将对应按键状态设为 1
            if event.key in key_state:
                key_state[event.key] = 1
```

```
        elif event.type == pygame.KEYUP: #如果释放按键
            #如果释放键在字典中，将对应按键状态设为 0
            if event.key in key_state:
                key_state[event.key] = 0
        if event.type == pygame.QUIT:      #如果为退出事件
            pygame.quit()                  #退出 pygame
            sys.exit()                     #退出系统
    if flag:                               #如果 flag 为 True
        screen.fill('White')               #背景填充为白色
        text = '球个数: {}，球速度: {}'.format(ball_num, ball_speed)
        showText(text, 18, [110, 10])      #显示球个数和速度
        create_ball(count)                 #生成球
        for ball in ball_list:             #遍历列表
            ball.display()                 #显示球
            if judge(ball):                #如果球掉落到挡板下
                drop_num += 1              #掉落的球个数加 1
                ball_list.remove(ball)     #将掉落的球从列表中移除
                if drop_num == ball_num:   #如果球全部掉落到挡板下
                    #获取游戏结束时间
                    end_time = pygame.time.get_ticks()
                    #计算游戏时间
                    d_time = (end_time - start_time) / 1000
                    text = '游戏结束，用时{}秒！'.format(d_time)
                    showText(text, 30, [20, 250])      #显示游戏时间
                    flag = False           #将 flag 设置为 False
        screen.blit(baffle, (baffle_x, baffle_y))      #绘制挡板
        #计算挡板 x 坐标
        baffle_x -= 5 * key_state[pygame.K_LEFT]
        baffle_x += 5 * key_state[pygame.K_RIGHT]
        count += 1                         #循环次数加 1
    pygame.display.update()                #刷新绘图
    fpsClock.tick(FPS)                     #设置时钟的时间间隔
```

（7）运行程序，游戏界面如图 9-14 所示。

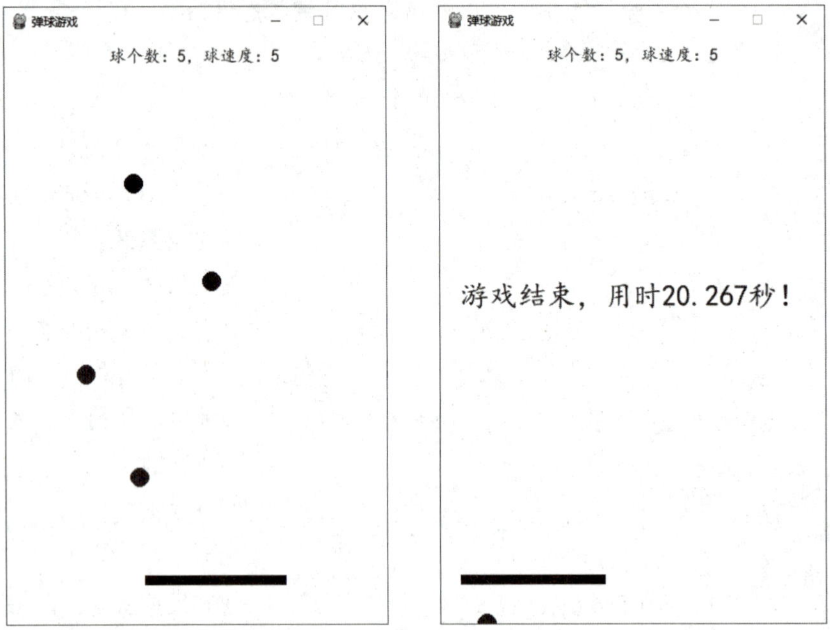

图 9-14　游戏界面

项目实训

编程训练

（1）单击鼠标绘制彩色同心圆，单击一次绘制一个，多个同心圆可组成不同的图案，如图 9-15 所示。

图 9-15　彩色同心圆组成的图案

提示：同心圆的多种颜色可以通过随机生成 RGB 颜色的 r、g、b 参数实现，绘制同心圆时应先绘制半径大的圆，再绘制半径小的圆，防止小圆被大圆覆盖。

（2）在窗口中心加载一张图片，并实现按方向键移动图片。

项目小结

本项目主要介绍了 Python 中 Pygame 的相关内容。通过本项目的学习，读者应重点掌握以下内容。

（1）Pygame 是 Python 的第三方库，使用前须安装。

（2）使用 Pygame 前，须使用 pygame 模块的 init()方法初始化，Pygame 会在系统中找到合适的屏幕、声音和控制设备。

（3）绘制图形后，须使用 pygame.display 模块中的 update()方法刷新绘图。

（4）Pygame 会接收用户的各种操作产生的事件，一般可使用 pygame.event.get()方法获取所有事件，根据 event.type 的不同值，执行不同的操作。

（5）Pygame 程序中必须包含一个无限循环，在循环中可进行处理事件、更新数据和绘图操作。

项目考核

一、选择题

（1）下面模块中用于管理事件的是（　　）。

A．pygame.display　　B．pygame.draw

C．pygame.font　　D．pygame.event

（2）下面模块中用于绘制图形的是（　　）。

A．pygame.display　　B．pygame.draw

C．pygame.font　　D．pygame.event

（3）下面方法中用于绘制一个矩形的是（　　）。

A．lines()　　B．rect()

C．ellipse()　　D．polygon()

（4）Pygame 游戏窗口坐标体系中原点(0,0)所在的位置是（　　）。

A．左上角　　B．窗口正中

C．左侧居中　　D．左下角

（5）pygame.display.set_mode(a)方法中 a 的含义是（　　）。

A．表示初始化窗口的变量

B．初始化窗口的尺寸，以二元组形式表示(width, height)

C．初始化窗口的模式，表示全屏、可调尺寸等

D．初始化窗口的颜色，以元组形式表示的 RGB 或 RGBA 色彩

二、填空题

（1）pygame.display.set_mode()方法生成的是____________对象。

（2）Pygame 中表示游戏“退出”事件的常量是____________。

（3）绘制图形后，必须使用_______________方法刷新绘图。

三、编程题

（1）在窗口的正中心画一个半径为 30 的黑色圆。

（2）在例 9-3 的基础上增加功能：当小球碰到窗口边缘进行转弯时，发出撞击声。

（3）开发一款飞机大战游戏，要求如下。

① 玩家飞机位于屏幕底部，玩家可按左右方向键操控飞机。

② 玩家飞机可发射子弹（按空格键）。

③ 敌机在屏幕顶部左右移动。

④ 当玩家飞机发射的子弹射中敌机时结束游戏。

项目十

网络爬虫

项目导读

在当今这个数据大爆炸的信息时代，海量的互联网数据蕴含着巨大的价值，用户如何自动高效地从互联网中获取感兴趣的信息是一个亟待解决的问题。在这样的环境和需求的影响下，网络爬虫应运而生，它为互联网数据的采集提供了新的方法。本项目将介绍使用 Python 编写网络爬虫的方法。

学习目标

- ✓ 理解网络爬虫的概念、应用和工作流程。
- ✓ 掌握使用 requests 库爬取网页的方法。
- ✓ 掌握使用 beautifulsoup4 库解析网页的方法。
- ✓ 能使用 requests 库构造 HTTP 请求爬取网页，能使用 beautifulsoup4 库解析网页提取数据。

素质目标

- ✓ 提高自动化采集互联网数据的能力。
- ✓ 加强法律意识，塑造正确的价值观。

任务一

爬取豆瓣电影 Top250 网站的数据

任务描述

豆瓣用户可对豆瓣电影中“看过”的电影进行“很差”到“力荐”评价，豆瓣会根据每部影片看过的人数及该影片所得的评价等综合数据，通过算法分析产生豆瓣电影 Top250。本任务将带领大家编写 Python 程序，利用 requests 库，爬取豆瓣电影 Top250 网站的数据。

知识链接

一、网络爬虫概述

网络爬虫又称为网络蜘蛛或网络机器人，是一个用来实现自动采集网络数据的程序。如果将互联网比作一张蜘蛛网，数据便存放于蜘蛛网的各个节点，而网络爬虫就可以比作在网上爬来爬去的蜘蛛，沿着网络抓取数据。

网络爬虫不仅能为搜索引擎采集网络信息，还可以定向采集某些网站中的特定信息，如学术网站的论文、团购网站的价格及点评、各种电商平台的商品信息、招聘信息、租房信息、微博评论等。

网络爬虫是一个自动化的程序，它的基本工作流程如图 10-1 所示。

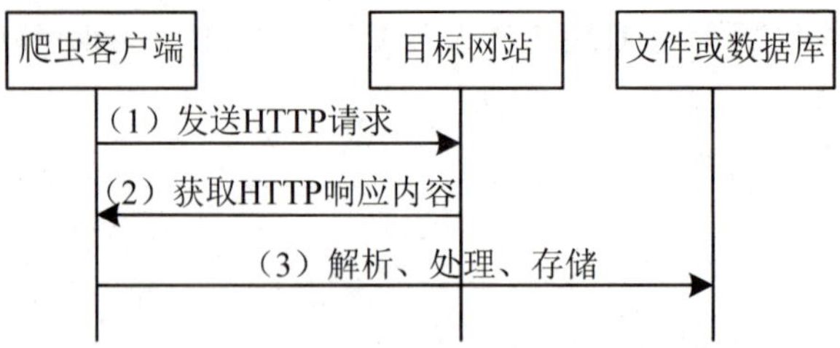

图 10-1　基本工作流程

网络爬虫的基本工作流程可分为爬取网页、解析网页和存储数据 3 个步骤。

（1）爬取网页：发送构造的 HTTP 请求，获取包含所需数据的 HTTP 响应（即网页源代码）。Python 提供的爬取网页的库有 urllib、requests、selenium 等。

（2）解析网页：根据网页结构，分析 HTTP 响应的内容，从中提取想要的数据。Python

提供的解析网页的库有 re（正则表达式）、lxml、beautifulsoup4 等。

（3）存储数据：将提取的数据保存起来以便后续使用。保存数据的方式有很多种，可以将其简单保存到 JSON、CSV 或 TXT 文件中，也可以保存到数据库中，如 MySQL 和 MongoDB 等。

治国重器

用户在爬取网站数据时，应限制自己的爬虫程序遵守 Robots 协议，同时控制爬虫程序请求网页的速度；在使用数据时，必须尊重网站的知识产权。

Robots 协议（又称爬虫协议）的全称是“网络爬虫排除标准”（Robots exclusion protocol），网站管理者可以通过它来表达是否希望爬虫程序自动获取网站信息的意愿。管理者可以在网站根目录下放置一个 robots.txt 文件，并在文件中列出哪些链接不允许爬虫程序获取。

目前，互联网世界已经通过自己的规则建立了一定的道德规范（Robots 协议），且法律部分也在完善中。2019 年 5 月 28 日，国家互联网信息办公室就《数据安全管理办法（征求意见稿）》公开征求意见，这是我国数据安全立法领域的里程碑事件。2021 年 6 月 10 日，第十三届全国人民代表大会常务委员会第二十九次会议通过《中华人民共和国数据安全法》，自 2021 年 9 月 1 日起施行。

二、requests 库

扫一扫

requests 库

Python 的标准库 urllib 提供了大部分 HTTP 功能，但使用起来较烦琐。而 requests 库是对 urllib 库的进一步封装，使用更加便捷。它的最大优点是，程序编写过程更接近正常的 URL 访问过程。但 requests 库不是 Python 内置的标准库，使用前需要安装。

小提示

统一资源定位符（uniform resource locator, URL）是对可以从互联网上得到的资源位置和访问方法的一种简洁表示，是互联网上标准资源的地址。

requests 库提供了很多功能特性，几乎涵盖了所有 Web 服务的需求，包括 URL 获取、HTTP 长连接和连接缓存、HTTP 会话、浏览器式的 SSL 验证、身份认证、Cookie 会话、文件分块上传、流下载、HTTP(S)代理功能、连接超时处理等。有关 requests 库的更多介绍可访问 http://docs.python-requests.org/。下面着重介绍使用 requests 库实现发送 HTTP 请求和获取 HTTP 响应的方法。

1. 发送 HTTP 请求

requests 库提供了几乎所有的 HTTP 请求方法，包括 GET、POST、HEAD、PUT、DELETE、CONNECT、OPTIONS 和 TRACE 等。其中，最常用的是 GET 方法和 POST 方法。平时打开网站一般使用的是 GET 方法，也就是请求页面，该方法通过 get()函数实现，其函数原型如下。

```
get(url, params=None, **kwargs)
```

（1）url：请求的 URL，这是必传参数，其他都是可选参数。

（2）params：字典或字节序列，作为参数增加到 url 中。

（3）**kwargs：控制访问的参数，如 headers、cookies、timeout 和 proxies 等。

课外拓展

如果需要向网站提交数据（如登录网站），可使用 POST 方法。

扫一扫

POST 方法

2. 获取 HTTP 响应的内容

使用请求方法发送 HTTP 请求后，返回一个 Response 类型的对象，其提供的属性和方法如表 10-1 所示。

表 10-1　Response 类型对象提供的属性和方法

属性/方法	说　明
status_code	获取响应状态码，为整数，如 200（连接成功）、404（连接失败）
request.headers	获取请求头
url	获取请求的 URL
encoding	获取根据 HTTP 请求猜测的响应内容编码方式，可对其赋值更改编码方式
apparent_encoding	获取从响应内容分析出的编码方式
content	获取二进制类型的响应内容，会自动解码 gzip 和其他编码的响应内容
text	获取文本类型的响应内容
raise_for_status()	若是 status_code 不是 200，则会抛出异常

【例 10-1】　爬取在豆瓣网站中搜索“Python”的内容，输出响应的内容。

【问题分析】　在爬取网页的内容前，可以先查看和分析网页的 HTTP 请求和响应，获取构造请求的信息和响应的内容。使用 Google Chrome 浏览器打开豆瓣网站搜索“Python”，查看 HTTP 请求和响应的过程如下。

打开 Google Chrome 浏览器，访问 https://www.douban.com/。右击页面空白处，在弹出的快捷菜单中选择“检查”选项，打开浏览器的开发者工具窗口，然后选择“Network”选项。在打开的豆瓣网站中搜索“Python”关键词，即可在开发者工具窗口中显示请求记录（见图 10-2），其中每一条记录都代表一次发送请求和接收响应的过程。

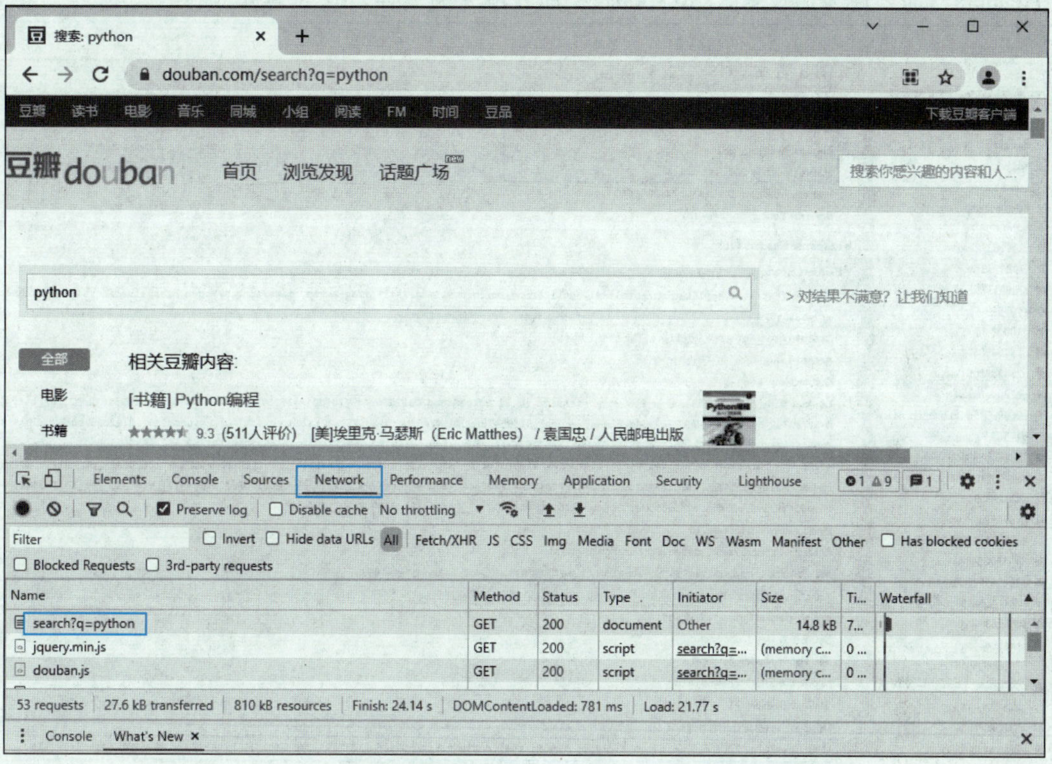

图 10-2　Google Chrome 浏览器显示 HTTP 请求记录

在记录列表中，选择“search?q=python”选项，然后在其右侧打开的界面中选择“Headers”选项，即可显示 HTTP 请求和响应的详细信息，如图 10-3 所示。

课外拓展

HTTP 请求可以分为 4 部分内容：请求的网址（Request URL）、请求方法（Request Method）、请求头（Request Headers）和请求体（Request Body）（请求体中的内容一般是 POST 请求中的表单数据，而 GET 请求的请求体为空）。在图 10-3 中，“Request URL”部分即为请求的网址（https://www.douban.com/search?q=python）；“Request Method”部分即为请求方法（GET 方法）；“Request Headers”部分即为请求头，最常用的是“User-Agent”信息，用于使服务器识别客户端使用的操作系统及版本、浏览器及版本等信息，实现爬虫时加上此信息，可以伪装成浏览器。

HTTP 响应可以分为 3 部分内容：响应状态码（Response Status Code）、响应头（Response Headers）和响应体（Response Body）。在图 10-3 中，“Status Code”部分即为响应状态码（200 OK），在爬取网页时，爬虫程序可以根据状态码判断服务器的响应状态，如果状态码为 200，则表明返回数据成功，可以进行下一步的处理；“Response Headers”部分即为响应头；“Response”部分即为响应体，包含响应内容。

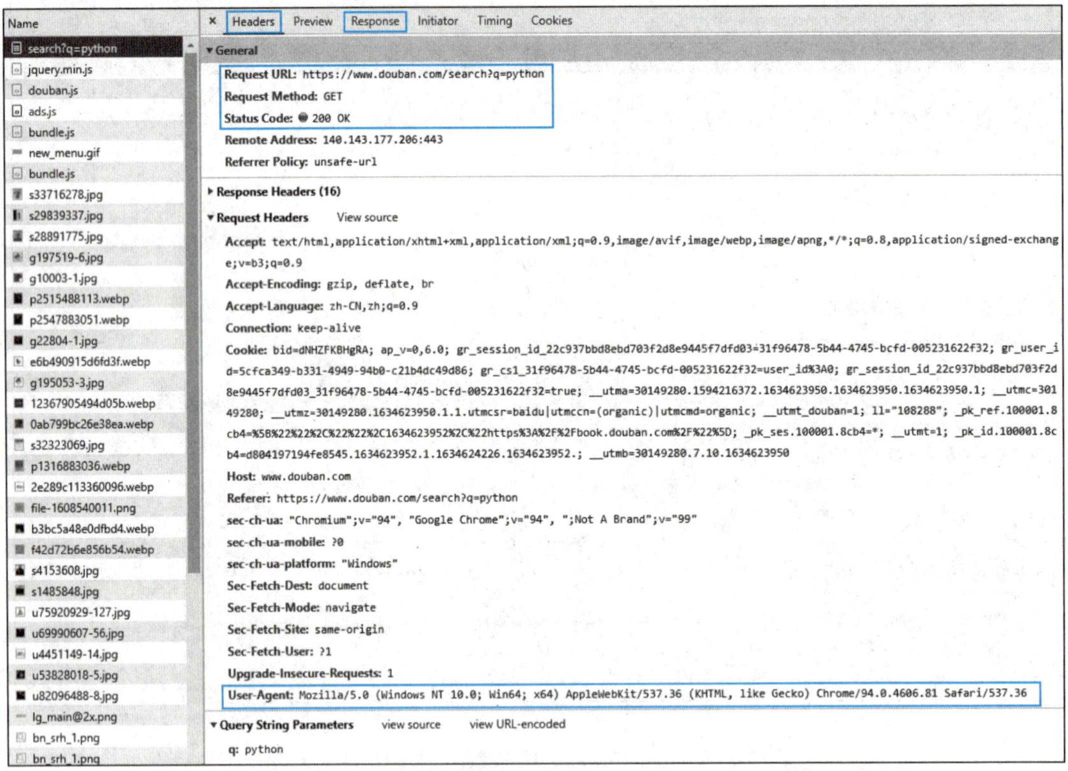

图 10-3　HTTP 请求和响应的详细信息

完成本案例，可首先定义字符串 url，赋值为 https://www.douban.com/search，定义字典 paramsvalue，赋值为{'q': 'Python'}；然后使用 get()函数发送 HTTP 请求，参数为 url 和 paramsvalue，输出响应状态码和请求头；然后定义字典 headersvalue 设置 User-Agent 信息，再使用 get()函数发送 HTTP 请求，参数为 url、paramsvalue 和 headersvalue，并输出响应状态码、请求头和文本类型的响应内容。

【参考代码】

```
import requests                              #导入requests库
paramsvalue = {'q': 'Python'}                #定义字典
#将paramsvalue作为参数增加到url中并发送请求，将响应赋值给r
```

```
    r = requests.get('https://www.douban.com/search',
                    params=paramsvalue)
    print(r.status_code)                          #输出响应状态码
    print(r.request.headers)                      #输出请求头
    #定义请求头信息
    headersvalue = {
        'User-Agent': 'Mozilla/5.0 (Windows NT 10.0; Win64; x64)
AppleWebKit/537.36 (KHTML, like Gecko) Chrome/93.0.4577.82
Safari/537.36',
    }
    #发送 HTTP 请求，并将响应赋值给 r
    r = requests.get('https://www.douban.com/search',
                    params=paramsvalue, headers=headersvalue)
    print(r.status_code)                          #输出响应状态码
    print(r.request.headers)                      #输出请求头
    print(r.text)                                 #输出文本类型的响应内容
```

【运行结果】 程序运行结果如图 10-4 所示。

```
418
{'User-Agent': 'python-requests/2.26.0', 'Accept-Encoding': 'gzip, deflate', 'Accept': '*/*', 'Connection': 'keep-alive'}
200
{'User-Agent': 'Mozilla/5.0 (Windows NT 10.0; Win64; x64) AppleWebKit/537.36 (KHTML, like Gecko) Chrome/93.0.4577.82
 Safari/537.36', 'Accept-Encoding': 'gzip, deflate', 'Accept': '*/*', 'Connection': 'keep-alive'}
<!DOCTYPE html>
<html lang="zh-CN" class="ua-windows ua-webkit">
<head>
    <meta http-equiv="Content-Type" content="text/html; charset=utf-8">
    <meta name="renderer" content="webkit">
    <meta name="referrer" content="always">
    <meta name="google-site-verification" content="ok0wCgT20tBBgo9_zat2iAcimtN4Ftf5ccsh092Xeyw" />
    <title>
  搜索: Python
</title>
```

图 10-4　例 10-1 程序运行结果（部分）

从图 10-4 可以看出，例 10-1 第一次发送 HTTP 请求时，请求头中的 User_Agent 信息为 Python 的 requests 库的版本信息，表示爬虫程序发送该请求，且响应状态码是 418，表示禁止爬虫程序爬取该网站；而第二次设置为浏览器信息，响应状态码为 200，表示伪装成浏览器后成功爬取网站。所以，设置请求头参数是应对反爬虫机制的一种有效方法。

任务实施

【任务分析】 使用 Google Chrome 浏览器打开豆瓣电影 Top250 网站（网址 https://movie.douban.com/top250），可以看到每一页只显示 25 个电影，如果想要获取所有的电影（250 个），需要获取总共 10 页的内容。10 个网页的地址如下。

https://movie.douban.com/top250

https://movie.douban.com/top250?start=25&filter=

https://movie.douban.com/top250?start=50&filter=

...

https://movie.douban.com/top250?start=220&filter=

https://movie.douban.com/top250?start=225&filter=

通过分析发现，每翻一页，网页地址中的 start 参数会加上 25。

完成本任务，须循环 10 次。在循环中，首先定义 url 字符串；然后发送 HTTP 请求，并输出响应状态码和请求的 URL；最后将响应内容保存到 TXT 文件中。

【参考代码】

```
import requests                                  #导入 requests 库
headersvalue = {                                 #设置请求头 User-Agent 信息
    'User-Agent': 'Mozilla/5.0 (Windows NT 10.0; Win64; x64)
AppleWebKit/537.36 (KHTML, like Gecko) Chrome/93.0.4577.82
Safari/537.36',
}
for i in range(0, 250, 25):                      #循环翻页
    #定义 url 字符串
    url = 'https://movie.douban.com/top250?start={}&filter='.format(i)
    #发送请求，并将响应赋值给 r
    r = requests.get(url, headers=headersvalue)
    print(r.status_code)                         #输出响应状态码
    print(r.url)                                 #输出请求的 URL
    #将响应内容保存到 TXT 文件中
    with open('movie.txt', 'a+', encoding='utf-8') as f:
        f.write(r.text)
```

【运行结果】 程序运行结果如图 10-5 所示。

```
200
https://movie.douban.com/top250?start=0&filter=
200
https://movie.douban.com/top250?start=25&filter=
200
https://movie.douban.com/top250?start=50&filter=
200
https://movie.douban.com/top250?start=75&filter=
200
https://movie.douban.com/top250?start=100&filter=
200
https://movie.douban.com/top250?start=125&filter=
200
https://movie.douban.com/top250?start=150&filter=
200
https://movie.douban.com/top250?start=175&filter=
200
https://movie.douban.com/top250?start=200&filter=
200
https://movie.douban.com/top250?start=225&filter=
```

图 10-5 “爬取豆瓣电影 Top250 网站的数据”程序运行结果

保存的“movie.txt”文件的内容如图 10-6 所示。

```
movie.txt - 记事本
文件(F) 编辑(E) 格式(O) 查看(V) 帮助(H)
<ol class="grid_view">
    <li>
        <div class="item">
            <div class="pic">
                <em class="">1</em>
                <a href="https://movie.douban.com/subject/1292052/">
                    <img width="100" alt="肖申克的救赎" src="https://img2.doubanio.com/view/photo/s_ratio_poster/public/p480747492.jpg" class="">
                </a>
            </div>
            <div class="info">
                <div class="hd">
                    <a href="https://movie.douban.com/subject/1292052/" class="">
                        <span class="title">肖申克的救赎</span>
                                <span class="title"> / The Shawshank Redemption</span>
                            <span class="other"> / 月黑高飞(港)  /  刺激1995(台)</span>
                    </a>


                        <span class="playable">[可播放]</span>
                </div>
                <div class="bd">
                    <p class="">
                        导演: 弗兰克·德拉邦特 Frank Darabont   主演: 蒂姆·罗宾斯 Tim Robbins /...<br>
                        1994 / 美国 / 犯罪 剧情
                    </p>


                    <div class="star">
                            <span class="rating5-t"></span>
                            <span class="rating_num" property="v:average">9.7</span>
                            <span property="v:best" content="10.0"></span>
                            <span>2451193人评价</span>
                    </div>
```

图 10-6 “movie.txt”文件的内容（部分）

任务二

爬取 Python 中文开发者社区基础教程的数据

任务描述

Python 中文开发者社区是一个 Python 开发者学习交流的社区门户网站，也是一个非营利性的公益网站，它致力于壮大 Python 中国开发者群体，帮助 Python 开发者解决开发中遇到的各种问题。本任务将带领大家编写 Python 程序，利用 beautifulsoup4 库，爬取 Python 中文开发者社区基础教程的数据。

知识链接

一、网页基础

1. HTML

超文本标记语言（hyper text marked language，HTML）是一种用于描述网页的语言。它通过不同类型的标签来描述不同的元素，各种标签通过不同的排列和嵌套形成网页的框架。有的标签还带有属性参数，其语法格式如下。

```
<标签  属性="参数值">
```

常用的标签如表 10-2 所示。

表 10-2 常用的标签

标 签	说 明
<!DOCTYPE>	定义文档类型
<html>	定义 HTML 文档，标记符是<html></html>
<head>	定义文档的头部，标记符是<head></head>
<title>	定义文档的标题，标记符是<title>文档标题</title>
<body>	定义文档的主体，标记符是<body></body>
<div>	定义文档中的节，标记符是<div></div>
<ul>	定义无序列表，标记符是<ul></ul>
<li>	定义列表项目，标记符是<li></li>

表 10-2（续）

标　签	说　明
<h1>～<h6>	定义 HTML 标题，<h1>定义最大的标题，<h6>定义最小的标题，标记符是<h1>我的标题</h1>
<p>	定义段落，标记符是<p></p>
<a>	定义超链接目标，标记符是<a href="地址">链接名称</a>

例如，百度首页的 HTML 源代码如图 10-7 所示。

```
Elements  Console  Sources  Network  Performance  Memory  Application  Security  Lighthouse
<!DOCTYPE html>
…<!--STATUS OK--> == $0
<html>
 ▶<head>…</head>
 ▼<body class style>
   ▶<script>…</script>
   ▶<textarea id="s_is_result_css" style="display:none;">…</textarea>
   ▶<textarea id="s_index_off_css" style="display:none;">…</textarea>
   ▼<div id="wrapper" class="wrapper_new">
     ▶<script>…</script>
     ▼<div id="head">
       ▶<div id="s_top_wrap" class="s-top-wrap s-isindex-wrap" style="left: 0px;">…</div>
       ▶<div id="u">…</div>
       ▼<div id="s-top-left" class="s-top-left s-isindex-wrap">
          <a href="http://news.baidu.com" target="_blank" class="mnav c-font-normal c-color-t">新闻</a>
          <a href="https://www.hao123.com" target="_blank" class="mnav c-font-normal c-color-t">hao123</a>
          <a href="http://map.baidu.com" target="_blank" class="mnav c-font-normal c-color-t">地图</a>
          <a href="https://haokan.baidu.com/?sfrom=baidu-top" target="_blank" class="mnav c-font-normal c-color-t">视频</a>
          <a href="http://tieba.baidu.com" target="_blank" class="mnav c-font-normal c-color-t">贴吧</a>
          <a href="http://xueshu.baidu.com" target="_blank" class="mnav c-font-normal c-color-t">学术</a>
        ▶<div class="mnav s-top-more-btn">…</div>
        </div>
       ▶<div id="u1" class="s-top-right s-isindex-wrap">…</div>
       ▶<div id="head_wrapper" class="head_wrapper s-isindex-wrap nologin">…</div>
       ▶<div id="s_wrap" class="s-isindex-wrap">…</div>
       ▶<div id="bottom_layer" class="s-bottom-layer s-isindex-wrap">…</div>
      </div>
     ▶<div class="s_tab" id="s_tab">…</div>
     ▶<div id="s_side_wrapper">…</div>
      <div id="wrapper_wrapper"></div>
    </div>
    <div class="c-tips-container" id="c-tips-container"></div>
   ▶<script>…</script>
   ▶<script>…</script>
    <script type="text/javascript" src="https://dss0.bdstatic.com/5aV1bjqh_Q23odCf/static/superman/js/lib/jquery-1-edb203c114.10.2.js"></script>
   ▶<script type="text/javascript">…</script>
   ▶<script type="text/javascript">…</script>
    <script src="https://ss1.bdstatic.com/5eN1bjq8AAUYm2zgoY3K/r/www/cache/static/protocol/https/global/js/all_async_search_00ca916.js"></script>
   ▶<script>…</script>
   ▶<script type="text/javascript">…</script>
   ▶<script data-for="esl-config">…</script>
    <!--[if lt IE 9]>
       <script type="text/javascript" src="https://dss0.bdstatic.com/5aV1bjqh_Q23odCf/static/superman/js/polyfill-ie8-30f98ab294.js"></script>
    <![endif]-->
    <script type="text/javascript" src="https://dss0.bdstatic.com/5aV1bjqh_Q23odCf/static/superman/js/sbase-0948aa26f1.js"></script>
   ▶<style type="text/css">…</style>
   ▶<script type="text/javascript">…</script>
   ▶<script>…</script>
   ▶<script>…</script>
   ▶<script>…</script>
    <script src="https://dss0.bdstatic.com/5aV1bjqh_Q23odCf/static/superman/js/min_super-24b673bdba.js"></script>
   ▶<script>…</script>
    <script src="https://dss0.bdstatic.com/5aV1bjqh_Q23odCf/static/superman/js/components/hotsearch-2ae76631d8.js"></script>
  </body>
</html>
```

图 10-7　百度首页的 HTML 源代码

小提示

打开浏览器的开发者工具窗口，选择“Elements”选项，即可查看 HTML 源代码。

2．HTML DOM

文档对象模型（document object model，DOM）定义了访问 HTML 和可扩展标记语言（extensible markup language，XML）文档的标准。HTML DOM 将 HTML 文档呈现为带有元素、属性和文本的树结构（也称为节点树），如图 10-8 所示。

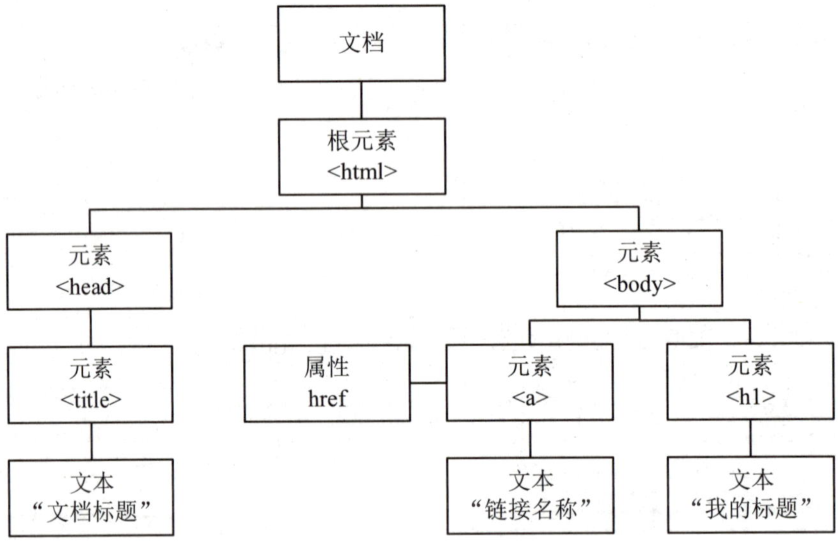

图 10-8　节点树

二、beautifulsoup4 库

1．beautifulsoup4 基本用法

beautifulsoup4 库也称为 Beautiful Soup 库或 bs4 库，用于解析 HTML 或 XML 文档。beautifulsoup4 库不是 Python 内置的标准库，使用之前需要安装。

扫一扫

beautifulsoup4 库

beautifulsoup4 库中最重要的是 BeautifulSoup 类，它的实例化对象相当于一个页面。解析网页时，需要使用 BeautifulSoup()创建一个 BeautifulSoup 对象，该对象是一个树形结构，包含了 HTML 页面中的标签元素，如<head>、<body>等。也就是说，HTML 中的主要结构都变成了 BeautifulSoup 对象的一个个属性，然后可通过“对象名.属性名”形式获取该对象的第一个属性值（即节点）。

小提示

BeautifulSoup 对象的属性名与 HTML 的标签名相同，HTML 常用的标签见表 10-2。

每一个 HTML 标签在 beautifulsoup4 库中又是一个对象，称为 Tag 对象，它有 4 个常用属性，如表 10-3 所示。

表 10-3　Tag 对象的常用属性

属　性	说　明
name	标签的名字，如 head、title 等，返回一个字符串
string	标签所包围的文字，网页中真实的文字（尖括号之间的内容），返回一个字符串
attrs	字典，包含了页面标签的所有属性（尖括号内的所有项），如 href，返回一个字典
contents	标签下所有子标签的内容，返回一个列表

其中，attrs 返回的是标签的所有属性组成的字典类型的数据，可通过“atrrs['属性名']”形式获取属性值。

【例 10-2】　爬取链家租房网站的内容（网址 https://bj.lianjia.com/zufang/），通过 beautifulsoup4 库解析网页，输出第一个 li 节点的类型、内容及其属性等信息。

【问题分析】　在 Google Chrome 浏览器中访问 https://bj.lianjia.com/zufang/，查看并分析 HTML 源代码，可以看到第一个 li 节点的源代码，如图 10-9 所示。

```
▼<div class="header ">
  ▼<ul class="header__wrapper w1150 clear typeUserInfo" id="top">
    ▼<li class="header__item fl">
       <a href="//bj.lianjia.com" target="_blank">首页</a>
     </li>
    ▶<li class="header__item fl">…</li>
    ▶<li class="header__item fl">…</li>
    ▶<li class="header__item fl cur">…</li>
    ▶<li class="header__item fl">…</li>
    ▶<li class="header__item fl">…</li>
    ▶<li class="header__item fl">…</li>
    ▶<li class="header__item fl">…</li>
    ▶<li class="header__item fl">…</li>
    ▶<li class="header__item fl">…</li>
    ▶<li class="header__item fl">…</li>
    ▶<li class="header__item fl">…</li>
    ▶<li class="header__item fl publish-house" data-event_id="20383">…</li>
    ▶<li class="header__item fl">…</li>
    ▶<li class="header__aside fr pointer typeShowUser" data-el="login" data-event_id="10794" data-event_action="target=login">…</li>
    ▶<li class="top__aside fr hide" data-el="user_box">…</li>
     ::after
   </ul>
 </div>
```

图 10-9　链家租房网站的 HTML 源代码

【参考代码】

```
import requests                                #导入 requests 库
from bs4 import BeautifulSoup #从 bs4 库中导入 BeautifulSoup 模块
```

```
url = 'https://bj.lianjia.com/zufang/'  #定义 url 字符串
headersvalue = {
    'User-Agent': 'Mozilla/5.0 (Windows NT 10.0; Win64; x64)
AppleWebKit/537.36 (KHTML, like Gecko) Chrome/93.0.4577.82
Safari/537.36',
}
#发送请求，并将返回结果赋值给 r
r = requests.get(url, headers=headersvalue)
#创建 BeautifulSoup 对象，并设置使用 lxml 解析器
soup = BeautifulSoup(r.text, 'lxml')
print('soup 类型: ', type(soup))                 #输出 soup 类型
print('"soup.li" 类型: ', type(soup.li)) #输出 "soup.li" 类型
print('第一个 li 节点: \n', soup.li)         #输出第一个 li 节点
#输出第一个 li 节点的 name 属性
print('第一个 li 节点的 name 属性: ', soup.li.name)
#输出第一个 li 节点的 contents 属性
print('第一个 li 节点的 contents 属性: ', soup.li.contents)
#输出第一个 li 节点的 string 属性
print('第一个 li 节点的 string 属性: ', soup.li.string)
#输出第一个 li 节点的 attrs 属性
print('第一个 li 节点的 attrs 属性: ', soup.li.attrs)
#输出第一个 li 节点的 attrs 属性的 "class" 属性值
print('第一个 li 节点的 attrs 属性的 "class" 属性值: ',
      soup.li.attrs['class'])
#输出第一个 li 节点下 a 节点的 string 属性
print('第一个 li 节点下 a 节点的 string 属性: ', soup.li.a.string)
```

【运行结果】 程序运行结果如图 10-10 所示。

小提示

按照 HTML 语法，可以在标签中嵌套其他标签，因此 string 属性的返回值遵循如下原则。

（1）如果标签内部没有其他标签，string 属性返回其中的内容。

（2）如果标签内部还有其他标签，但只有一个标签，string 属性返回最里面标签的内容。

（3）如果标签内部还有其他标签，且不止一个标签，string 属性返回 None。

```
soup类型： <class 'bs4.BeautifulSoup'>
"soup.li"类型： <class 'bs4.element.Tag'>
第一个li节点：
 <li class="header__item fl">
<a href="//bj.lianjia.com" target="_blank">首页</a>
</li>
第一个li节点的name属性： li
第一个li节点的contents属性： ['\n', <a href="//bj.lianjia.com" target="_blank">首页</a>, '\n']
第一个li节点的string属性： None
第一个li节点的attrs属性： {'class': ['header__item', 'fl']}
第一个li节点的attrs属性的"class"属性值： ['header__item', 'fl']
第一个li节点下a节点的string属性： 首页
```

图 10-10 例 10-2 程序运行结果

2. CSS 选择器

beautifulsoup4 库提供了使用 CSS 选择器来选择节点的方法，只需调用 select()方法传入相应的 CSS 选择器即可，常用的选择器如表 10-4 所示。

表 10-4 常用的 CSS 选择器

选择器	示 例	示例说明
.class	.intro	选择 class="intro"的所有节点
#id	#firstname	选择 id="firstname"的所有节点
*	*	选择所有节点
element	p	选择所有<p>节点
element,element	div,p	选择所有<div>节点和所有<p>节点
element element	div p	选择<div>节点内部的所有<p>节点
element>element	div>p	选择父节点为<div>节点的所有<p>节点
[attribute]	[target]	选择带有 target 属性的所有节点
[attribute=value]	[target=blank]	选择 target="blank"的所有节点

【例 10-3】 爬取链家租房网站的内容（网址 https://bj.lianjia.com/zufang/），使用 CSS 选择器选择节点，输出第一个房源的小区和楼层信息。

【问题分析】 在 Google Chrome 浏览器中访问 https://bj.lianjia.com/zufang/，打开浏览器的开发者工具窗口，选择“Elements”选项后单击左上角“⬚”按钮，然后使用鼠标选择网页中的某处，即可直接定位到 HTML 中对应的节点，如图 10-11 所示。可以看出，第一个房源的小区信息包含在 class 属性值为 content__list--item--des 的节点下的 a 节点中，楼层信息包含在 span 节点中。

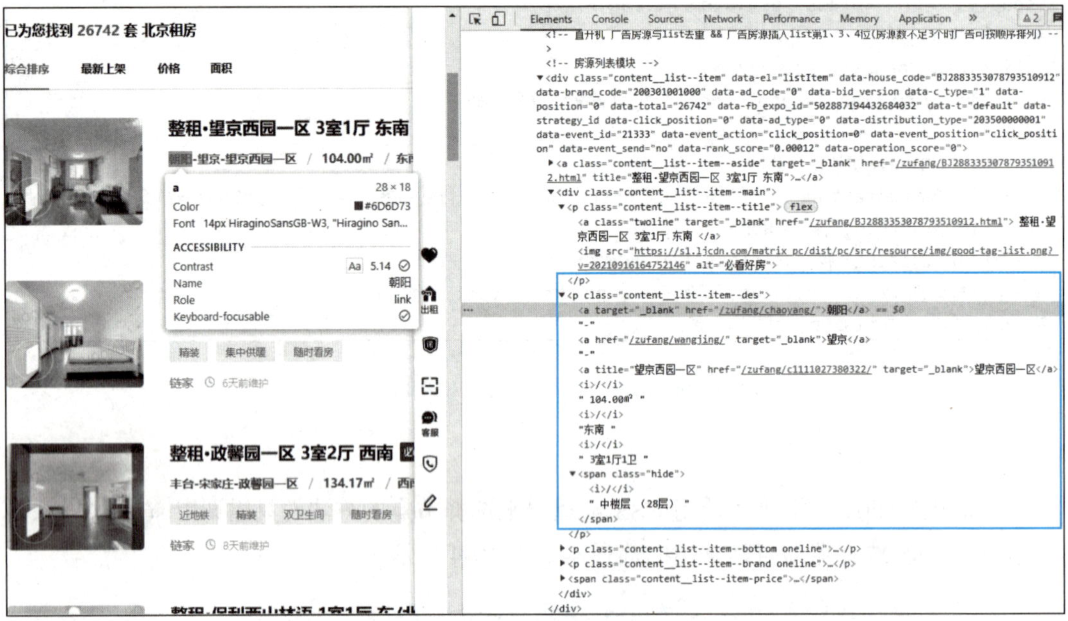

图 10-11　链家租房网站的 HTML 源代码

【参考代码】

```
import requests                            #导入 requests 库
from bs4 import BeautifulSoup #从 bs4 库中导入 BeautifulSoup 模块
url = 'https://bj.lianjia.com/zufang/'  #定义 url 字符串
headersvalue = {
    'User-Agent': 'Mozilla/5.0 (Windows NT 10.0; Win64; x64)
AppleWebKit/537.36 (KHTML, like Gecko) Chrome/93.0.4577.82
Safari/537.36',
}
#发送请求，并将响应赋值给 r
r = requests.get(url, headers=headersvalue)
#创建 BeautifulSoup 对象，并设置使用 lxml 解析器
soup = BeautifulSoup(r.text, 'lxml')
#将 class 属性值为“content__list--item--des”的第一个节点赋值给 node
node = soup.select('.content__list--item--des')[0]
print('第一个房源小区信息：')
for node_a in node.select('a'):#循环输出 node 节点下 a 节点的文本
    print(node_a.string, end=' ')
```

```
#输出 node 节点下 span 节点中的楼层信息
print('\n 第一个房源楼层信息：',
      node.select('span')[0].contents[2].strip())
```

【运行结果】 程序运行结果如图 10-12 所示。

```
第一个房源小区信息：
朝阳 望京 望京西园一区
第一个房源楼层信息： 中楼层                                    （28层）
```

图 10-12 例 10-3 程序运行结果

课外拓展

Python 还提供了 lxml 库用于解析网页，支持 HTML 和 XML 的解析，支持 XPath 解析方式。

扫一扫

lxml 库

任务实施

【任务分析】 完成本任务，须首先发送 HTTP 请求，然后将爬取到的文章按标题保存到 TXT 文件中，并输出每篇文章下载完成的提示。具体实现步骤如下。

（1）定义请求的 URL 字符串（base_url）和请求头字典（headersvalue），其中，base_url 赋值为 https://www.pythontab.com/html/pythonjichu/，即 Python 中文开发者社区的 Python 基础教程首页；headersvalue 包含 User-Agent 信息。

（2）定义 get_onepage_url(url)函数获取每一网页 10 篇文章的 URL，并保存在列表中。

（3）定义 get_article(url)函数获取每一篇文章的内容，在其中调用 towrite()函数保存文章内容，并输出下载完成提示。

（4）定义 towrite(title,content)函数将文章内容保存到 TXT 文件中，以文章标题命名文件保存在文件夹时，由于文件名不能包含一些特殊字符，须对文章标题中包含的特殊字符进行处理。

（5）定义 main()函数，在当前工作目录中创建“Python 基础教程”文件夹，循环 30 次，组合网页的 URL，并调用 get_onepage_url()函数返回 url 列表，然后遍历列表，调用 get_article()函数。

（6）调用 main()函数运行程序。

【参考代码】

```
import os                           #导入 os 库
import requests                     #导入 requests 库
from bs4 import BeautifulSoup #从 bs4 库中导入 BeautifulSoup 模块
```

```
#定义base_url字符串
base_url='https://www.pythontab.com/html/pythonjichu/'
#设置请求头的User-Agent信息
headersvalue = {
    'User-Agent': 'Mozilla/5.0 (Windows NT 10.0; Win64; x64) AppleWebKit/537.36 (KHTML, like Gecko) Chrome/93.0.4577.82 Safari/537.36'
}
def get_onepage_url(url):        #定义函数获取每一网页的URL
    url_list = []                #定义列表
    try:
        #发送HTTP请求
        r = requests.get(url, headers=headersvalue)
    except:
        print('请求失败')                      #请求错误，输出"请求失败"
    else:
        #初始化BeautifulSoup对象
        soup = BeautifulSoup(r.text, 'lxml')
        items = soup.select('#catlist li')#查找包含文章的li节点
        for item in items:
            #获取每篇文章的URL
            url1 = item.select('a')[0].attrs['href']
            url_list.append(url1)           #将URL添加到列表
    return url_list
def get_article(url):                       #定义函数获取文章内容
    try:
        #发送HTTP请求
        r = requests.get(url, headers=headersvalue)
    except:
        print('请求失败')                      #请求错误，输出"请求失败"
    else:
        #创建BeautifulSoup对象
        soup = BeautifulSoup(r.text, 'lxml')
        #获取文章标题
        title = soup.select('#Article h1')[0].string
```

```
        #获取文章内容
        content = soup.select('#Article .content')[0].text
        towrite(title, content)             #调用 towrite()函数
def towrite(title, content):                #定义函数保存文章
    #定义 string 字符串，表示文件命名时不能包含的特殊字符
    string = ['?', '*', ': ', '"', '< ', '>', '\\', '/', '|']
    for i in string:
        if i in title:                  #判断 title 中是否包含特殊字符
            #如果包含特殊字符，则替换为“#”
            title = title.replace(i, '#')
    try:
        #打开文件
        with open(title + '.txt', 'w+', encoding='utf-8') as f:
            f.write(content.strip())            #写入文件
    except:                                     #捕获写入文件异常
        print('写入文件失败: ' + title)          #输出写入文件失败提示
    else:
        print('下载完成: ' + title)              #输出下载完成提示
def main():
    path = os.getcwd() + '\\Python 基础教程'  #获取文件夹路径
    #判断文件夹是否存在，如果不存在则新建
    if not os.path.exists(path):
        os.mkdir(path)
    os.chdir(path)                              #切换到 Path 目录
    for i in range(1, 31):                      #循环 30 次
        if i > 1:
            url = base_url+str(i)+'.html' #组合网页的 URL
        else:
            url = base_url                      #第一个网页的 URL
        #调用 get_onepage_url()函数
        url_list = get_onepage_url(url)
        for url1 in url_list:                   #遍历列表
            get_article(url1)                   #调用 get_article()函数
main()                                          #调用 main()函数
```

【运行结果】 程序运行结果如图 10-13 所示，“Python 基础教程”文件夹中的文件

视图如图 10-14 所示。

```
下载完成：range方法在Python2和Python3中的不同
下载完成：python3 数组(列表)初始化
下载完成：Python3 pickle模块的使用详解
下载完成：Python3内置模块之json编码解码方法讲解
下载完成：Python3 列表list合并的4种方法
下载完成：CentOS下编译安装Python3教程
下载完成：Python3中strip()、lstrip()、rstrip()用法详解
下载完成：如何在MacOS下安装Python3
下载完成：Python3时间戳转换为指定格式的日期
下载完成：Python 中__new__方法详解及使用
下载完成：解决Python找不到ssl模块问题 No module named _ssl
下载完成：Python中eval与exec的使用及区别
```

图 10-13 “爬取 Python 中文开发者社区基础教程的数据”程序运行结果

« 项目十 › Python基础教程　　搜索"Python基础教程"

名称	修改日期	类型	大小
10 款最好的 Python IDE.txt	2021/9/23 17:16	文本文档	4 KB
[Modules#zlibmodule.o] Error 1错误...	2021/9/23 17:16	文本文档	1 KB
30个Python常用小技巧.txt	2021/9/23 17:16	文本文档	8 KB
CentOS 7下编译安装Python3.txt	2021/9/23 17:16	文本文档	6 KB
centos 下如何正确升级python.txt	2021/9/23 17:16	文本文档	2 KB
CentOS下编译安装Python3教程.txt	2021/9/23 17:16	文本文档	3 KB
Eclipse+PyDev+Django+Mysql搭建Py...	2021/9/23 17:17	文本文档	4 KB
from module import 和 import 的区...	2021/9/23 17:17	文本文档	1 KB
import reload _import_在python中...	2021/9/23 17:16	文本文档	6 KB
ip、数字的互转.txt	2021/9/23 17:16	文本文档	1 KB
Mac OS 中的 Python（和 NumPy）开...	2021/9/23 17:17	文本文档	2 KB

图 10-14 “Python 基础教程”文件夹中的文件视图

项目实训

编程训练

（1）爬取豆瓣读书网站（网址 https://book.douban.com/）首页的所有图片，并以“.jpg”格式保存到“图片”文件夹中。

提示：爬取图片时，须通过 HTTP 响应的 content 属性获取图片的二进制数据；保存图片时，须以“wb”模式保存。

（2）在任务一的基础上，爬取豆瓣电影 Top250 网站的内容，将 250 部电影的信息保存到 TXT 文件中，包括电影名、导演、主演、上映时间、国家、类型、评分和评价数。

项目小结

本项目主要介绍了 Python 中网络爬虫的相关内容。通过本项目的学习，读者应重点掌握以下内容。

（1）网络爬虫的工作流程分为爬取网页、解析网页和存储数据 3 个步骤。

（2）requests 库可通过 get()函数发送 HTTP 请求。

（3）HTTP 请求包括请求的网址、请求方法、请求头和请求体，HTTP 响应包括响应状态码、响应头和响应体。

（4）beautifulsoup4 库中 Tag 对象的 4 个属性包括 name、string、attrs 和 contents。

（5）beautifulsoup4 库可通过 select()方法传入 CSS 选择器选择节点。

项目考核

一、选择题

（1）下面哪项不属于解析网页的库？（　　）

A．正则表达式　　B．beautifulsoup4

C．lxml　　D．requests

（2）通过设置 HTTP 请求的哪个参数可以实现伪装成浏览器访问网页？（　　）

A．headers　　B．params

C．timeout　　D．data

（3）下面不属于 Response 对象属性的是（　　）。

A．text　　B．content

C．encoding　　D．txt

（4）下面关于 beautifulsoup4 中 Tag 对象描述错误的是（　　）。

A．name 属性可获取 Tag 对象的名称

B．attrs 属性可获取 Tag 对象的 HTML 属性，返回值为列表形式

C．string 属性可获取 Tag 对象中的文本字符串内容

D．contents 属性可获取 Tag 对象子标签的内容

（5）下面不属于 HTML 标签的是（　　）。

A．class　　B．a

C．title　　D．head

二、填空题

（1）HTTP 请求由__________、__________、_________和_________4 部分组成。

（2）HTTP 响应由___________、___________和__________3 部分组成。

（3）使用 CSS 选择器选择所有 div 节点下所有 id 属性值为“top”的子节点的表达式为______________。

三、编程题

爬取链家租房网站（网址 https://bj.lianjia.com/zufang/）首页的房源信息，并保存到 TXT 文件中，包括标题、位置、楼层、面积、朝向、户型、设施和租金。

项目十一

办公自动化

项目导读

近年来，Python 在办公自动化领域越来越受欢迎，它可以让办公人员快速上手，批量处理数据，摆脱机械性和重复性的烦琐工作。本项目将介绍使用 Python 处理 Excel 和 Word 数据的方法。

学习目标

✓ 掌握使用 xlwings 库读写、合并和拆分 Excel 工作表，以及批量处理数据的方法。
✓ 掌握使用 python-docx 库读取和批量替换 Word 文档数据的方法。
✓ 掌握使用 pywin32 库将 Word 文档批量转换为 PDF 格式，以及在 Word 文档中批量替换关键词的方法。
✓ 能使用 Python 第三方库实现办公自动化。

素质目标

✓ 增强实现办公自动化的能力，提高办公效率。
✓ 了解我国办公自动化的发展，增强科技兴国的理念和认真学习的信念。

任务一

批量生成出货清单

任务描述

工作中经常需要将一个 Excel 工作表中的数据按一定的规则分类填写到多个相同格式的工作表中，如将出货记录按出货日期分类生成多张出货清单。本任务将带领大家编写 Python 程序，利用 xlwings 库操作 Excel 工作表，批量生成出货清单。

知识链接

一、xlwings 库简介

Python 提供了多种库操作 Excel，如 XlsxWriter、xlrd、xlwt、xlutils、openpyxl 和 xlwings 等，其功能对比如表 11-1 所示。

表 11-1　操作 Excel 库的功能对比

功　能	XlsxWriter	xlrd	xlwt	xlutils	openpyxl	xlwings
读	×	√	×	√	√	√
写	√	×	√	√	√	√
修改	×	×	×	√	√	√
支持 xls 格式	×	√	√	√	×	√
支持 xlsx 格式	√	√	√	×	√	√
支持批量操作	×	×	×	×	×	√

从表 11-1 可以看出，xlwings 库的功能最齐全，它不仅能读、写和修改两种格式的工作簿（xls 和 xlsx），还能批量处理多个工作簿。此外，xlwings 库还可以与 pandas 库结合使用，实现更强大的数据输入和分析功能。但使用 xlwings 库时系统必须安装 Excel 软件。

xlwings 库的逻辑结构如图 11-1 所示。其中，App（即应用）表示 Excel 程序，Book 表示工作簿，Sheet 表示工作表，Range 表示区域，既可以是一个单元格，也可以是单元格区域。从图 11-1 可以看出，使用 xlwings 库操作 Excel 时，可以同时启动多个 App，一个

App 可以打开多个 Book，一个 Book 可以打开多个 Sheet，一个 Sheet 可以对多个 Range 进行操作。

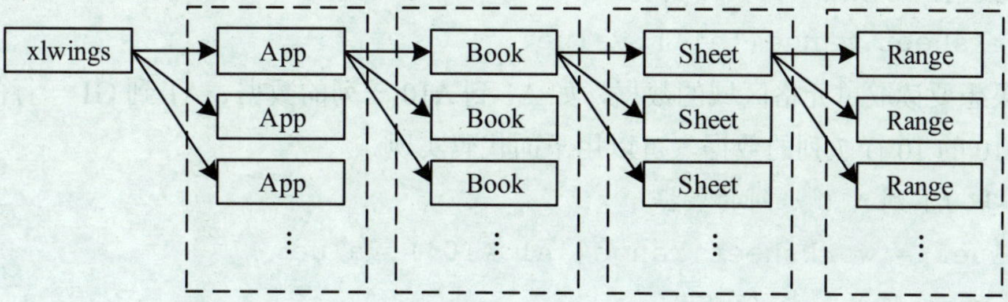

图 11-1 xlwings 库的逻辑结构

使用 xlwings 库操作 Excel 的基本步骤按照 xlwings 库的逻辑（App→Book→Sheet→Range）操作即可，最后关闭 Book 和退出 App。

小 提 示

xlwings 库不是 Python 内置的标准库，使用之前需要安装。

二、读写 Excel 工作表

1. 读取 Excel 工作表

读取 Excel 工作表，首先须启动 Excel 程序，可以用下面代码实现。

```
import xlwings                                              #导入 xlwings 库
app = xlwings.App(visible=False, add_book=False)#启动 Excel 程序
```

其中，app 表示 App 对象；visible 表示 Excel 程序窗口的可见性，如果为 True，则显示 Excel 程序窗口，否则隐藏 Excel 程序窗口（即后台运行），缺省时为 True；add_book 表示启动 Excel 程序后是否新建工作簿，如果为 True，则新建一个工作簿，否则不新建工作簿，缺省时为 True。

启动 Excel 程序后，须打开工作簿，可以用下面代码实现。

```
workbook = app.books.open(bookname)
```

其中，workbook 表示 Book 对象，bookname 表示要打开的工作簿名，即 Excel 文件名。

打开工作簿后，须打开工作表，可以用下面两种方法实现。

```
worksheet = workbook.sheets[index]
worksheet = workbook.sheets[sheetname]
```

其中，worksheet 表示 Sheet 对象；index 表示工作表在工作簿中的索引，按工作表打

开的顺序从后往前排序，最后一个打开的工作表索引为 0；sheetname 表示工作表名。

打开工作表后，就可以使用 range()方法读取指定区域内的数据了。例如，读取单元格 A1 中的数据，可以用下面代码实现。

```
worksheet.range('A1').value
```

如果想要读取单元格区域的数据，如 A1 到 A10 一列的数据、A1 到 G1 一行的数据、A1 到 G10 的 10 行 7 列的数据，可以用下面代码实现。

```
#读取 A1 到 A10 一列的数据
value1 = worksheet.range('A1:A10').value
#读取 A1 到 G1 一行的数据
value2 = worksheet.range('A1:G1').value
#读取 A1 到 G10 的 10 行 7 列的数据
value3 = worksheet.range('A1:G10').value
```

其中，value1 和 value2 为一维列表，value3 为二维列表。

如果不能确定工作表中具体区域的范围，可以使用 expand()方法读取指定区域后所有的数据。例如，读取整个工作表的数据，可以用下面代码实现。

```
worksheet.range('A1').expand().value
```

读取数据完成后，应通过 Book 对象调用 close()方法关闭工作簿，以及 App 对象调用 quit()方法退出 Excel 程序。

小 提 示

还可以直接使用单元格名读取区域的数据，上述读取数据的操作也可以用下面的代码实现。

```
worksheet['A1'].value
worksheet['A1:A10'].value
worksheet['A1:G1'].value
worksheet['A1:G10'].value
```

【例 11-1】 读取成绩表。

【问题分析】 本例读取并输出成绩表中序号为 3、序号为 1～5 和所有学生的成绩，以及所有学生的姓名，“初三(1)班成绩表.xlsx”的内容如图 11-2 所示。从图 11-2 可以看出，序号为 3 的学生成绩的区域为第 4 行，即 A4～J4；序号为 1～5 的学生成绩的区域为第 2 行到第 6 行，即 A2～J6；所有学生成绩的区域为第 1 行后的整个表格，即 A2 后的所有区域；所有学生姓名的区域为第 3 列，即 C2～C11。

	A	B	C	D	E	F	G	H	I	J
1	序号	学号	姓名	语文	数学	英语	物理	化学	历史	政治
2	1	20210101	宫笑妍	123	149	134	73	58	47	39
3	2	20210102	王越	125	146	135	70	60	51	26
4	3	20210103	王冬葵	125	149	136	71	58	51	37
5	4	20210104	冯强	111	114	103	48	49	39	26
6	5	20210105	张一博	100	106	100	57	42	37	28
7	6	20210106	刘德宇	111	123	116	70	53	50	35
8	7	20210107	冯雪	88	98	79	30	42	37	26
9	8	20210108	韩雨陶	86	93	85	26	38	28	25
10	9	20210109	薛猛一	127	145	137	66	60	48	38
11	10	20210110	郑宇	95	100	99	38	40	40	29
12										

Sheet1

图 11-2 “初三(1)班成绩表.xlsx”的内容

【参考代码】

```
import xlwings                                          #导入 xlwings 库
app = xlwings.App(visible=False, add_book=False)#启动 Excel 程序
#打开工作簿
book = app.books.open('初三成绩表\\初三(1)班成绩表.xlsx')
sheet = book.sheets['sheet1']                           #打开工作表
print('序号为 3 的学生成绩: \n', sheet.range('A4:J4').value)
print('序号为 1~5 的学生成绩: \n', sheet.range('A2:J6').value)
print('所有学生的成绩: \n', sheet.range('A2').expand().value)
print('所有学生的姓名: \n', sheet.range('C2:C11').value)
book.close()                                            #关闭工作簿
app.quit()                                              #退出 Excel 程序
```

【运行结果】 程序运行结果如图 11-3 所示。

```
序号为3的学生成绩:
 [3.0, 20210103.0, '王冬葵', 125.0, 149.0, 136.0, 71.0, 58.0, 51.0, 37.0]
序号为1~5的学生成绩:
 [[1.0, 20210101.0, '宫笑妍', 123.0, 149.0, 134.0, 73.0, 58.0, 47.0, 39.0], [2.0, 20210102.0, '王越', 125.0, 146.0, 135.0, 70.0, 60.0, 51.0, 26.0],
  [3.0, 20210103.0, '王冬葵', 125.0, 149.0, 136.0, 71.0, 58.0, 51.0, 37.0], [4.0, 20210104.0, '冯强', 111.0, 114.0, 103.0, 48.0, 49.0, 39.0, 26.0],
  [5.0, 20210105.0, '张一博', 100.0, 106.0, 100.0, 57.0, 42.0, 37.0, 28.0]]
所有学生的成绩:
 [[1.0, 20210101.0, '宫笑妍', 123.0, 149.0, 134.0, 73.0, 58.0, 47.0, 39.0], [2.0, 20210102.0, '王越', 125.0, 146.0, 135.0, 70.0, 60.0, 51.0, 26.0],
  [3.0, 20210103.0, '王冬葵', 125.0, 149.0, 136.0, 71.0, 58.0, 51.0, 37.0], [4.0, 20210104.0, '冯强', 111.0, 114.0, 103.0, 48.0, 49.0, 39.0, 26.0],
  [5.0, 20210105.0, '张一博', 100.0, 106.0, 100.0, 57.0, 42.0, 37.0, 28.0], [6.0, 20210106.0, '刘德宇', 111.0, 123.0, 116.0, 70.0, 53.0, 50.0,
 35.0], [7.0, 20210107.0, '冯雪', 88.0, 98.0, 79.0, 30.0, 42.0, 37.0, 26.0], [8.0, 20210108.0, '韩雨陶', 86.0, 93.0, 85.0, 26.0, 38.0, 28.0, 25.0],
  [9.0, 20210109.0, '薛猛一', 127.0, 145.0, 137.0, 66.0, 60.0, 48.0, 38.0], [10.0, 20210110.0, '郑宇', 95.0, 100.0, 99.0, 38.0, 40.0, 40.0, 29.0]]
所有学生的姓名:
 ['宫笑妍', '王越', '王冬葵', '冯强', '张一博', '刘德宇', '冯雪', '韩雨陶', '薛猛一', '郑宇']
```

图 11-3 例 11-1 程序运行结果

2. 写入 Excel 工作表

将数据写入 Excel 工作表很简单，只需将数据赋值给对应的区域，然后通过 Book 对

象调用 save()方法保存工作簿即可。例如，将列表[1,2,3,4,5]添加到工作表 worksheet 中的第一行，可以用下面代码实现。

```
worksheet.range('A1').value = [1,2,3,4,5]
workbook.save()
```

此外，还可以用 add()方法新建工作簿和工作表写入数据，可以用下面代码实现。

```
workbook = app.books.add()                          #新建工作簿
worksheet = workbook.sheets.add(sheetname)  #新建工作表
workbook.save(bookname)                              #命名并保存工作簿
```

这里需要注意的是，使用 add()方法新建工作簿时无法命名，须在使用 save()方法保存工作簿时命名。此外，新建工作簿时会默认新建一个“Sheet1”工作表。

【例 11-2】 新建文件并写入成绩表。

【问题分析】 首先新建工作簿，并在其中新建工作表“初三(1)班”；然后读取“初三(1)班成绩表.xlsx”的内容，将其写入“初三(1)班”工作表中；接着将新建工作簿命名为“成绩表.xlsx”并保存，最后关闭工作簿和退出 Excel 程序。

【参考代码】

```
import xlwings                                      #导入 xlwings 库
app = xlwings.App(visible=False, add_book=False)#启动 Excel 程序
book1 = app.books.add()                             #新建工作簿 book1
sheet1 = book1.sheets.add('初三(1)班')              #新建工作表 sheet1
#打开工作簿 book2
book2 = app.books.open('初三成绩表\\初三(1)班成绩表.xlsx')
sheet2 = book2.sheets['sheet1']                     #打开工作表 sheet2
#读取 sheet2 中的内容，并赋值给 value_list
value_list = sheet2.range('A1').expand().value
#将 value_list 写入 sheet1
sheet1.range('A1').value = value_list
book1.save('成绩表.xlsx')                            #命名并保存 book1
book1.close()                                       #关闭 book1
book2.close()                                       #关闭 book2
app.quit()                                          #退出 Excel 程序
```

【运行结果】 运行程序，将会在当前文件夹中生成“成绩表.xlsx”文件，其内容如图 11-4 所示。

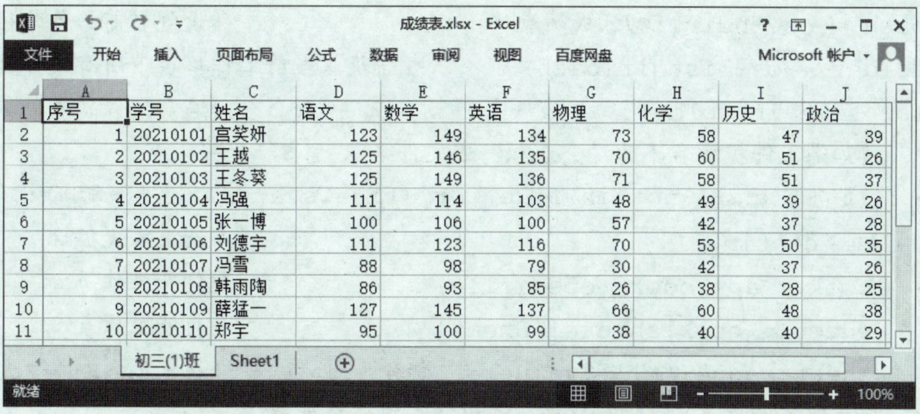

	A	B	C	D	E	F	G	H	I	J
1	序号	学号	姓名	语文	数学	英语	物理	化学	历史	政治
2	1	20210101	宫笑妍	123	149	134	73	58	47	39
3	2	20210102	王越	125	146	135	70	60	51	26
4	3	20210103	王冬葵	125	149	136	71	58	51	37
5	4	20210104	冯强	111	114	103	48	49	39	26
6	5	20210105	张一博	100	106	100	57	42	37	28
7	6	20210106	刘德宇	111	123	116	70	53	50	35
8	7	20210107	冯雪	88	98	79	30	42	37	26
9	8	20210108	韩雨陶	86	93	85	26	38	28	25
10	9	20210109	薛猛一	127	145	137	66	60	48	38
11	10	20210110	郑宇	95	100	99	38	40	40	29

图 11-4 “成绩表.xlsx”文件的内容

三、批量处理数据

利用 Python 可以更高效地对多个 Excel 工作簿进行批量操作，如批量替换单元格数据、批量计算行或列数据的和等。批量处理数据时，可以先将工作簿中的所有数据提取出来进行处理，然后再将结果写入工作表，避免频繁读取，降低效率。

扫一扫

批量处理数据

【例 11-3】 批量计算每个班级的成绩表中每个学生的总成绩，并写入成绩表中。

【问题分析】“初三成绩表”文件夹中只包含 3 个文件，分别为“初三(1)班成绩表.xlsx”“初三(2)班成绩表.xlsx”和“初三(3)班成绩表.xlsx”（内容见图 11-2）。想要计算每个工作簿中每个学生总成绩，须首先获取该文件夹中的文件列表；然后遍历文件列表，判断文件扩展名是否不为“.xlsx”或文件名是否以“~$”开头，如果是，则结束本次循环，否则读取该文件中的成绩，返回二维成绩列表，计算每个一维数据的和（即总成绩），添加到列表中；最后将成绩列表写入该文件。

小 提 示

因为 Excel 程序在打开一个工作簿时会生成一个文件名以“~$”开头的临时文件，如果 Excel 程序非正常退出，该临时文件会在文件夹中保留下来，所以须判断文件名是否以“~$”开头，避免处理此类临时文件。

【参考代码】

```
import xlwings                                      #导入 xlwings 库
import os                                           #导入 os 库
app = xlwings.App(visible=False, add_book=False)#启动 Excel 程序
```

```
path = os.chdir('初三成绩表')                              #设置当前工作路径
folder = os.listdir(path)                        #获取当前工作路径下所有文件列表
for file in folder:                                        #遍历文件列表
    #如果文件扩展名不为".xlsx"或文件名以"~$"开头
    if ('.xlsx' not in file) or (file.startswith('~$')):
        continue                                           #结束本次循环
    book = app.books.open(file)                            #打开工作簿
    sheet = book.sheets['Sheet1']                          #打开工作表
    sheet.range('K1').value = '总分'                       #在单元格K1写入"总分"
    #获取单元格A2后所有数据，并返回二维成绩列表
    score_list = sheet.range('A2').expand().value
    for index, score in enumerate(score_list): #遍历二维成绩列表
        total = sum(score[3:])                             #计算总成绩
        #将总成绩添加到每个学生一维成绩列表中
        score_list[index].append(total)
    sheet.range('A2').value = score_list #将二维成绩列表写入工作表
    book.save()                                            #保存工作簿
    book.close()                                           #关闭工作簿
app.quit()                                                 #退出 Excel 程序
```

【运行结果】 运行程序，“初三成绩表”文件夹中的 3 个文件都会添加一列，即总分。其中，“初三(1)班成绩表.xlsx”的内容如图 11-5 所示。

	A	B	C	D	E	F	G	H	I	J	K
1	序号	学号	姓名	语文	数学	英语	物理	化学	历史	政治	总分
2	1	20210101	宫笑妍	123	149	134	73	58	47	39	623
3	2	20210102	王越	125	146	135	70	60	51	26	613
4	3	20210103	王冬葵	125	149	136	71	58	51	37	627
5	4	20210104	冯强	111	114	103	48	49	39	26	490
6	5	20210105	张一博	100	106	100	57	42	37	28	470
7	6	20210106	刘德宇	111	123	116	70	53	50	35	558
8	7	20210107	冯雪	88	98	79	30	42	37	26	400
9	8	20210108	韩雨陶	86	93	85	26	38	28	25	381
10	9	20210109	薛猛一	127	145	137	66	60	48	38	621
11	10	20210110	郑宇	95	100	99	38	40	40	29	441
12											

Sheet1

图 11-5 “初三(1)班成绩表.xlsx”添加总分后的内容

小提示

enumerate()函数是 Python 的内置函数，用于将一个可遍历的序列对象（如列表、元组、字符串等）组合为一个索引序列，可同时得到该对象的索引及对应的值。

四、合并多个 Excel 工作表

Python 可以将多个工作簿中的数据快速合并为一个工作表。

【例 11-4】 合并班级成绩表，并按总成绩降序排名。

【问题分析】 本例题将“初三成绩表”文件夹中的 3 个文件“初三(1)班成绩表.xlsx”“初三(2)班成绩表.xlsx”和“初三(3)班成绩表.xlsx”合并，并按总成绩排名保存到新建的“年级排名表.xlsx”的“初三排名表”工作表中。

首先获取“初三成绩表”文件夹中的文件列表；接着遍历文件列表，判断文件扩展名是否不为“.xlsx”或文件名是否以“~$”开头，如果是，则结束本次循环，否则读取文件第一行表头 header，以及该文件中的成绩，并将返回的二维成绩列表添加到年级成绩列表 all_list 中；然后对 all_list 按总成绩进行降序排序，并循环在每个学生成绩中添加年级排名；再新建工作簿和工作表，将 header、all_list 和序号列表写入新建的工作表；最后保存和关闭工作簿，以及退出 Excel 程序。

【参考代码】

```
import xlwings                                      #导入 xlwings 库
import os                                           #导入 os 库
app = xlwings.App(visible=False, add_book=False)#启动 Excel 程序
path = os.chdir('初三成绩表')                        #设置当前工作目录
folder = os.listdir(path)              #获取当前工作目录下所有文件列表
all_list = []                                       #定义年级成绩列表
for file in folder:                                 #遍历文件列表
    #如果文件扩展名不为“.xlsx”或文件名以“~$”开头
    if ('.xlsx' not in file) or (file.startswith('~$')):
        continue                                    #结束本次循环
    book = app.books.open(file)                     #打开工作簿 book
    sheet = book.sheets['Sheet1']                   #打开工作表 sheet
    header = sheet.range('A1:K1').value             #获取表头
    #获取单元格 A2 后所有数据，并返回二维成绩列表
    score_list = sheet.range('A2').expand().value
    all_list.extend(score_list)        #将二维成绩列表添加到 all_list 中
#按总成绩降序排序
all_list.sort(key=lambda x: x[10], reverse=True)
for i in range(len(all_list)):         #在每个学生成绩中添加年级排名
    all_list[i].append(i+1)
book_new = app.books.add()             #新建工作簿 book_new
```

```
sheet_new = book_new.sheets.add('初三排名表') #新建工作表 sheet_new
header.append('年级排名')              #在表头中添加“年级排名”
#将表头写入 sheet_new
sheet_new.range('A1').value = header
#将年级成绩列表写入 sheet_new
sheet_new.range('A2').value = all_list
#生成 1 ~ len(all_list)+1 的数字列表
num_list = list(range(1, len(all_list) + 1))
#将数字列表作为序号列写入 sheet_new
sheet_new.range('A2').options(transpose=True).value=num_list
book_new.save('年级排名表.xlsx')                #保存 book_new
book_new.close()                              #关闭 book_new
book.close()                                  #关闭 book
app.quit()                                    #退出 Excel 程序
```

【运行结果】 运行程序，将会在“初三成绩表”文件夹中创建“年级排名表.xlsx”文件，其内容如图 11-6 所示。

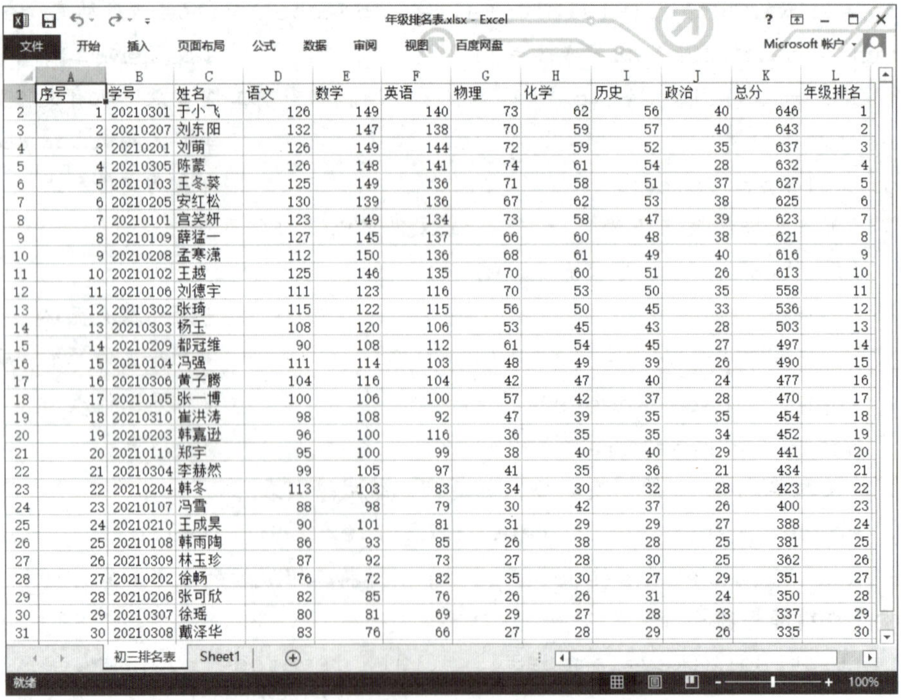

序号	学号	姓名	语文	数学	英语	物理	化学	历史	政治	总分	年级排名
1	20210301	于小飞	126	149	140	73	62	56	40	646	1
2	20210207	刘东阳	132	147	138	70	59	57	40	643	2
3	20210201	刘萌	126	149	144	72	59	52	35	637	3
4	20210305	陈蒙	126	148	141	74	61	54	28	632	4
5	20210103	王冬葵	125	149	136	71	58	51	37	627	5
6	20210205	安红松	130	139	136	67	62	53	38	625	6
7	20210101	宫笑妍	123	149	134	73	58	47	39	623	7
8	20210109	薛猛一	127	145	137	66	60	48	38	621	8
9	20210208	孟寒潇	112	150	136	68	61	49	40	616	9
10	20210102	王越	125	146	135	70	60	51	26	613	10
11	20210106	刘德宇	111	123	116	70	53	50	35	558	11
12	20210302	张琦	115	122	115	56	50	45	33	536	12
13	20210303	杨玉	108	120	106	53	45	43	28	503	13
14	20210209	都冠维	90	108	112	61	54	45	27	497	14
15	20210104	冯强	111	114	103	48	49	39	26	490	15
16	20210306	黄子腾	104	116	104	42	47	40	24	477	16
17	20210105	张一博	100	106	100	57	42	37	28	470	17
18	20210310	崔洪涛	98	108	92	47	39	35	35	454	18
19	20210203	韩嘉逊	96	100	116	36	35	35	34	452	19
20	20210110	郑宇	95	100	99	38	40	40	29	441	20
21	20210304	李赫然	99	105	97	41	35	36	21	434	21
22	20210204	韩冬	113	103	83	34	30	32	28	423	22
23	20210107	冯雪	88	98	79	30	42	37	26	400	23
24	20210210	王成昊	90	101	81	31	29	29	27	388	24
25	20210108	韩雨陶	86	93	85	26	38	28	25	381	25
26	20210309	林玉珍	87	92	73	27	28	30	25	362	26
27	20210202	徐畅	76	72	82	35	30	27	29	351	27
28	20210206	张可欣	82	85	76	26	26	31	24	350	28
29	20210307	徐瑶	80	81	69	29	27	28	23	337	29
30	20210308	戴泽华	83	76	66	27	28	29	26	335	30

图 11-6 “年级排名表.xlsx”文件的内容

五、拆分 Excel 工作表

Python 还可以将一个工作表按一定的规则快速拆分为多个工作表。

【例 11-5】 拆分年级排名表，按班级保存每个班学生成绩。

【问题分析】 本例题将“初三成绩表”文件夹中“年级排名表.xlsx”按班级拆分为3个文件，分别为“初三(1)班排名表.xlsx”“初三(2)班排名表.xlsx”和“初三(3)班排名表.xlsx”。

首先打开“年级排名表.xlsx”中的“初三排名表”工作表，获取表头 header 和二维年级成绩列表 score_list；接着遍历 score_list，根据学号（“202101”开头的为一班学生，“202102”开头的为二班学生，“202103”开头的为三班学生）按班级将学生成绩添加到二维班级成绩列表 class_list 中；然后循环 3 次，在循环中新建工作簿和工作表，并将 header、class_list 中对应的元素和序号列表写入新建的工作表，并命名、保存和关闭新建的工作簿；最后关闭“年级排名表.xlsx”工作簿，以及退出 Excel 程序。

【参考代码】

```
import xlwings                                          #导入 xlwings 库
import os                                               #导入 os 库
app = xlwings.App(visible=False, add_book=False)#启动 Excel 程序
path = os.chdir('初三成绩表')                           #设置当前工作目录
folder = os.listdir(path)           #获取当前工作目录下所有文件列表
book = app.books.open('年级排名表.xlsx')                #打开工作簿 book
sheet = book.sheets['初三排名表']                       #打开工作表 sheet
header = sheet.range('A1:L1').value                     #获取表头
#获取二维年级成绩列表 score_list
score_list = sheet.range('A2').expand().value
class_list = [[], [], []]       #定义二维班级成绩列表 class_list
#遍历 score_list，根据学号按班级将学生成绩添加到 class_list 中
for score in score_list:
    num = str(score[1])
    if '202101' in num:
        class_list[0].append(score)
    elif '202102' in num:
        class_list[1].append(score)
    elif '202103' in num:
        class_list[2].append(score)
for i in range(3):                                      #循环 3 次
    book_new = app.books.add()                          #新建工作簿 book_new
```

```
        #打开默认新建的工作表 sheet_new
        sheet_new = book_new.sheets['Sheet1']
        #将表头写入 sheet_new
        sheet_new.range('A1').value = header
        #将 class_list 的第 i 个元素写入 sheet_new
        sheet_new.range('A2').value = class_list[i]
        num_list = list(range(1, len(class_list[i]) + 1))
        #将数据列表作为序号列写入 sheet_new
        sheet_new.range('A2').options(transpose=True).value = num_list
        #定义新建的工作簿名
        filename = '初三({})班排名表.xlsx'.format(i + 1)
        book_new.save(filename)                    #命名并保存 book_new
        book_new.close()                           #关闭 book_new
    book.close()                                   #关闭 book
    app.quit()                                     #退出 Excel 程序
```

【运行结果】 运行程序，将会在“初三成绩表”文件夹中创建 3 个文件，分别为“初三(1)班排名表.xlsx”“初三(2)班排名表.xlsx”和“初三(3)班排名表.xlsx”。其中，“初三(1)班排名表.xlsx”的内容如图 11-7 所示。

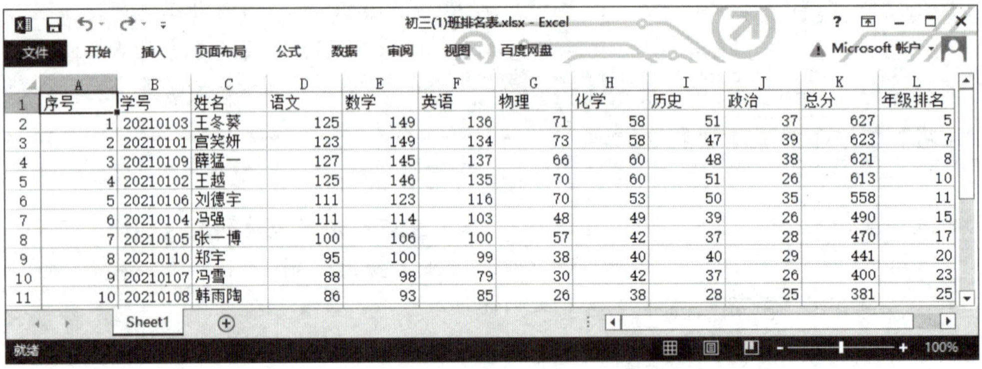

序号	学号	姓名	语文	数学	英语	物理	化学	历史	政治	总分	年级排名
1	20210103	王冬葵	125	149	136	71	58	51	37	627	5
2	20210101	宫笑妍	123	149	134	73	58	47	39	623	7
3	20210109	薛猛一	127	145	137	66	60	48	38	621	8
4	20210102	王越	125	146	135	70	60	51	26	613	10
5	20210106	刘德宇	111	123	116	70	53	50	35	558	11
6	20210104	冯强	111	114	103	48	49	39	26	490	15
7	20210105	张一博	100	106	100	57	42	37	28	470	17
8	20210110	郑宇	95	100	99	38	40	40	29	441	20
9	20210107	冯雪	88	98	79	30	42	37	26	400	23
10	20210108	韩雨陶	86	93	85	26	38	28	25	381	25

图 11-7 “初三(1)班排名表.xlsx”的内容

任务实施

【任务分析】 本任务根据出货清单模板，将水果出货记录按日期分类生成多个水果出货清单。“水果出货记录.xlsx”和“水果出货清单.xlsx”的内容分别如图 11-8 和图 11-9 所示。

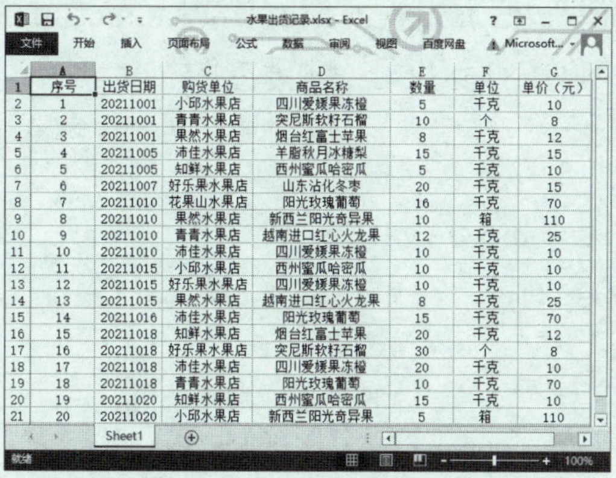

图 11-8 “水果出货记录.xlsx”的内容

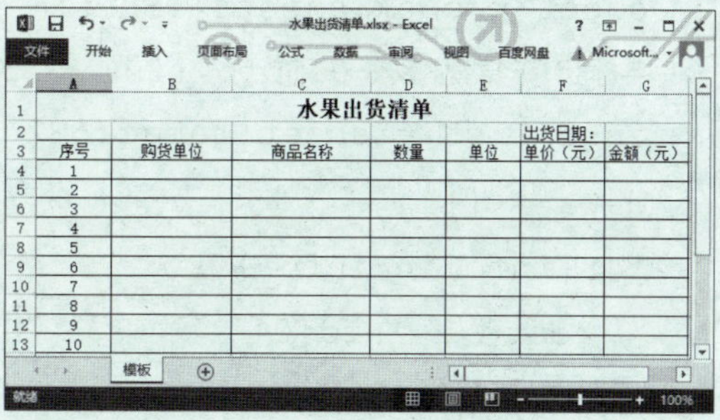

图 11-9 “水果出货清单.xlsx”的内容

完成本任务，须首先打开“水果出货记录.xlsx”工作簿 book 中的“Sheet1”工作表 sheet，读取出货信息，并保存到列表 info_list 中，遍历 info_list，将信息保存到以出货日期为键，其他信息的列表（包括计算的金额）为值的字典 data 中；然后打开“水果出货清单.xlsx”工作簿 book_day 中的“模板”工作表 sheet_sample，遍历 data 的键，使用 copy()方法复制 sheet_sample 并以出货日期命名赋给 sheet_new，再循环将 data 中以出货日期为键的值写入 sheet_new 相应的区域；最后保存并关闭 book_day，关闭 book，以及退出 Excel 程序。

小提示

xlwings 库提供 copy()方法复制工作表，其方法原型如下。

copy(before=None, after=None, name=None)

该方法返回一个复制的工作表。其中，before 表示复制工作表位置在指定工作表前，after 表示复制工作表位置在指定工作表后，name 表示复制工作表的名称。复制工作表可以在同一工作簿中进行，也可在不同工作簿中进行。例如，现有两个工作簿 book1 和 book2，都有一个工作表，可进行以下复制操作。

```
book1.sheets[0].copy()                    #在 book1 中复制工作表，默认位置和命名
book1.sheets[0].copy(name='复制表')       #在 book1 中复制工作表，命名为“复制表”
#将 book1 中的工作表复制到 book2 中，位置在 book2 第一个工作表的后面
book1.sheets[0].copy(after=book2.sheets[0])
```

字典中的 setdefault()方法和 get()方法类似，如果键不存在于字典中，将会添加键并将值设为默认值。

【参考代码】

```
import xlwings                                          #导入 xlwings 库
```

```
app = xlwings.App(visible=False, add_book=False)#启动 Excel 程序
book = app.books.open('水果出货记录.xlsx')    #打开工作簿 book
sheet = book.sheets['Sheet1']                 #打开工作表 sheet
#将出货信息保存在 info_list 中
info_list = sheet.range('B2').expand().value
data = {}                                     #定义字典
for info in info_list:                        #遍历 info_list
    date = info[0]                            #将出货日期赋给 date
    data.setdefault(date, [])                 #添加键并设置值的类型为列表
    total = info[3] * info[5]                 #计算金额
    info.append(total)                        #将金额添加到 info 中
    #将除出货日期的其他信息添加到值列表中
    data[date].append(info[1:])
book_day = app.books.open('水果出货清单.xlsx')#打开工作簿 book_day
sheet_sample = book_day.sheets['模板']  # 打 开 工 作 表
sheet_sample
for date in data.keys():                      #遍历字典的键
    #复制 sheet_sample 并以出货日期命名赋给 sheet_new
    sheet_new = sheet_sample.copy(name=str(date)[:8])
    sheet_new.range('G2').value = date  # 将 出 货 日 期 写 入
sheet_new
    i = 4                                     #定义 i 表示第几行
    #循环将出货信息写入 sheet_new
    for info in data[date]:
        index = 'B' + str(i)
        sheet_new.range(index).value = info
        i += 1
book_day.save()                               #保存 book_day
book_day.close()                              #关闭 book_day
book.close()                                  #关闭 book
app.quit()                                    #退出 Excel 程序
```

【运行结果】 运行程序，将会在“水果出货清单.xlsx”工作簿中生成以出货日期命名的多个工作表。其中，“20211001”工作表的内容如图 11-10 所示。

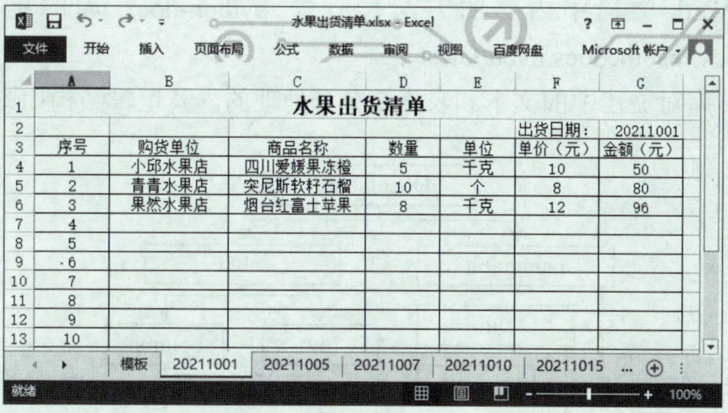

序号	购货单位	商品名称	数量	单位	单价（元）	金额（元）
水果出货清单						
					出货日期：	20211001
1	小邱水果店	四川爱媛果冻橙	5	千克	10	50
2	青青水果店	突尼斯软籽石榴	10	个	8	80
3	果然水果店	烟台红富士苹果	8	千克	12	96
4						
5						
6						
7						
8						
9						
10						

图 11-10 “水果出货清单.xlsx”中“20211001”工作表的内容

任务二

批量生成合同

任务描述

在工作中经常会处理一些主要内容相同，只有部分数据变化的文档，如邀请函、成绩单、合同、通知等。如果可以按照模板批量处理，将会大大减少工作量，提高工作效率。本任务将带领大家编写 Python 程序，利用 python-docx 库和 pywin32 库操作 Word 文档，批量处理合同。

知识链接

Python 提供了两个常用的库操作 Word 文档，分别为 python-docx 库和 pywin32 库。python-docx 库不依赖操作系统，可跨平台操作 Word 文档，但只支持 docx 格式；pywin32 库直接对 Word 程序进行操作，可以操作不同格式的文档，但只支持 Windows 系统，且必须安装 Word 软件。

一、python-docx 库

扫一扫

python-docx 库

python-docx 库处理 Word 文档的方式是面向对象的，它会把文档中的段落、文本、字体、表格等都看作对象，对对象进行处理就是对 Word 文档的内容进行处理。下面简单介绍利用 python-docx 库读取和替换 Word 文档中内容的方法，有关 python-docx 库的更多介绍可访问 https://python-docx.readthedocs.io/en/latest/。

python-docx 库对文档中的文本和表格是分开处理的，其逻辑结构如图 11-11 所示。

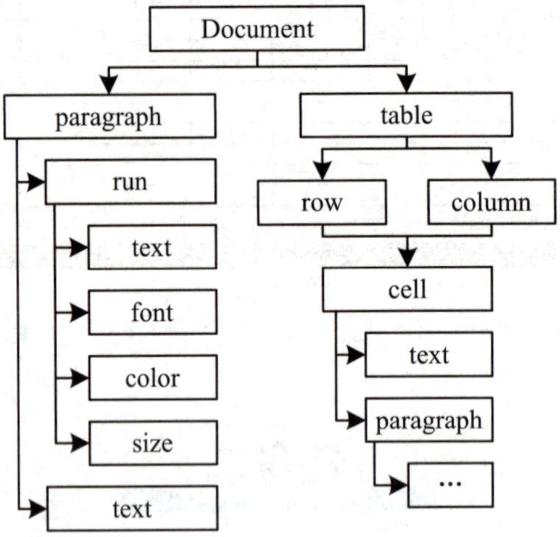

图 11-11　python-docx 库的逻辑结构

（1）Document 对象表示一个 Word 文档。

（2）paragraph 对象表示 Word 文档中的一个文本段落，可以通过 Document.paragraphs（paragraph 对象的集合）获取。它的 text 属性表示段落中的文本内容，可以通过 paragraph.text 获取。

（3）run 对象表示具有相同样式的一段连续文本，可以通过 paragraph.runs（run 对象的集合）获取。它的 text 属性表示具有相同样式的一段连续文本的内容，可以通过 run.text 获取。此外，run 对象还包含 font（字体）、color（颜色）、size（字号）等属性。

（4）table 对象表示 Word 文档中的一个表格，可以通过 Document.tables（table 对象的集合）获取。

（5）row 对象表示表格中的一行，可以通过 table.rows（row 对象的集合）获取。

（6）column 对象表示表格中的一列，可以通过 table.columns（column 对象的集合）获取。

（7）cell 对象表示行或列的一个单元格，可以通过 row.cells 或 column.cells（cell 对象的集合）获取。它的 text 属性表示单元格的内容，可以通过 cell.text 获取。

小提示

python-docx 库不是 Python 内置的标准库，使用之前需要安装。安装 python-docx 库时，使用“python-docx”名称，但导入库时则使用“docx”名称。

1．读取 Word 文档中的内容

读取 Word 文档，首先须打开文档，可以用下面代码实现。

```
from docx import Document        #导入 docx 库中的 Document 模块
doc = Document(docname)          #打开 Word 文档，生成 Document 对象
```

其中，doc 表示 Document 对象，docname 表示 Word 文档名。

【例 11-6】　读取学生成绩通知书。

【问题分析】　本例读取“学生成绩通知书.docx”中文本和表格的内容，其内容如图 11-12 所示。首先打开文档，返回 Document 对象；然后遍历 paragraph 对象集合，通过 paragraph 对象的 text 属性提取每个段落的文本内容并输出；最后依次遍历 table 对象集合、table 对象的 row 对象集合和 row 对象的 cell 对象集合，通过 cell 对象的 text 属性提取表格中每个单元格的内容并输出。

学生成绩通知书

<u>安红松</u>同学之家长：

现将 2020—2021 学年上学期您孩子的学习情况及假期要注意的事项通知如下。

1．学习成绩

姓名	语文	数学	英语	物理	化学	历史	政治	总分	年级排名
安红松	130	139	136	67	62	53	38	625	6

2．假期作业

（1）做好各科寒假作业。

（2）提前做好下学期各科的预习和学习，不理解的地方可以请教他人，做到学得快乐，学有记录，学有所获。

（3）加强对初中语文教材上词语的书写练习，注重笔画，追求规范和美观。每人一本，开学待查。

3．假期注意事项

（1）注意安全，不要到河里洗澡，不要乱搭电线，不要玩火，不要和陌生人接触，不要和别人打架，不要乘坐无牌无证的车辆外出。

（2）为家人分担力所能及的家务活。

（3）下学期开学时间：3 月 1 日，准备好住校生代收的伙食费 700 元，走读生的营养午餐费 100 元。

班主任：王涛

2021 年 2 月 1 日

图 11-12　“学生成绩通知书.docx”的内容

【参考代码】

```
from docx import Document                     #导入 docx 库中的 Document 模块
doc = Document('初三成绩通知书\\学生成绩通知书.docx')  #打开文档
for para in doc.paragraphs:                   #遍历所有段落
```

```
    print(para.text)                    #输出每个段落的文本
for table in doc.tables:                #遍历所有表格
    for row in table.rows:              #遍历每个表格中的所有行
        for cell in row.cells:          #遍历每行中的所有单元格
            print(cell.text, end=' ')#输出每个单元格中的内容
```

【运行结果】 程序运行结果如图 11-13 所示。

```
学生成绩通知书
    安红松    同学之家长：
现将2020-2021学年上学期您孩子的学习情况及假期要注意的事项通知如下。
1. 学习成绩
2. 假期作业
（1）做好各科寒假作业。
（2）提前做好下学期各科的预习和学习，不理解的地方可以请教他人，做到学得快乐，学有记录，学有所获。
（3）加强对初中语文教材上词语的书写练习，注重笔画，追求规范和美观。每人一本，开学待查。
3. 假期注意事项
（1）注意安全，不要到河里洗澡，不要乱搭电线，不要玩火，不要和陌生人接触，不要和别人打架，不要乘坐无牌无证的车辆外出。
（2）为家人分担力所能及的家务活。
（3）下学期开学时间：3月1日，准备好住校生代收的伙食费700元，走读生的营养午餐费100元。


班主任：王涛
2021年2月1日
姓名 语文 数学 英语 物理 化学 历史 政治 总分 年级排名 安红松 130 139 136 67 62 53 38 625 6
```

图 11-13 例 11-6 程序运行结果

2. 批量替换 Word 文档中的内容

读取文档中的内容后，可以根据需求查找和替换文档中的内容，然后保存并生成新的文档。

【例 11-7】 根据学生的年级排名表和成绩通知书模板，批量生成每个学生的成绩通知书。

【问题分析】 本例题将学生成绩通知书模板中的姓名、成绩和排名等内容对应替换为“年级排名表.xlsx”（见图 11-6）中的内容。“学生成绩通知书模板.docx”的内容如图 11-14 所示。

首先定义 info_update(doc,old_info,new_info)函数查找 Word 文档中的文本和表格的内容，并使用 replace()方法将 old_info 替换成 new_info；接着打开“年级排名表.xlsx”中的“初三排名表”，读取姓名、成绩和排名等内容保存到成绩列表 score_list 中；然后定义列表 replace_info（模板中需替换的内容），并遍历 score_list，打开“学生成绩通知书模板.docx”后，循环调用 info_update()函数（循环次数为 replace_info 的长度），循环结束后，以学生姓名定义每个通知书文件名，并使用 save()方法将通知书保存到“成绩通知书”文件夹中；最后关闭工作簿，退出 Excel 程序。

学生成绩通知书

____【1】____同学之家长：

现将 2020—2021 学年上学期您孩子的学习情况及假期要注意的事项通知如下。

1. 学习成绩

姓名	语文	数学	英语	物理	化学	历史	政治	总分	年级排名
【1】	【2】	【3】	【4】	【5】	【6】	【7】	【8】	【9】	【10】

2. 假期作业

（1）做好各科寒假作业。

（2）提前做好下学期各科的预习和学习，不理解的地方可以请教他人，做到学得快乐，学有记录，学有所获。

（3）加强对初中语文教材上词语的书写练习，注重笔画，追求规范和美观。每人一本，开学待查。

3. 假期注意事项

（1）注意安全，不要到河里洗澡，不要乱搭电线，不要玩火，不要和陌生人接触，不要和别人打架，不要乘坐无牌无证的车辆外出。

（2）为家人分担力所能及的家务活。

（3）下学期开学时间：3 月 1 日，准备好住校生代收的伙食费 700 元，走读生的营养午餐费 100 元。

班主任：王涛

2021 年 2 月 1 日

图 11-14 “学生成绩通知书模板.docx”的内容

【参考代码】

```
import xlwings                      #导入 xlwings 库
from docx import Document           #导入 docx 库中的 Document 模块
import os                           #导入 os 库
#定义函数读取并替换指定的内容
def info_update(doc, old_info, new_info):
    #替换文本中的内容
    for para in doc.paragraphs:     #遍历所有段落
        for run in para.runs:
            #替换每个段落的文本中指定的内容
            run.text = run.text.replace(old_info, new_info)
    #替换表格中的内容
    for table in doc.tables:        #遍历所有表格
        for row in table.rows:      #遍历每个表格中的所有行
            for cell in row.cells:  #遍历每行中的所有单元格
```

```
                for para in cell.paragraphs:
                    para.text = para.text.replace(old_info, new_info)
app = xlwings.App(visible=False, add_book=False)#启动Excel程序
#打开工作簿book
book = app.books.open('初三成绩通知书\\年级排名表.xlsx')
sheet = book.sheets['初三排名表']                 #打开工作表sheet
#读取sheet中的内容，并赋值给score_list
score_list = sheet.range('C2').expand().value
#定义需替换的内容列表
replace_info = ['【1】', '【2】', '【3】', '【4】', '【5】', '【6】',
                '【7】', '【8】', '【9】', '【10】']
for score in score_list:                          #遍历
    #打开文档
    doc = Document('初三成绩通知书\\学生成绩通知书模板.docx')
    for i in range(len(replace_info)):            #循环
        #如果数据为float型，转换为int型
        if isinstance(score[i], float):
            score[i] = int(score[i])
        #调用info_update()函数
        info_update(doc, replace_info[i], str(score[i]))
    path = '初三成绩通知书\\成绩通知书'              #定义文件夹
    #判断文件夹是否存在，如果不存在则新建
    if not os.path.exists(path):
        os.mkdir(path)
    #定义替换后的文档名
    fiename = path + '\\{}成绩通知书.docx'.format(score[0])
    doc.save(fiename)                             #保存文档
book.close()                                      #关闭book
app.quit()                                        #退出Excel程序
```

【运行结果】 运行程序，如果没有“成绩通知书”文件夹则会新建，在该文件夹中将根据“年级排名表.xlsx”生成所有学生的成绩通知书（内容见图 11-12），“成绩通知书”文件夹视图如图 11-15 所示。

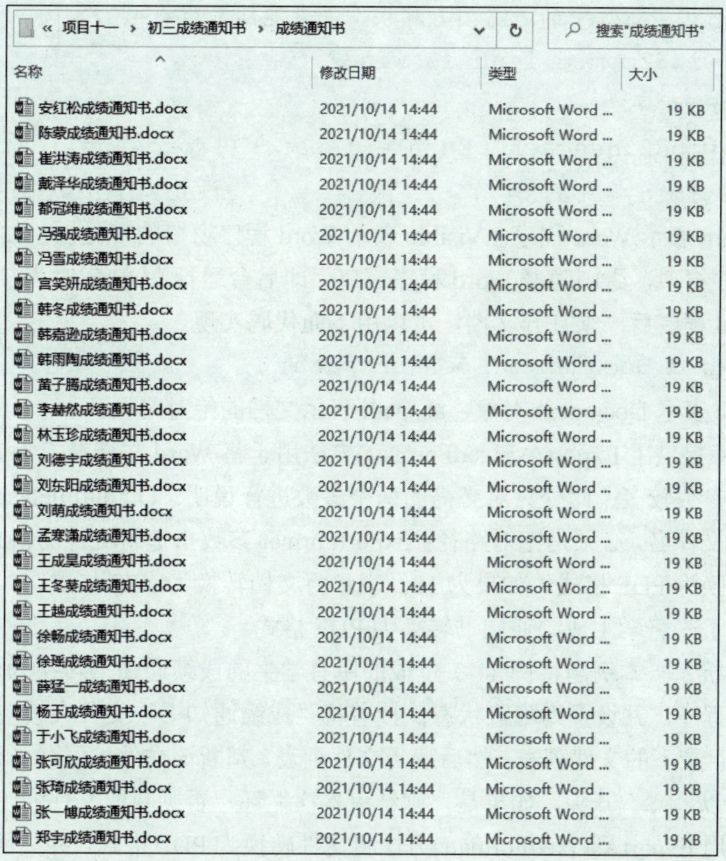

图 11-15 “成绩通知书”文件夹视图

二、pywin32 库

使用 pywin32 库操作 Word 文档实际是直接操作 Word 程序，它几乎可以实现 Word 程序的所有功能。下面简单介绍利用 pywin32 库将 Word 文档批量转换为 PDF 格式，以及在 Word 文档中批量替换关键词的方法。有关 pywin32 库的更多介绍可访问 https://docs.microsoft.com/zh-cn/office/vba/api/overview/word。

小 提 示

> pywin32 库不是 Python 内置的标准库，使用之前需要安装。安装 pywin32 库时，使用“pywin32”名称，但导入库时则使用“win32com”名称。

1. 将 Word 文档批量转换为 PDF 格式

使用 pywin32 库操作 Word 文档首先须启动 Word 程序，可以用下面代码实现。

```
#导入win32com库中的client模块，并设置别名为win32
import win32com.client as win32
#启动Word程序
word = win32.gencache.EnsureDispatch('Word.Application')
word.Visible = False                          #设置Word程序窗口隐藏
```

其中，word 表示 Word 程序；Visible 表示 Word 程序窗口的可见性，如果为 True，则显示 Word 程序窗口，否则隐藏 Word 程序窗口（即后台运行），缺省时为 True。

启动 Word 程序后，须打开文档，可以用下面代码实现。

```
doc = word.Documents.Open(abspath)
```

其中，doc 表示 Document 对象，abspath 表示文档的绝对路径。

pywin32 库提供了 ExportAsFixedFormat()方法用于将 Word 文档转换为 PDF 或 XPS 格式，它包含的参数较多，此处只对必需的两个参数进行说明。OutputFileName 参数表示新文件的路径和文件名，必须是绝对路径；ExportFormat 参数指定新文件的格式，如果为 17，表示将文档转换为 PDF 格式，如果为 18，表示将文档转换为 XPS 格式。

【例 11-8】 将学生成绩通知书转换为 PDF 格式。

【问题分析】 本例题将例 11-7 生成的所有学生的成绩通知书转换为 PDF 格式。首先启动 Word 程序，并设置为隐藏状态；接着将“成绩通知书”文件夹设置为当前工作目录，并获取该目录下的文件列表；然后遍历文件列表，判断该文件扩展名是否不为“.docx”或文件名是否以“~$”开头，如果是，则结束本次循环，否则获取文件的绝对路径，打开该文件后，使用 ExportAsFixedFormat()方法将文件转换为 PDF 格式，并关闭该文档；最后退出 Word 程序。

【参考代码】

```
#导入win32com库中的client模块，并设置别名为win32
import win32com.client as win32
import os                                          #导入os库
#启动Word程序
word = win32.gencache.EnsureDispatch('Word.Application')
word.Visible = False                          #设置Word程序窗口为隐藏状态
path = os.chdir('初三成绩通知书\\成绩通知书')  #设置当前工作目录
folder = os.listdir(path)                     #获取当前工作目录下所有文件列表
for file in folder:                           #遍历
    #如果文件扩展名不为“.docx”或文件名以“~$”开头
    if ('.docx' not in file) or (file.startswith('~$')):
        continue                                   #结束本次循环
    abspath = os.path.abspath(file)                #获取文件的绝对路径
```

```
    doc = word.Documents.Open(abspath)          #打开文件
    #定义 PDF 文件的文件名
    new_file = os.path.splitext(abspath)[0] + '.pdf'
    doc.ExportAsFixedFormat(new_file, 17)       #将文件转换为 PDF 格式
    doc.Close()                                 #关闭文件
word.Quit()                                     #退出 Word 程序
```

【运行结果】 运行程序，“成绩通知书”文件夹中所有 Word 格式的学生成绩通知书都将另存为 PDF 格式，PDF 文件视图如图 11-16 所示。

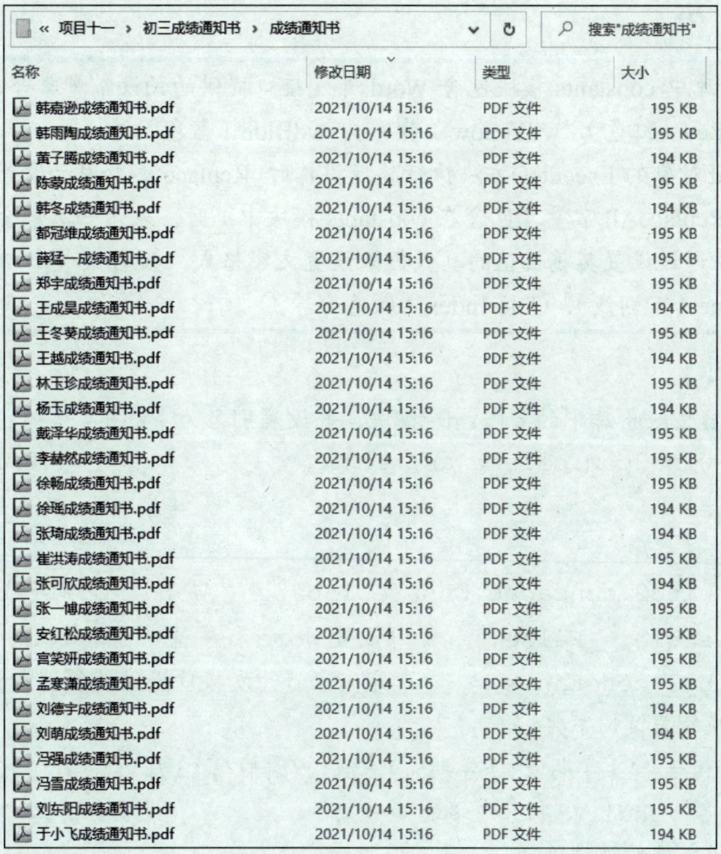

图 11-16 “成绩通知书”文件夹中 PDF 文件视图

2. 在 Word 文档中批量替换关键词

pywin32 库可以通过 Find 对象和 Replacement 对象替换 Word 文档中的关键词，还可以对替换的关键词进行格式设置，如加粗、斜体、下划线和颜色等。

【例 11-9】 替换学生成绩通知书模板中的关键词。

【问题分析】 本例题将“学生成绩通知书模板.docx”中的某些词进行替换，如“上

学期”“寒假”“3 月”“2 月”分别替换为“下学期”“暑假”“9 月”“7 月”。

首先启动 Word 程序，设置为隐藏状态，并将 Word 开发接口提供的预设常量集合赋给 cs；接着定义替换的关键词字典，并将“初三成绩通知书”文件夹设置为当前工作目录，获取通知书模板文档的绝对路径后，打开文档；然后遍历关键词字典，创建 Find 对象（Word.Selection.Find），将其 Text 属性赋值为需要替换的词，再创建 Replacement 对象（Find. Replacement），将其 Text 属性赋值为替换的词，并通过其 Font 对象（Replacement.Font）设置文字格式，设置完成后通过 Find 对象的 Excute()方法执行替换；最后定义新文件名，并另存和关闭文档，以及退出 Word 程序。

小 提 示

> pywin32 库中 constants 模块包含 Word 开发接口提供的预设常量集合，可提供颜色常量，如 wdRed（红色）、wdYellow（黄色）、wdBlue（蓝色）等。
>
> 使用 Find 对象的 Execute()方法执行替换操作时，Replace 参数用于设置替换的方式，当设置为 wdReplaceAll 常量（包含在 constants 模块中）时，表示一次性全部替换。
>
> Font 对象通过设置其属性值的真或假来设置文字格式，如 Bold（加粗）、Italic（斜体）、Underline（下划线）、ColorIndex（颜色）等。

【参考代码】

```
#导入 win32com 库中的 client 模块，并设置别名为 win32
import win32com.client as win32
import os                                          #导入 os 库
#启动 Word 程序
word = win32.gencache.EnsureDispatch('Word.Application')
word.Visible = False             #设置 Word 程序窗口为隐藏状态
cs = win32.constants             #将 Word 开发接口提供的预设常量集合赋给 cs
#定义替换的关键词字典
word_dict = {'上学期':'下学期','寒假':'暑假','3 月':'9 月','2 月':'7 月'}
path = os.chdir('初三成绩通知书')                   #设置当前工作目录
#获取模板文档的绝对路径
abspath = os.path.abspath('学生成绩通知书模板.docx')
doc = word.Documents.Open(abspath)                 #打开模板文档
#遍历获取字典的键和值
for word_old, word_new in word_dict.items():
    findobj = word.Selection.Find                  #创建一个 Find 对象
    findobj.Text = word_old                        #设置需要替换的词的文本
    findobj.Replacement.Text = word_new                 #设置替换词的文本
```

```
    findobj.Replacement.Font.Bold = True          #设置替换词加粗
    findobj.Replacement.Font.Italic = True        #设置替换词为斜体
    findobj.Replacement.Font.Underline = True #设置替换词有下划线
    #设置替换词的颜色为红色
    findobj.Replacement.Font.ColorIndex = cs.wdRed
    findobj.Execute(Replace=cs.wdReplaceAll) #执行替换操作
#定义新文档的名称
new_file = os.path.split(abspath)[0] + '\\下学期学生成绩通知书模板.docx'
doc.SaveAs(new_file)                              #另存为新文档
doc.Close()                                       #关闭文档
word.Quit()                                       #退出Word程序
```

【运行结果】 运行程序，将会生成“下学期学生成绩通知书模板.docx”，其内容如图11-17所示。

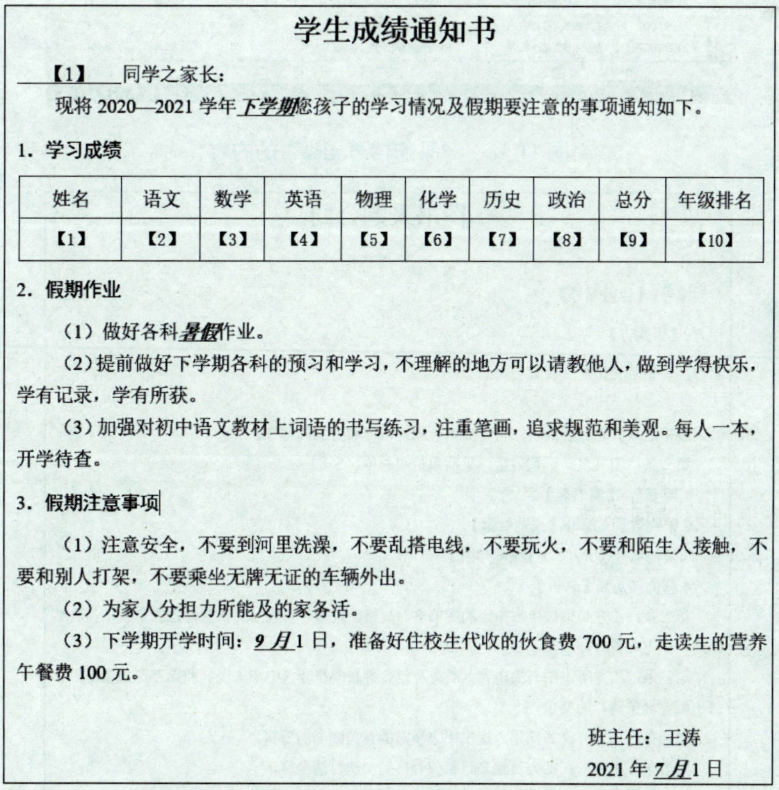

学生成绩通知书

【1】同学之家长：

现将2020—2021学年***下学期***您孩子的学习情况及假期要注意的事项通知如下。

1. 学习成绩

姓名	语文	数学	英语	物理	化学	历史	政治	总分	年级排名
【1】	【2】	【3】	【4】	【5】	【6】	【7】	【8】	【9】	【10】

2. 假期作业

（1）做好各科***暑假***作业。

（2）提前做好下学期各科的预习和学习，不理解的地方可以请教他人，做到学得快乐，学有记录，学有所获。

（3）加强对初中语文教材上词语的书写练习，注重笔画，追求规范和美观。每人一本，开学待查。

3. 假期注意事项

（1）注意安全，不要到河里洗澡，不要乱搭电线，不要玩火，不要和陌生人接触，不要和别人打架，不要乘坐无牌无证的车辆外出。

（2）为家人分担力所能及的家务活。

（3）下学期开学时间：***9月***1日，准备好住校生代收的伙食费700元，走读生的营养午餐费100元。

班主任：王涛

2021年***7月***1日

图11-17 “下学期学生成绩通知书模板.docx”的内容

任务实施

【任务分析】 本任务根据采购合同模板，将采购信息中的内容替换采购合同模板中指定的内容，批量生成合同。“采购信息.xlsx”和“采购合同模板.docx”的内容分别如图 11-18 和图 11-19 所示。

采购信息.xlsx - Excel

	A	B	C	D	E	F
1	【合同编号】	【采购方】	【图书名】	【采购数量】	【采购单价】	【总价】
2	21071001	轩香阁图书有限公司	《机械制造技术（第2版）》	50	49.8	2490
3	21071002	赣江文化发展有限公司	《大数据营销（第2版）》	50	48	2400
4	21081501	启智科教文化有限公司	《牢固树立国家安全观——国家安全教育学习》	100	39.8	3980
5	21081502	时代科发文化传播有限公司	《大学生职业生涯规划》	60	45	2700
6	21081503	新华发行集团股份有限公司	《汽车底盘构造与维修》	20	45	900
7	21082001	学语者图书有限公司	《小学英语课程与教学》	50	49.8	2490
8	21082101	卓学图书有限公司	《思维力与行动力养成》	100	45	4500
9	21082301	合智美图书有限公司	《手工制作（第2版）》	20	59.8	1196
10	21082801	桂文轩图书有限公司	《钢琴》	50	49.8	2490
11	21082802	灿烂图书有限公司	《大学生健康教育》	50	45	2250
12	21082803	力源教育文化传播有限公司	《应用文写作》	60	49.8	2988
13	21082804	愉悦书店	《物流经济地理（第2版）》	80	49.8	3984
14	21091001	英杰图书发行有限公司	《中职生军训指导》	60	42.8	2568
15	21091002	蒙正兴育文化传播公司	《信息检索与利用（第2版）》	70	49.8	3486

图 11-18 “采购信息.xlsx”的内容

图书采购合同

合同编号：【合同编号】

甲方：【采购方】

乙方：金企鹅文化发展有限公司

经甲乙双方充分协商后，特订立本合同，以便双方共同遵守。

第一条：图书名、采购数量、采购单价和总价。

1.图书名：【图书名】

2.采购数量（册）：【采购数量】

3.采购单价（元/册）：【采购单价】

4.总价（元）：【总价】

第二条：乙方必须按甲方指定的图书名、规格、数量等要求及时供货，乙方供货不符合要求的，甲方有权立即退货。

第三条：乙方所供图书的内容、质量及包装等必须符合《中华人民共和国产品质量法》和《出版管理条例》的要求。

第四条：乙方有义务向甲方提供甲方所需的有关图书的资料。

第五条：甲方应在乙方货到之日验收合格后一次付清全款。

第六条：本合同一式两份，由甲乙双方各持一份，该合同经双方当事人签字盖章后生效。

甲方（公章）：【采购方】

法定代表人（签字）：

图 11-19 “采购合同模板.docx”的内容

完成本任务，首先定义 info_update(doc,old_info,new_info)函数查找 Word 文档中的内容，并使用 replace()方法将 old_info 替换成 new_info；接着打开“采购信息.xlsx”中的工作表，读取内容保存到信息列表 info_list 中，并将 info_list 的第一个元素赋给表头 header；然后遍历 info_list[1:]，打开“采购合同模板.docx”后，循环调用 info_update()函数（循环次数为 header 的长度），循环结束后，以采购方定义每个文档名，并使用 save()方法将替换后的文档保存到“采购合同”文件夹中；最后关闭工作簿，退出 Excel 程序。

【参考代码】

```
import xlwings                              #导入 xlwings 库
from docx import Document                   #导入 docx 库中的 Document 模块
import os                                   #导入 os 库
#定义函数读取并替换指定的内容
def info_update(doc, old_info, new_info):
    #替换文本中的内容
    for para in doc.paragraphs:             #遍历所有段落
        for run in para.runs:
            #替换每个段落的文本中指定的内容
            run.text = run.text.replace(old_info, new_info)
app = xlwings.App(visible=False, add_book=False)#启动 Excel 程序
#打开采购信息工作簿
book = app.books.open('采购信息.xlsx')
sheet = book.sheets['sheet1']                      #打开工作表
#读取 sheet 中的内容，并赋值给 info_list
info_list = sheet.range('A1').expand().value
header = info_list[0]                              #将表头赋给 header
for info in info_list[1:]:                         #遍历
    doc = Document('采购合同模板.docx')            #打开采购合同模板
    for i in range(len(header)):                   #循环
        #如果数据为 float 型，转换为 int 型
        if isinstance(info[i], float):
            info[i] = int(info[i])
        #调用 info_update()函数
        info_update(doc, str(header[i]), str(info[i]))
    #判断文件夹是否存在，如果不存在则新建
    if not os.path.exists('采购合同'):
        os.mkdir('采购合同')
    #定义替换后的文档名
```

```
    file_name = '采购合同\\{}采购合同.docx'.format(info[1])
    doc.save(file_name)                        #保存文档
book.close()                                   #关闭工作簿
app.quit()                                     #退出 Excel 程序
```

【运行结果】 运行程序，如果没有“采购合同”文件夹将会新建，在该文件夹中会生成多个采购合同，“采购合同”文件夹视图如图 11-20 所示。其中，“灿烂图书有限公司采购合同.docx”的内容如图 11-21 所示。

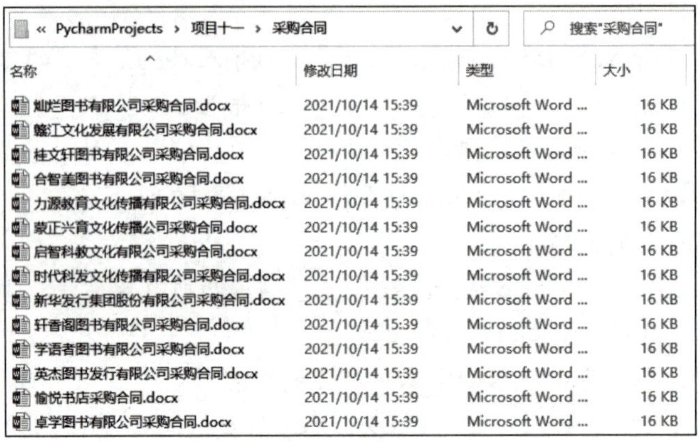

« PycharmProjects › 项目十一 › 采购合同   搜索"采购合同"

名称	修改日期	类型	大小
灿烂图书有限公司采购合同.docx	2021/10/14 15:39	Microsoft Word ...	16 KB
赣江文化发展有限公司采购合同.docx	2021/10/14 15:39	Microsoft Word ...	16 KB
桂文轩图书有限公司采购合同.docx	2021/10/14 15:39	Microsoft Word ...	16 KB
合智美图书有限公司采购合同.docx	2021/10/14 15:39	Microsoft Word ...	16 KB
力源教育文化传播有限公司采购合同.docx	2021/10/14 15:39	Microsoft Word ...	16 KB
蒙正兴育文化传播公司采购合同.docx	2021/10/14 15:39	Microsoft Word ...	16 KB
启智科教文化有限公司采购合同.docx	2021/10/14 15:39	Microsoft Word ...	16 KB
时代科发文化传播有限公司采购合同.docx	2021/10/14 15:39	Microsoft Word ...	16 KB
新华发行集团股份有限公司采购合同.docx	2021/10/14 15:39	Microsoft Word ...	16 KB
轩香阁图书有限公司采购合同.docx	2021/10/14 15:39	Microsoft Word ...	16 KB
学语者图书有限公司采购合同.docx	2021/10/14 15:39	Microsoft Word ...	16 KB
英杰图书发行有限公司采购合同.docx	2021/10/14 15:39	Microsoft Word ...	16 KB
愉悦书店采购合同.docx	2021/10/14 15:39	Microsoft Word ...	16 KB
卓学图书有限公司采购合同.docx	2021/10/14 15:39	Microsoft Word ...	16 KB

图 11-20 “采购合同”文件夹视图

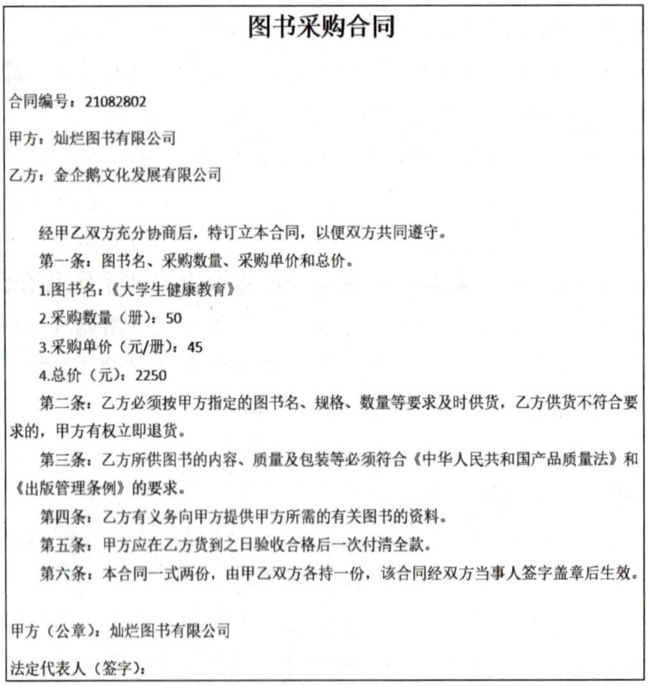

图书采购合同

合同编号：21082802

甲方：灿烂图书有限公司

乙方：金企鹅文化发展有限公司

经甲乙双方充分协商后，特订立本合同，以便双方共同遵守。

第一条：图书名、采购数量、采购单价和总价。

1.图书名：《大学生健康教育》

2.采购数量（册）：50

3.采购单价（元/册）：45

4.总价（元）：2250

第二条：乙方必须按甲方指定的图书名、规格、数量等要求及时供货，乙方供货不符合要求的，甲方有权立即退货。

第三条：乙方所供图书的内容、质量及包装等必须符合《中华人民共和国产品质量法》和《出版管理条例》的要求。

第四条：乙方有义务向甲方提供甲方所需的有关图书的资料。

第五条：甲方应在乙方货到之日验收合格后一次付清全款。

第六条：本合同一式两份，由甲乙双方各持一份，该合同经双方当事人签字盖章后生效。

甲方（公章）：灿烂图书有限公司

法定代表人（签字）：

图 11-21 “灿烂图书有限公司采购合同.docx”的内容

卓越创新

办公自动化（office automation，OA）是在设备、通信逐步实现自动化的基础上，通过信息管理系统的发展而兴起的一门综合性技术。它是计算机网络与现代化办公相结合的新型办公方式，不仅可以实现办公事务的自动化处理，而且可以极大地提高个人或者群体办公事务的工作效率，为企业或部门机关的管理与决策提供科学的依据。

我国的OA系统也取得了快速发展，越来越多的企业开始注重对OA系统的使用。我国OA技术的发展可分为下面4个阶段。

第一阶段：1980年—1999年的文件型办公自动化。最早的办公自动化从Lotus12-3、WPS、MS Office等单机版的办公应用软件开始，实现了由手工办公到电脑办公的转变，在当时被称作“无纸化办公”。一方面实现了企业的信息交流和共享，另一方面建立了企业审批流程的雏形，从而形成了OA的概念。

第二阶段：2000年—2005年的协同型办公自动化。这一阶段主要以工作流为中心，在文件型OA的基础上增加了公文流转、流程审批、文档管理、会议管理、资产管理等实用功能。在实现个人办公自动化的基础上，该阶段的OA系统完善了各个职能部门之间的沟通和信息共享机制，建立了企业内部的协同工作环境，将办公自动化拓展到企业的全部办公机构，确保所有员工均可实现办公自动化，并能够根据各自的授权了解需要的信息，完成自己的工作任务。

第三阶段：2006年—2010年的知识型办公自动化。随着OA系统应用的逐步深入，企业和用户的要求也不断提高，OA系统的发展也随之派生出全新气象，形成了以“知识管理”为主要思想、以“协同”为工作方式、以“门户”为技术手段、整合了企业内信息资源的“知识型办公自动化系统”。从这个意义上说，办公实际上是一个管理过程，电子商务时代带来的企业事务处理对象瞬息万变，这就要求作为企业的办公自动化系统能够提供足够的灵活应变和开放交互能力。

第四阶段：2011年后，智能型办公自动化。随着企业组织流程的不断固化和改进、知识的积累和应用及技术的创新和提升，最终的办公自动化系统将会全面脱胎换骨，全新的“智能型办公自动化系统”将成为未来的发展方向，智能型OA系统能够提供决策支持、知识挖掘、商务智能等服务，并且更关注企业的决策效率。

项目实训

编程训练

（1）拆分任务一中的水果出货记录，在同一工作簿中将其拆分成以购货单位命名的多个工作表，并添加金额信息（即数量×单价）。

（2）利用 pywin32 库实现任务二的功能。

项目小结

本项目主要介绍了 Python 中办公自动化的相关内容。通过本项目的学习，读者应重点掌握以下内容。

（1）xlwings 库不仅能读、写和修改两种格式的工作簿（xls 和 xlsx），还能批量处理多个工作簿。

（2）使用 xlwings 库操作 Excel 的基本步骤按照 xlwings 库的逻辑（Excel 程序→工作簿→工作表→区域）操作即可。

（3）python-docx 库处理 Word 文档的方式是面向对象的，它会把文档中的段落、文本、字体等都看作对象，对对象进行处理就是对 Word 文档的内容进行处理。

（4）python-docx 库对文档中的文本和表格是分开处理的，通过 paragraph 对象处理文本，通过 table 对象处理表格。

（5）使用 pywin32 库操作 Word 文档实际上是直接操作 Word 程序，它几乎可以实现 Word 程序的所有功能。

项目考核

编程题

（1）将任务一中生成的多个出货清单合并成一个出货记录。

（2）批量修改任务二生成的合同。例如，将“金企鹅文化发展有限公司”“总价”“货到之日”修改为“北京四海华章科技发展有限公司”“总金额”“货到两日”，并将合同转换为 PDF 格式。

参考文献

［1］周圆，王启东，孙晓妍．Python 少儿编程［M］．北京：航空工业出版社，2021．

［2］李杰臣．让工作化繁为简：用 Python 实现办公自动化［M］．北京：机械工业出版社，2021．

［3］林忠会，代飞，迟永芳．Python 网络爬虫技术案例教程［M］．成都：电子科技大学出版社，2021．

［4］明日科技．Python 实效编程百例・综合卷［M］．长春：吉林大学出版社，2020．

［5］刘庆，姚丽娜，余美华．Python 编程案例教程［M］．北京：航空工业出版社，2018．